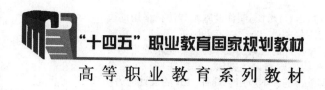

"十四五"职业教育国家规划教材

高等职业教育系列教材

Altium Designer 印制电路板设计教程

第2版

郭 勇 陈开洪 编著

机械工业出版社

本书主要介绍印制电路板（PCB）设计与制作的基本方法，采用的设计软件为 Altium Designer 19（版本号 19.1.7）。内容采用练习、产品仿制和自主设计三阶段的模式编写，逐步提高读者的设计能力。全书通过剖析实际产品，介绍 PCB 的布局、布线原则和设计方法，突出实用性、综合性和先进性，帮助读者迅速掌握软件的基本应用，具备 PCB 的设计能力。

本书重点突出布局、布线的原则，通过 4 个实际产品的剖析与仿制，读者能够设计出合格的 PCB，提高学习效率，最后通过一个产品自主设计项目培养读者的产品设计意识和能力。

全书案例丰富，图例清晰，配套大量微课资源，每个项目之后均配备了详细的实训内容，内容由浅入深，案例难度逐渐增加，便于读者操作和练习，提高设计能力。

本书可作为高等职业院校电子信息类、通信类、自动化类等专业的教材，也可作为职业技术教育、技术培训、从事电子产品设计与开发的工程技术人员学习 PCB 设计的参考书。

本书配有微课视频，扫描二维码即可观看。还配有电子课件，需要的教师可登录机械工业出版社教育服务网（www.cmpedu.com）免费注册，审核通过后下载，或联系编辑索取（微信：13261377872，电话：010-88379739）。

图书在版编目（CIP）数据

Altium Designer 印制电路板设计教程 / 郭勇，陈开洪编著 . —2 版 . —北京：机械工业出版社，2021.11（2024.1 重印）
高等职业教育系列教材
ISBN 978-7-111-69679-7

Ⅰ. ①A… Ⅱ. ①郭… ②陈… Ⅲ. ①印刷电路-计算机辅助设计-应用软件-高等职业教育-教材 Ⅳ. ①TN410.2

中国版本图书馆 CIP 数据核字（2021）第 244265 号

机械工业出版社(北京市百万庄大街 22 号 邮政编码 100037)
策划编辑：和庆娣 责任编辑：和庆娣
责任校对：张艳霞 责任印制：常天培
北京铭成印刷有限公司印刷

2024 年 1 月第 2 版·第 11 次印刷
184mm×260mm·16.25 印张·396 千字
标准书号：ISBN 978-7-111-69679-7
定价：69.00 元

电话服务 网络服务
客服电话：010-88361066 机 工 官 网：www.cmpbook.com
010-88379833 机 工 官 博：weibo.com/cmp1952
010-68326294 金 书 网：www.golden-book.com
封底无防伪标均为盗版 机工教育服务网：www.cmpedu.com

关于"十四五"职业教育
国家规划教材的出版说明

为贯彻落实《中共中央关于认真学习宣传贯彻党的二十大精神的决定》《习近平新时代中国特色社会主义思想进课程教材指南》《职业院校教材管理办法》等文件精神，机械工业出版社与教材编写团队一道，认真执行思政内容进教材、进课堂、进头脑要求，尊重教育规律，遵循学科特点，对教材内容进行了更新，着力落实以下要求：

1. 提升教材铸魂育人功能，培育、践行社会主义核心价值观，教育引导学生树立共产主义远大理想和中国特色社会主义共同理想，坚定"四个自信"，厚植爱国主义情怀，把爱国情、强国志、报国行自觉融入建设社会主义现代化强国、实现中华民族伟大复兴的奋斗之中。同时，弘扬中华优秀传统文化，深入开展宪法法治教育。

2. 注重科学思维方法训练和科学伦理教育，培养学生探索未知、追求真理、勇攀科学高峰的责任感和使命感；强化学生工程伦理教育，培养学生精益求精的大国工匠精神，激发学生科技报国的家国情怀和使命担当。加快构建中国特色哲学社会科学学科体系、学术体系、话语体系。帮助学生了解相关专业和行业领域的国家战略、法律法规和相关政策，引导学生深入社会实践、关注现实问题，培育学生经世济民、诚信服务、德法兼修的职业素养。

3. 教育引导学生深刻理解并自觉实践各行业的职业精神、职业规范，增强职业责任感，培养遵纪守法、爱岗敬业、无私奉献、诚实守信、公道办事、开拓创新的职业品格和行为习惯。

在此基础上，及时更新教材知识内容，体现产业发展的新技术、新工艺、新规范、新标准。加强教材数字化建设，丰富配套资源，形成可听、可视、可练、可互动的融媒体教材。

教材建设需要各方的共同努力，也欢迎相关教材使用院校的师生及时反馈意见和建议，我们将认真组织力量进行研究，在后续重印及再版时吸纳改进，不断推动高质量教材出版。

机械工业出版社

前　言

党的二十大报告指出，加快建设国家战略人才力量，努力培养造就更多大师、战略科学家、一流科技领军人才和创新团队、青年科技人才、卓越工程师、大国工匠、高技能人才。本书以培养读者的实际工程应用能力为目的，利用 Altium Designer 19 电子设计一体化平台（版本号 19.1.7），通过实际产品的印制电路板（PCB）剖析和仿制，介绍了 Altium 板级电路设计的基本方法和技巧，突出实用性、综合性和先进性，帮助读者迅速掌握软件的基本应用，具备 PCB 的设计能力。

目前，智能产品朝着小型化的方向发展，贴片元器件的使用不仅使产品小型化得以实现，而且大大降低了硬件成本，得到了广泛的应用。本次改版增加了贴片 PCB 设计的篇幅，提高读者的贴片 PCB 设计能力。

本书具有以下特点。

1）采用项目引领、任务驱动组织教学，融"教、学、做"于一体。

2）采用练习、产品仿制和自主设计三阶段的模式编写，逐步提高读者的设计能力。

3）通过解剖实际产品，介绍 PCB 的布局、布线原则和设计方法，重点突出布局、布线的原则，指导读者设计出合格的 PCB。

4）采用低频矩形 PCB、高散热圆形 PCB、双面 PCB 及元器件双面贴放 PCB 等实际案例全面介绍常用 PCB 的设计方法。

5）全书案例丰富，图例清晰，内容由浅入深，难度逐渐提高，逐步提高读者的设计能力。

6）配套资源丰富，扫描二维码即可观看微课、动画等视频类数字资源。

7）每个项目均配备了详细的实训内容，便于读者操作练习。

全书共 10 个项目，主要包括印制电路板认知与制作、原理图标准化设计、原理图元器件设计、单管放大电路 PCB 设计、元器件封装设计、电子镇流器 PCB 设计、LED 灯 PCB 设计、STM32 功能板 PCB 设计、USB 转串口连接器 PCB 设计和蓝牙音箱的综合设计。建议总学时为 60 学时，采用一体化教学模式授课。

本书由郭勇、陈开洪编著，其中项目 1~6、项目 9 由郭勇编写，项目 7~8、项目 10 及附录由陈开洪编写。吴荣海、卓树峰、陈岳林、李伟权、李政平参与了项目选型和数字资源建设；企业专家胡灿峰负责项目 8 的选型、分析，以及知识点、技能点的分解；胡建飞负责项目 7 的选型、分析，以及知识点、技能点的分解，刘土土负责项目 9 的选型、分析，以及知识点、技能点的分解。

Altium 中国公司为本书的编写提供了软件许可授权，在此表示衷心的感谢！

本书是"电路板设计与制作"在线开放课程的配套教材，读者可以通过学银在线加入在线开放课程的学习。

本书可作为高等职业院校电子信息类、电气类、通信类、自动化类等专业的教材，也可作为职业技术教育、技术培训、从事电子产品设计与开发的工程技术人员学习 PCB 设计的参考书。

为了保持与软件的一致性，本书中有些电路图保留了绘图软件的电路符号，部分电路符号与国标不符，附录中给出书中非标准符号与国标对照表。按照 Altium Designer 19 软件的设计和业内习惯，长度单位使用了非法定单位 mil，$1\ mil = 10^{-3}\ in = 2.54 \times 10^{-5}\ m$。

由于编著者水平所限，书中难免存在不足之处，恳请广大读者批评指正。

编　者

二维码资源清单

（续）

目　　录

项目 1　印制电路板认知与制作

任务 1.1　认知印制电路板

图 1-1 所示为一块印制电路板实物图，从图上可以看到电阻、电容、电感、晶振、晶体管和集成电路等元器件及 PCB 走线、焊盘、金属化孔等。这种面上有 PCB 走线、焊盘、金属化孔等的板子即为印制电路板。

图 1-1　印制电路板实物图

印制电路板（Printed Circuit Board, PCB）也称为印制线路板，简称印制板，是指以绝缘基板为基础材料加工成一定尺寸的板，在其上面至少有一个导电图形及所有设计好的孔（如元器件孔、机械安装孔及金属化孔等），以实现元器件之间的电气互连。

在电子设备中，印制电路板通常起 3 个作用。

1) 为电路中的各种元器件提供必要的机械支撑。

2) 提供电路的电气连接。

3) 用标记符号将板上所安装的各个元器件标注出来，便于插装、检查及调试。

但是，更为重要的是，使用印制电路板有 4 大优点。

1）具有重复性。一旦印制电路板的布线经过验证，就不必再为制成的每一块板上的互连是否正确而逐个进行检验，所有板的连线与样板一致，这种方法适合大规模工业化生产。

2）板的可预测性。通常，设计师按照"最坏情况"的设计原则来设计印制导线的长、宽、间距以及选择印制板的材料，以保证最终产品能通过试验条件。虽然此法不一定能准确地反映印制板及元器件使用的潜力，但可以保证最终产品测试的废品率很低，而且大大地简化了印制板的设计。

3）所有信号都可以沿导线任一点直接进行测试，不会因导线接触引起短路。

4）可以在一次焊接过程中将印制板的大部分焊点焊完。

在实际电路设计中，最终需要将电路中的实际元器件安装并焊接在印制电路板上。原理图的设计解决了元器件之间的逻辑连接，而元器件之间的物理连接则是靠 PCB 上的铜箔实现的。

现代焊接方法主要有浸焊、波峰焊和回流焊接等技术，前两者主要用于通孔式元器件的焊接，后者主要用于表面贴装元器件（SMD）的焊接。现代焊接方法可以保证高速、高质量地完成焊接工作，减少了虚焊、漏焊，从而降低了电子设备的故障率。

正因为印制板有以上特点，所以从它面世的那天起，就得到了广泛的应用和发展，现代印制板已经朝着多层、精细线条、挠性的方向发展，特别是 20 世纪 80 年代开始推广的 SMD 技术是高精度印制板技术与 VLSI（超大规模集成电路）技术的紧密结合，大大提高了系统安装密度与系统的可靠性，元器件安装朝着自动化、高密度方向发展，对印制电路板导电图形的布线密度、导线精度和可靠性要求越来越高。与此相适应，为了满足对印制电路板数量上和质量上的要求，印制电路板的生产也越来越专业化、标准化、机械化和自动化，如今已在电子工业领域中形成一门新兴的印制电路板制造工业。

1.1.1　认知印制电路板的组件

电子设备大都需要印制电路板，在其上安装有元器件，通过印制导线、焊盘及金属化孔等进行线路连接，为了便于读识，板上还采用丝网印刷，印刷元器件标识和 PCB 说明。

微课 1.1
认知印制电路板

1. 认知 PCB 上的元器件

如图 1-2 中所示，PCB 上的元器件主要有两大类，一类是通孔式元器件，通常这种元器件体积较大，且印制板上必须钻孔才能插装；另一类是表面贴装元器件（SMD），这种元器件不必钻孔，利用钢模将半熔状锡膏倒入印制板上，再把 SMD 元器件贴放上去，通过回流焊将元器件焊接在板上。

2. 认知 PCB 上的印制导线、过孔和焊盘

PCB 上的印制导线也称为铜膜线，用于印制板上的线路连接，通常印制导线是焊盘或过孔（也称为金属化孔）之间的连线，而大部分的焊盘就是元器件的引脚，当无法顺利连接两个焊盘时，往往通过跳线或过孔实现连接。过孔一般用于连接不同层之间的印制导线。

图 1-3 所示为印制导线的走线图，图中所示为双面板，两层之间印制导线通过过孔连接。

a)   b)

图 1-2　PCB 上的元器件

a）通孔式元器件　b）SMD 元器件

3. 认知 PCB 上的阻焊与助焊

对于一个批量生产的印制电路板而言，通常在板上铺设一层阻焊剂，阻焊剂一般是绿色或棕色，所以成品 PCB 一般为绿色或棕色，这实际上是阻焊剂的颜色。

在 PCB 上，除了要焊接的地方外，其他地方根据 PCB 设计软件所产生的阻焊图来覆盖一层阻焊剂，这样可以进行快速焊接，并防止焊锡溢出引起短路；而对于要焊接的地方，通常是焊盘，则要涂上助焊剂，以便于焊接，如图 1-4 所示。

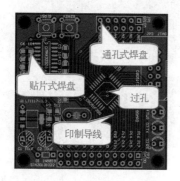

图 1-3　印制导线的走线图   图 1-4　PCB 上的阻焊和助焊

4. 认知 PCB 上的丝网

为了让印制电路板更具有可读性，便于安装与维修，一般在 PCB 上要印一些文字或图案，如图 1-5 中的 R9~R15 等，用于标识元器件的位置或进行电路说明，通常将其称为丝网。丝网所在层称为丝网层，在顶层的称为顶层丝网层（Top Overlay），而在底层的则称为底层丝网层（Bottom Overlay）。

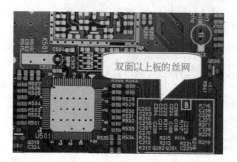

图 1-5　PCB 上的丝网

双面以上的印制板中，丝网印刷一般在阻焊层上。

1.1.2 印制电路板的种类

微课 1.2
印制电路板种类

目前的印制电路板一般以铜箔铺在绝缘板（基板）上，故通常称为铺铜板。

1. 根据 PCB 导电板层划分

1）单面印制板（Single Sided Print Board）。单面印制板指仅一面有导电图形的印制板，板的厚度为 0.2~5.0 mm，它是在一面敷有铜箔的绝缘基板上，通过印制和腐蚀的方法在基板上形成印制电路，如图 1-6 所示。它适用于一般要求的电子产品，如 LED 灯、收音机等。

2）双面印制板（Double Sided Print Board）。双面印制板指两面都有导电图形的印制板，板的厚度为 0.2~5.0 mm，它是在两面敷有铜箔的绝缘基板上，通过印制和腐蚀的方法在基板上形成印制电路，两面的电气互连通过金属化孔实现，如图 1-7 所示。它适用于要求较高的电子产品，如电子仪表、液晶电视等，由于双面印制板的布线密度较高，所以可以减小设备的体积。

图 1-6　单面印制板样图

图 1-7　双面印制板样图

3）多层印制板（Multilayer Print Board）。多层印制板是由交替的导电图形层及绝缘材料层层压黏合而成的一块印制板，导电图形的层数在两层以上，层间电气互连通过过孔实现。多层印制板的连接线短而直，便于屏蔽，但印制板的工艺复杂，常用于计算机、网络设备中。图 1-8 所示为多层板样图，图 1-9 所示为多层板示意图。

图 1-8　多层板样图

图 1-9　多层板示意图

对于印制电路板的制作而言，板的层数越多，制作过程就越复杂，成本也相对提高，所以只有在高级的电路中才会使用多层板。目前以两层板制作最容易，四层板就是顶层、底层，中间再加上两个电源板层，技术已经很成熟；而六层板就是四层板再加上两层布线板层，只有在高级的主机板或布线密度较高的场合才会用到；至于八层板以上，制作上难度较大。

图 1-10 所示为四层板剖面图。通常在印制板上，元器件放在顶层，所以一般顶层也称元器件面，而底层一般是焊接用的，所以又称焊接面。对于 SMD 元器件，顶层和底层都可以放置。图中的通孔式元器件通常体积较大，且印制板上必须钻孔才能插装；SMD 元器件，体积小，不必钻孔，通过回流焊将元器件焊接

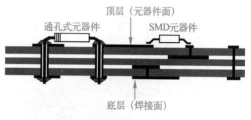

图 1-10　四层板剖面图

在印制板上。SMD 元器件是目前商品化印制板的主要元器件，元器件贴装通常需要依靠机器来完成。

在多层板中，为减小信号线之间的相互干扰，通常将中间的一些层面都布上电源或地线，所以通常将多层板的板层按信号的不同分为信号层（Singal）、电源层（Power）和地线层（Ground）。

2. 根据 PCB 所用基板材料划分

1）刚性印制板（Rigid Print Board）。刚性印制板是指以刚性基材制成的 PCB，常见的 PCB 一般是刚性 PCB，如计算机中的板卡、家电中的印制板等，如图 1-6~图 1-8 所示。常见的刚性 PCB 有以下几类。

① 纸基板。价格低廉，性能较差，一般用于低频电路和要求不高的场合。

② 玻璃布基板。价格较纸基板高一些，性能较好，常用于计算机、手机等产品中。

③ 合成纤维板。价格较贵，性能较好，常用于高频电路和高档家电产品中。

④ 陶瓷基板。具有介电常数低、介质损耗小、热导率高、机械强度高的特点，常用于高频 PCB、汽车车灯、路灯及户外大型看板等，如图 1-11 所示。

⑤ 金属基板。具有优异的散热性能、机械加工性能、电磁屏蔽性能等，在汽车电路、大功率电气设备、电源设备、大电流设备等领域得到了越来越多的应用，特别是在 LED 封装产品中作为底基板得到广泛的应用，图 1-12 所示为 LED 灯中的铝基板。

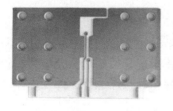

图 1-11　陶瓷基板样图　　　　　　　　图 1-12　LED 铝基板样图

2）挠性印制板（Flexible Print Board）。挠性印制板也称柔性印制板或软印制板，是以聚四氟乙烯、聚酯等软性绝缘材料为基材的 PCB。由于它能进行折叠、弯曲和卷绕，在三维空间里可实现立体布线，它的体积小、重量轻、装配方便，容易按照电路要求成形，提高

了装配密度和板面利用率，因此可以节约60%~90%的空间，为电子产品小型化、薄型化创造了条件，如图1-13所示。它在笔记本计算机、手机、打印机、自动化仪表及通信设备中得到广泛应用。

3）刚-挠性印制板（Flex-rigid Print Board）。刚-挠性印制板指利用软性基材，并在不同区域与刚性基材结合制成的PCB，如图1-14所示。它主要应用于印制电路的接口部分。

图1-13 挠性印制板样图　　　　　　　　图1-14 刚-挠性印制板样图

任务1.2　了解印制电路板的生产制作

制造印制电路板最初的一道基本工序是将底图或照相底片上的图形转印到铺铜箔层压板上，最简单的一种方法是印制-蚀刻法，或称为铜箔腐蚀法，即用防护性抗蚀材料在铺铜箔层压板上形成正性的图形，那些没有被抗蚀材料防护起来的不需要的铜箔经化学蚀刻而被去掉，蚀刻后将抗蚀层除去就留下由铜箔构成所需的图形。

1.2.1　印制电路板制作生产工艺流程

一般印制板的制作要经过CAD辅助设计、照相底版制作、图像转移、化学镀、电镀、蚀刻和机械加工等过程，图1-15为双面板图形电镀-蚀刻法的工艺流程图。

单面印制板一般采用酚醛纸基铺铜箔板、环氧纸基或环氧玻璃布铺铜箔板，单面板图形比较简单，一般采用丝网漏印正性图形，然后蚀刻出印制板，也可以采用光化学法生产。

双面印制板通常采用环氧玻璃布铺铜箔板制造，双面板的制造一般分为工艺导线法、堵孔法、掩蔽法和图形电镀-蚀刻法。

多层印制板一般采用环氧玻璃布铺铜箔层压板。为了提高金属化孔的可靠性，应尽量选用耐高温、基板尺寸稳定性好、特别是厚度方向热线膨胀系数较小并和铜镀层热线膨胀系数基本匹配的新型材料。制作多层印制板，先用铜箔蚀刻法做出内层导线图形，然后根据设计要求，把几张内层导线图形重叠，放在专用的多层压机内，经过热压、黏合工序，就制成了具有内层导电图形的铺铜箔的层压板。

目前已定型的工艺主要有以下两种。

1）减成法工艺。通过有选择性地除去不需要的铜箔部分来获得导电图形的方法。

减成法是印制电路制造的主要方法，其最大优点是工艺成熟、稳定和可靠。

2）加成法工艺。在未铺铜箔的层压板基材上，有选择地淀积导电金属而形成导电图形的方法。

加成法工艺的优点是避免大量蚀刻铜，降低了成本；生产工序简化，生产效率提高；镀铜层的厚度一致，金属化孔的可靠性提高；印制导线平整，能制造高精密度 PCB。

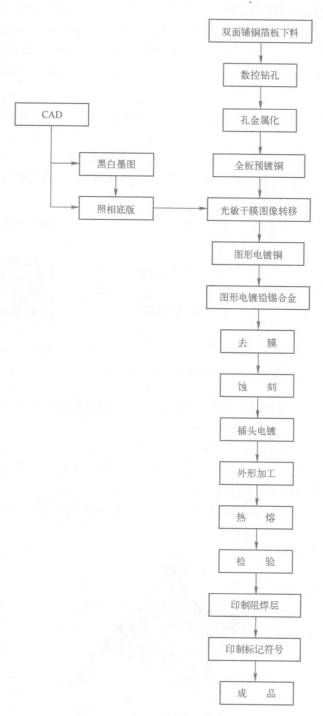

图 1-15 双面板制作工艺流程

微课 1.3
热转印制板

1.2.2　采用热转印方式制板

热转印制板的优点是直观、快速、方便、成功率高，但对激光打印机要求高，需要专用的胶片或热转印纸。

热转印制板所需的主要材料有铺铜板、热转印纸、高温胶带、三氯化铁（或工业盐酸+过氧化氢）和松香水（松香+无水酒精）；设备工具有热转印机、激光打印机、裁板机、高速微型钻床、剪刀、锉刀、镊子、细砂纸、记号笔等。

热转印的具体操作流程为：激光打印出图→裁板→PCB 图热转印→修板→线路腐蚀→钻孔→擦拭、清洗→涂松香水。

1. 激光打印出图

出图一般采用激光打印机，通过设计软件 Altium Designer 将线路层打印在热转印纸的光滑面上，激光打印机出图如图 1-16 所示。

图 1-16　激光打印机出图

一般在打印时，为节约热转印纸，可将几个 PCB 图合并到同一个文件中一起打印，打印完毕用剪刀将每一块印制板的图样剪开。

2. 裁板

板材准备又称下料，在 PCB 制作前，应根据设计好的 PCB 图大小来确定所需 PCB 基板的尺寸规格，然后根据具体需求进行裁板。

裁板机如图 1-17 所示，裁板时调整好定位尺，将电路板放置在底板上，根据 PCB 大小确定刀口位置，下压压杆进行裁板。

上刀片
下刀片
定位尺
压杆
底板

图 1-17　裁板机

裁板时，为了后续贴转印纸方便，印制板上一般要留出贴高温胶带的位置，一般比转印的 PCB 图长 1 cm。

3. PCB 图热转印

PCB 图热转印即通过热转机将热转印纸上的 PCB 图转印到印制板上。热转印的具体步骤如下。

1）铺铜板表面处理。在进行热转印前必须先对铺铜板进行表面处理，由于加工、储存等原因，在铺铜板的表面会形成一层氧化层或污物，将影响底图的转印，在转印底图前需用细砂纸打磨印制板。

2）热转印纸裁剪。使用剪刀将带底图的热转印纸裁剪为略小于铺铜板大小，以便进行固定。

3）高温胶带固定。通过高温胶带将底图的一侧固定在印制板上，如图 1-18 所示。

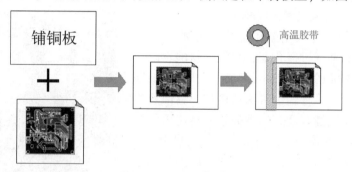

图 1-18 贴热转印纸

4）热转印。热转印是通过热转印机将热转印纸上的碳粉转印到铺铜板上，如图 1-19 所示，将热转印机进行预热，当温度达到 150℃ 左右时，将用高温胶带贴好热转印纸的铺铜板送入热转印机进行转印（注意贴胶带的位置先送入），热转印机的滚轴将步进转动进行转印。

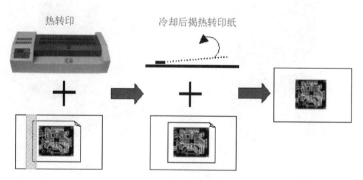

图 1-19 热转印及揭转印纸

4. 揭热转印纸与板修补

热转印完毕，自然冷却铺铜板，当不烫手时，小心揭开热转印纸，此时碳粉已经转印到铺铜板上。

揭开热转印纸后可能会出现部分地方没有转印好，此时需要进行修补，利用记号笔将没转印好的地方补描一下，晾干后即可进行线路腐蚀。

 **经验之谈**

1）要进行转印的 PCB 图需打印在热转印纸的光滑面上。

2）打印机的输出颜色应设置为黑白色（即选中"Black & White"）以保证有足够的炭粉。

3）粘贴用的胶带必须使用高温胶带，普通胶带在转印中会由于高温烧毁。

4）热转印时应将贴有高温胶带的一侧先进入热转印机。

5. 线路腐蚀

线路腐蚀主要是通过腐蚀液将没有碳粉覆盖的铜箔腐蚀，而保留下碳粉覆盖部分，即设计好的 PCB 铜膜线。

线路腐蚀采用过氧化氢+盐酸+水混合液（或三氯化铁溶液）进行，过氧化氢和盐酸的比例为 3:1，配制时必须先加水稀释过氧化氢，再混合盐酸。由于过氧化氢和盐酸溶液的浓度各不相同，腐蚀时可根据实际情况调整用量。这种腐蚀方法速度快，腐蚀液清澈透明，容易观察腐蚀程度，腐蚀完毕要迅速用竹筷或镊子将 PCB 捞出，再用水进行冲洗，最后烘干。

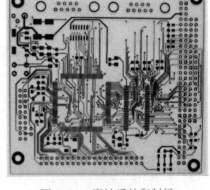

腐蚀后的 PCB 如图 1-20 所示，图中的铜膜线上覆盖有碳粉。

图 1-20　腐蚀后的印制板

6. 钻孔

钻孔的主要目的是在线路板上插装元器件，常用的手动打孔设备有高速视频钻床和高速微型台钻，如图 1-21 所示。

高速视频钻床　　　　　　　　高速微型台钻

图 1-21　钻孔设备

钻孔时要对焊盘中心，钻孔过程中要根据需要调整钻头的粗细。为便于钻孔时对准焊盘中心，在打印 PCB 图时，将焊盘的孔设置为显示状态（Show Hole）。

7. 后期处理

钻孔后，用细砂纸将印制板上的碳粉擦除，清理干净后涂上松香水，以便于后期的焊接，防止氧化。

技能实训 1　热转印方式制板

1. 实训目的

1）认知印制电路板的基本组成。

2）认知常用的印制板基材及类型。

3）掌握热转印制板的方法。

4）手工制作一块印制电路板。

2. 实训内容

1）识别纸基板、玻璃布板、陶瓷基板和金属基板。

2）认知单面板、双面板、多层板及挠性印制板。

3）认知印制电路板：元器件、焊盘、过孔、印制导线、阻焊、助焊和丝网等。

4）认知制板设备：激光打印机、热转印机、裁板机及高速微型台钻等。

5）认知制板辅材：热转印纸、高温胶带及细砂纸等。

6）采用热转印方式手工制作一块单面印制电路板。

3. 思考题

1）热转印的图形应打印在热转印纸的光面或麻面？

2）如何配置过氧化氢+盐酸腐蚀液？

3）如何进行热转印制板？简述步骤。

思考与练习

1. 简述印制电路板的概念与作用。

2. 按导电板层划分，印制电路板可分为哪几种？

3. 按基板材料划分，印制电路板可分为哪几种？

4. 简述热转印制电路板的步骤。

5. 如何进行腐蚀液配制？

项目 2 原理图标准化设计

知识与能力目标
1）掌握原理图设计的基本方法
2）掌握原理图电气规则检查方法
3）掌握原理图网络表的生成方法
4）掌握报表文件的生成与使用

素养目标
1）培养学生建立标准意识
2）培养学生树立正确的价值观和职业态度

Altium Designer 是 Altium 公司推出的一套板卡级设计软件，具有强大的交互式设计功能。本书介绍 Altium Designer 19.1.7 的印制电路板设计功能，本项目通过实例介绍电路原理图的设计方法，它是印制电路板设计的基础，决定了后续设计工作的进展。

任务 2.1 了解 Altium Designer 19 软件

本任务主要学习 Altium Designer 19 的启动、常用设置及文件操作，为后续设计打好基础。

2.1.1 启动 Altium Designer 19

启动 Altium Designer 19 有两种常用方法，具体如下。

1）执行"开始"→"所有程序"→"Altium Designer 19"命令，启动该软件。

微课 2.1
AD19 基本操作

2）如果在系统桌面建立了 Altium Designer 19 的快捷方式，可以双击桌面的快捷方式图标，启动该软件。

启动软件后，屏幕出现 Altium Designer 19 的启动界面，如图 2-1 所示。系统自动加载完相关模块后进入设计主窗口，系统默认进入英文设计主窗口，如图 2-2 所示。

图 2-1 Altium Designer 19 启动界面

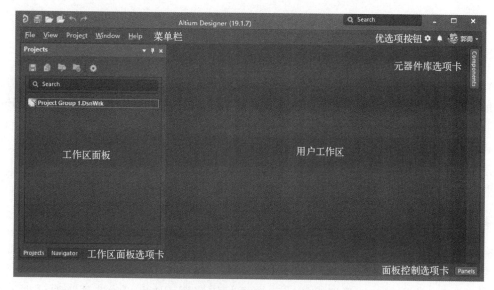

图 2-2　Altium Designer 19 英文设计主窗口

2.1.2　Altium Designer 19 中英文界面切换

Altium Designer 19 默认的设计界面为英文界面,该软件可以通过设置本地化资源显示中文界面,具体操作如下。

单击图 2-2 中右上角的设置系统"优选项"按钮 ⚙,屏幕弹出"Preferences"对话框,选中"System"下的"General"选项,在对话框正下方"Localization"区选中"Use localized resources"复选框,如图 2-3 所示。

图 2-3　设置中文界面

选中复选框后屏幕将弹出"Warning"对话框,提示需要重启软件完成当前设置,单击"OK"按钮确认。设置完毕,关闭 Altium Designer 19 软件并重新启动,系统的界面就切换为中文界面。本书采用中文菜单介绍 Altium Designer 19 的印制电路板设计模块。

2.1.3　Altium Designer 19 主题颜色设置

Altium Designer 19 提供有黑、白两种主题颜色，系统默认主题颜色是黑色。在使用软件中，有时不太习惯黑色金属科技感的主题颜色，想更改它，可以在图 2-3 所示的 "Preferences" 对话框中选中 "System" 下的 "View" 选项，在右侧的 "UI Theme" 区的 "Current" 下拉列表框中选中 "Altium Light Gray" 选项，选中后屏幕将弹出 "Warning" 对话框，提示需要重启软件完成当前设置，单击 "OK" 按钮确认。

重启软件后系统主题颜色修改为白色。本书后续设计内容采用白色主题颜色。

2.1.4　Altium Designer 19 系统自动备份设置

在设计过程中，为防止出现意外故障造成设计内容丢失，一般需要进行系统自动备份设置，以减小损失。

单击图 2-2 中右上角的设置系统 "优选项" 按钮，弹出 "优选项" 对话框，选中 "Data Management" 下的 "Backup" 选项，出现图 2-4 所示的对话框，在其中可以设定自动备份的时间间隔、保存的版本数目及保存的路径。

图 2-4　自动备份设置

2.1.5　PCB 工程及设计文件

Altium Designer 19 采用 PCB 工程的概念（＊.PrjPcb），能够有效地对一系列设计文件进行分类和层次管理，建立与单个文件之间的关系，方便用户组织和管理。

微课 2.2
PCB 工程及
设计文件

PCB 工程中包括原理图设计文件（＊.schdoc、＊.sch）、PCB 设计文件（＊.pcbdoc、＊.pcb）、原理图库文件（＊.schlib、＊.lib）、PCB 元器件库文件（＊.pcblib、＊.lib）、网络报表文件（＊.Net）、报告文件（＊.rep、＊.log、＊.rpt）、CAM 报表文件（＊.Cam）等。

在工程设计中，通常将同一个项目中的所有文件都保存在一个工程文件中，以便于文件管理。Altium Designer 19 的 PCB 设计通常是先建立 PCB 工程文件，然后在该工程文件下建立原理图、PCB、库等其他文件，建立的文件将显示在 "Projects" 选项卡中。

图 2-5 所示的 PCB 工程文件中包含了工程文件（电子镇流器.PRJPCB），原理图文件（电子镇流器.SCHDOC）、PCB 文件（电子镇流器.PCBDOC）、PCB 库文件（PCBLIB1.PCBLIB）及

原理图库文件（Schlib1. SCHLIB）。

1. 新建 PCB 工程

执行菜单"文件"→"新的"→"项目"命令，弹出图 2-6 所示的"Create Project"（创建项目）对话框，设置参数后单击"Create"按钮创建 PCB 工程，创建一个名为"PCB_Project1. PrjPCB"的空白工程文件，如图 2-7 所示，此时的文件显示在"Projects"选项卡中，在新建的工程文件"PCB_Project1. PrjPCB"下显示的是空文件夹"No Documents Added"。

2. 保存 PCB 工程

建立 PCB 工程后，通常将工程另存为自己需要的文件名，并保存到指定的文件夹中。

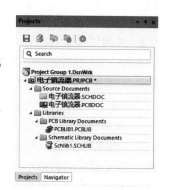

图 2-5　PCB 工程文件

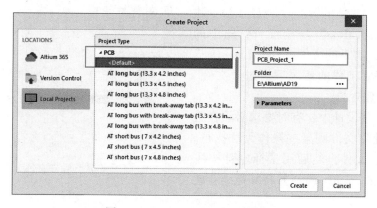

图 2-6　"Create Project"对话框

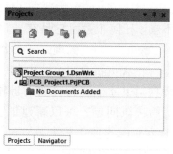

图 2-7　新建的 PCB 工程

执行菜单"文件"→"保存工程为"命令，弹出"保存工程"对话框，更改保存的路径和文件名后，单击"保存"按钮完成工程保存，更名后的 PCB 工程文件如图 2-8 所示。

3. 新建设计文件

在新建的工程中，没有任何文件，因此绘制原理图或 PCB 时必须在该工程中新建相应的文件，新建设计文件可以执行菜单"文件"→"新的"下的子菜单实现。

如：新建原理图文件的方法有两种，执行菜单"文件"→"新的"→"原理图"命令或右击工程文件名，在弹出菜单中选择"添加新的…到工程"→"Schematic"命令，新建原理图。

图 2-8　更名后的 PCB 工程

建好主要设计文件后的工作区面板如图 2-5 所示，图中的"Source Documents"文件夹中为原理图和印制板文件，"Libraries"文件夹中为元器件库文件。

4. 打开文件

在电路设计中，有时需要打开已有的某个文件，可以执行菜单"文件"→"打开"命令，弹出"Choose Document to Open"对话框，选择所需文件后单击"打开"按钮打开相应文件。

若需要打开工程文件，则执行菜单"文件"→"打开工程"命令。

5. 关闭工程文件

右击工程文件名，在弹出的菜单中选择"Close Project"命令可关闭工程文件，若该工程中有文件未保存过，屏幕将弹出一个对话框提示设置需要保存的文件。

若选择"关闭工程文档"菜单，则将该工程中的子文件关闭，而工程文件则保留。

6. 添加已有的文件到工程中

有些电路文件在设计时并未放置在当前工程中，若此时需要添加该文件，可以右击工程文件名，在弹出的菜单中选择"添加已有文档到工程"命令，弹出选择添加文件的对话框，选择要添加的文件后单击"打开"按钮添加文件。

7. 工程文件与独立文件

如图 2-9 所示工作区面板中，"电子镇流器 . PrjPCB"是一个工程，它是通过"文件"→"新的"→"项目"命令建立的，其下有"电子镇流器 . SchDoc"一个文件；图中的"Free Documents"为独立文件，其下的文件"Sheet1. SchDoc"不属于任何工程，它是在未建立工程的情况下通过"文件"→"新的"→"原理图"命令建立的。

图 2-9　工程文件与独立文件

在 Altium Designer 19 的一些设计中，有时要求必须在工程项目下才能进行，如果是独立文件则某些操作无法执行。为解决该问题，可以新建工程文件，然后用鼠标左键按住图 2-9 中的独立文件（如 Sheet1. SchDoc），并将其拖到新建的工程文件中即可。

任务 2.2　认知原理图编辑器

本任务主要学习原理图编辑器的组成与常用设置。

2.2.1　原理图设计基本步骤

原理图设计大致可以按照以下步骤进行。

1）创建工程和原理图文件。

2）配置工作环境，设置图纸大小、方向和标题栏。

3）设置元器件库。

4）放置元器件、电源符号、接口等。元器件可以从原理图库中获取，对于库中没有的元器件，需要自行设计。

5）元器件布局与布线。

6）元器件封装设置。

7）放置网络标号、说明文字等进行电路连接和标注说明。

8）电气检查与调整。

9）保存文件。

10）报表输出和电路输出。

2.2.2　原理图编辑器

1. 新建原理图文件

在 Altium Designer 19 主窗口下，执行菜单"文件"→"新的"→"项目"命令，新建 PCB 工程文件"PCB_Project1. PrjPCB"。

微课 2.3
认知原理图
编辑器

执行菜单"文件"→"保存工程为"命令，将工程保存为"共 E 单管放大"。

执行菜单"文件"→"新的"→"原理图"命令创建原理图文件，系统自动在当前项目文件下新建一个名为"Source Documents"的文件夹，并在该文件夹下建立了原理图文件"Sheet1. SchDoc"，并进入原理图编辑器，如图 2-10 所示，原理图编辑器由主菜单、布线工具栏、工作区、工作区面板、元器件库选项卡、标题栏等组成，当用户打开 Altium Designer 19 时，系统默认显示 4 个常用的面板。

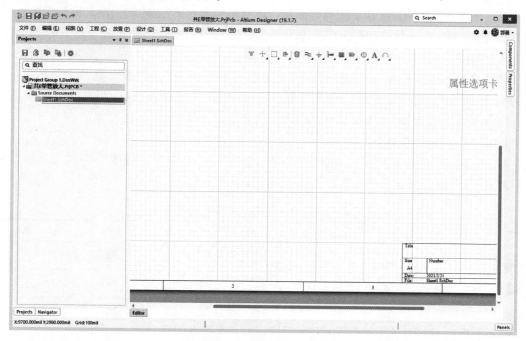

图 2-10　原理图编辑器

右击原理图文件"Sheet1. SchDoc"，在弹出的菜单中选择"另存为"命令，弹出一个对话框，将文件更名保存为"共 E 单管放大 . SchDoc"。

2. 工作区面板

工作区面板默认位于主窗口的左边，可以显示或隐藏，也可以被任意移动到窗口的其他位置。

（1）移动工作区面板

用鼠标左键按住工作区面板状态栏不放，拖动光标在窗口中移动，可以将工作区面板移动到所需的位置。

（2）工作区面板选项卡切换

工作区面板默认有"Projects""Navigator"选项卡，位于面板的左下方，单击所需的选项卡可以查看内容，如图 2-11 所示，选中的是"Projects"选项卡，显示当前的文件。

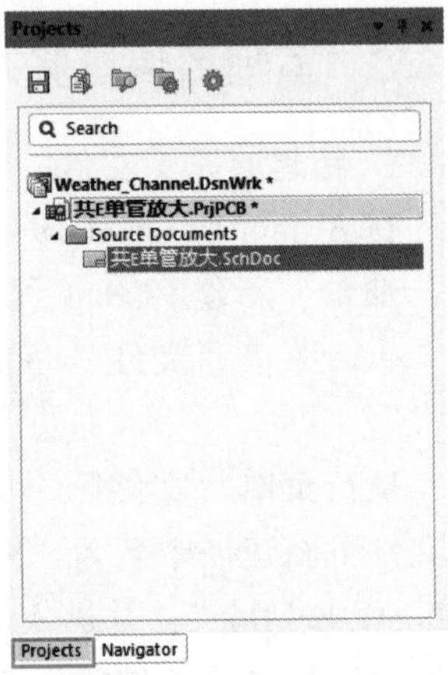

（3）工作区面板的显示与隐藏

单击图 2-11 所示工作区面板右上角的按钮，当按钮的形状变为时把光标移出工作区面板，工作区面板将自动隐藏在窗口的最左边，并在主窗口左侧显示工作区面板的标签。

单击窗口左边的工作区面板标签，则对应的面板将自动打开。

如果不再隐藏工作区面板，则在面板显示时，单击右上角的按钮，按钮恢复为状态，此时工作区面板将不再自动隐藏。

图 2-11 工作区面板

3. 设置显示工作面板

用户在使用过程中可能误关闭某些面板，此时可以通过"Panels"选项卡进行设置。

单击图 2-10 右下角的"Panels"选项卡，弹出常用面板对话框，若要打开相关面板，单击选中即可。

常用的工作面板有 4 项，Components（元器件面板），用于放置元器件等；Properties（属性设置面板），用于设置图纸格式等属性；Messages（信息面板），用于查看编译信息等；Projects（工程面板），用于显示工程项目信息。

4. 原理图标准工具栏

Altium Designer 19 默认不显示原理图标准工具栏，执行菜单"视图"→"工具栏"→"原理图标准"命令可打开该工具栏，其按钮功能具体如表 2-1 所示。

表 2-1 原理图标准工具栏按钮功能表

按钮	功 能	按钮	功 能	按钮	功 能	按钮	功 能
	打开已有文件		缩放区域		橡皮图章		取消
	保存当前文件		缩放选中对象		选取区域内的对象		重做
	直接打印文件		剪切		移动选中对象		主图、子图切换
	打印预览		复制		取消选取状态		设置测试点
	显示所有对象		粘贴		清除当前过滤器		

2.2.3 设置图纸格式

进入原理图编辑器后，系统默认 A4 图纸，通常图纸参数是根据电路图的规模和复杂程度确定的，具体设置方法如下。

双击图纸边框，屏幕右侧弹出"Properties"（属性）面板，在"Page Options"区进行图纸设置，如图 2-12 所示。

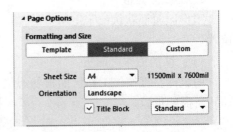

图 2-12 "Page Options"区

其中"Template"选项卡用于设置图纸模板，可在其下方的"Template"下拉列表框选择图纸模板；"Standard"选项卡用来设置标准图纸尺寸，可在其下方的"Sheet Size"下拉列表框选择图纸尺寸；"Orientation"下拉列表框用于设置图纸方向，有 Landscape（横向）和 Portrait（纵向）两种，"Title Block"复选框用于设置是否显示标题栏；"Custom"选项卡用于自定义图纸尺寸，"Width"用于自定义宽度，"Height"用于自定义高度。

2.2.4 设置单位制和栅格尺寸

进入原理图编辑器后，可以看见其工作区背景呈现为网格（或称栅格）形，这种栅格就是可视栅格，是可以进行设置的，栅格为元器件的布局和连线带来了极大的方便。

1. 设置单位制

Altium Designer 19 的原理图设计提供有英制（mil）和公制（mm）两种单位制，可在"Properties"（属性）面板的"General"区进行设置，如图 2-13 所示。

系统默认使用英制，图中"Units"下方的"mm"选项卡为公制单位，单位为 mm，"mils"选项卡为英制，单位为 mil，选中相应选项卡即可设置单位制。

一般在原理图设计中使用默认的英制单位制进行电路设计，无须重新设置单位制。

2. 设置栅格尺寸

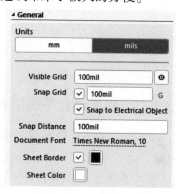

图 2-13 "General"区

Altium Designer 19 中的栅格有 3 种，即捕获栅格（Snap Grid）、可见栅格（Visible Grid）和电气栅格（Electrical Grid）。

捕获栅格指光标移动一次的步长；可见栅格指图纸上实际显示的栅格之间的距离；电气栅格指自动寻找电气节点的半径范围。

在图 2-13 中的"Visible Grid"栏用于可见栅格的设定，图中设定为 100 mil，即图纸上栅格的间距为 100 mil，此项设置只影响视觉效果，不影响光标的位移量；"Snap Grid"栏用于捕获栅格的设定，图中设定为 100 mil，即光标移动一次的距离为 100 mil。例如"Visible Grid"设定为 300 mil，"Snap Grid"设定为 100 mil，则光标移动 3 次走完一个可见栅格。

图 2-13 中选中"Snap to Electrical Object"复选框可以进行电气栅格设置，"Snap Distance"栏用于设置栅格范围值，系统会以"Snap Distance"中设置的值为半径，以光标所在点为中心，向四周搜索电气节点，如果在搜索半径内有电气节点，系统会将光标自动移到该节点上，并在该节点上显示一个圆点。

任务 2.3 单管放大电路原理图设计

本任务以图 2-14 所示的单管放大电路原理图为例，介绍原理图设计的基本方法，从图中可以看出，该原理图主要由元器件、连线、电源、端口、波形及电路说明等组成。

本例中元器件数目较少，采用先放置元器件、电源和端口，然后调整布局，再进行连线，最后进行属性修改的模式进行设计。

对于比较大的电路则可以边放置、边布局连线，最后进行调整。

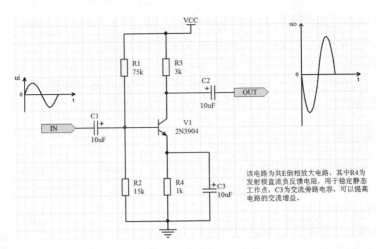

图 2-14　单管放大电路

2.3.1　原理图设计布线工具

Altium Designer 19 提供有原理图设计布线工具栏，执行菜单"视图"→"工具栏"→"布线"命令可以打开该工具栏，布线工具栏用于原理图设计中常用电路元素的放置，其按钮功能具体如表 2-2 所示。

表 2-2　布线工具栏按钮及功能

按钮	功　能	按钮	功　能
	放置导线		放置层次电路图输入/输出端口
	放置总线		放置器件页面符
	放置信号线束		放置线束连接器
	放置总线入口（总线分支线）		放置线束入口
Net	放置网络标号	D1	放置端口
	放置 GND 接地端口	X	放置通用的 No ERC 标号
VCC	放置 VCC 电源端口		放置特定的 No ERC 标号
	放置元器件		网络颜色
	放置层次电路图		

原理图设计中可以单击相关的按钮完成相应的功能。

2.3.2　设置元器件库

Altium Designer 19 中，元器件数量庞大，种类繁多，一般按照生产商及其功能类别的不同，将其分别存放在不同的库文件内。在放置元器件之前，必须了解要放置的元器件在哪个库中，并将该元器件所在库载入内存。

微课 2.4
设置元器件库

如果软件中提供的库不足，可以自行设计，也可到 Altium 公司的网站下载。

1. 直接加载元器件库

单击原理图编辑器右上方的"Components"标签，弹出图 2-15 所示的"Components"（元器件）控制面板，该控制面板中包含元器件库下拉列表框、元器件查找栏、元器件列表栏、当前元器件符号栏、当前元器件封装名和元器件封装图形等内容，用户可以在其中查看相应信息，判断元器件是否符合要求。其中元器件封装图形默认为不显示状态，单击该区域将显示元器件封装图形。

Altium Designer 中有两个系统默认加载的集成元器件库："Miscellaneous Connectors. IntLib"（常用接插件库）和"Miscellaneous Devices. IntLib"（常用分立元器件库），库中包含了电阻、电容、二极管、晶体管、变压器、按键开关、接插件等常用元器件。

单击元器件库面板右上角的库设置按钮，弹出一个子菜单，如图 2-16 所示，选中"File-based Libraries Preferences"（库文件）子菜单，弹出"Available File-based Libraries"（可用库）对话框，如图 2-17 所示，系统默认显示选择"已安装"选项卡，窗口中显示当前已装载的元器件库。

单击图 2-17 中的"安装"按钮，弹出"打开"对话框，显示当前路径中的元器件厂家目录，如图 2-18 所示，此时可以根据需要选择相应厂家目录，并选中需要的元器件库，单击"打开"按钮完成元器件库加载。

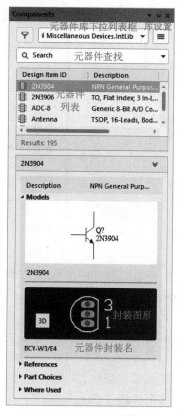

图 2-15　元器件库控制面板

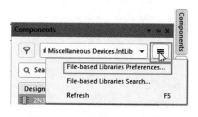

图 2-16　"库设置"对话框

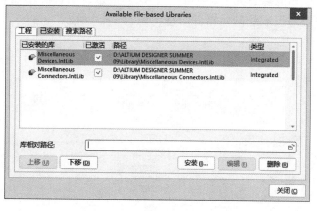

图 2-17　"可用库"对话框

图 2-18 中右下角的下拉列表框中可选择 ＊. INTLIB（集成元器件库，集成了原理图和 PCB 元器件）、＊. SCHLIB（原理图元器件库）、＊. PCBLIB（PCB 元器件库）及 ＊. PCB3DLIB（PCB 3D 元器件库）等，在原理图设计时，通常选择 ＊. INTLIB 或 ＊. SCHLIB。

2. 通过查找元器件方式设置元器件库

在原理图设计时，有时不知道元器件在哪个库中，导致无法调用，此时可以采用查找元器件的方式来设置包含该元器件的库。下面以设置时钟芯片 DS1302 所在库为例进行介绍。

图 2-18　加载元器件库

单击元器件库面板右上角的库设置按钮≡，弹出如图 2-16 所示的子菜单，选中 "File-based Libraries Search" 选项，弹出如图 2-19 所示的 "File-based Libraries Search"（搜索库）对话框，在 "字段" 下拉列表框选择 "Name"；在 "运算符" 下拉列表框选择 "contains"，该下拉列表框中有 4 个选择项：equals（相同）、contains（包含）、starts with（以……开始）、ends with（以……结束），为提高查找率，一般选择 contains（包含）；在 "值" 区中输入 "1302"（采用模糊查找，可以提高查找率）；在 "范围" 区中的 "搜索范围" 下拉列表框选择 "Components"，该下拉列表框中 "Components" 为原理图元器件，"Footprints" 为 PCB 元器件；在 "范围" 区选中 "搜索路径中的库文件" 选项；在 "路径" 区的 "路径" 栏设置元器件库所在的文件夹。

所有设置完毕，单击 "查找" 按钮，系统开始自动搜索，搜索结束，元器件库面板中将显示搜索到的元器件信息，如图 2-20 所示。

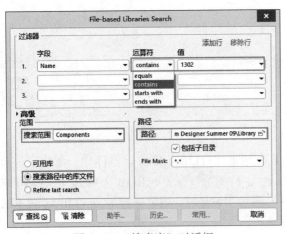

图 2-19　"搜索库" 对话框

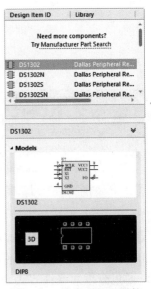

图 2-20　搜索到的元器件

由于元器件"DS1302"所在的元器件库尚未加载到当前库中，因此双击"DS1302"放置元件时，弹出图 2-21 所示的对话框，询问是否安装该元器件所在库，单击"Yes"按钮，安装该元器件所在库并放置元器件；单击"No"按钮则不安装该元器件库，但也可以放置该元器件。

图 2-21　是否安装库对话框

如果需要进行更高级的查找，可以单击图 2-19 中的"高级"，弹出"高级搜索库"对话框，如图 2-22 所示，在文本区中输入"1302"（也可以输入"＊1302"进行模糊搜索，＊代表任意字符）；"搜索范围"下拉列表框选择"Components"，选中"搜索路径中的库文件"选项；"路径"栏采用系统默认路径。设置完毕单击"查找"按钮进行搜索，搜索结束，元器件库面板中将显示搜索到的元器件信息。

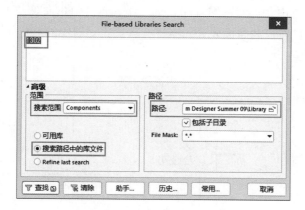

图 2-22　"高级搜索库"对话框

经验之谈

　在进行元器件搜索时文本输入不允许出现系统参数及与"/、\ 、="等字符相结合的文本。

3. 移除已设置的元器件库

如果要移除已设置的元器件库，可在图 2-17 中单击选中元器件库，单击"删除"按钮，移去已设置的元器件库。

移除已设置的元器件库可以减小对系统资源的占用，提高应用程序的执行效率，所以暂时用不到的元器件库，可以将其从内存中移除。移除元器件库只对内存中的文件产生影响，不会影响到硬盘上的文件。

2.3.3 放置元器件

本例中要用到 3 种元器件，即电阻 Res2、电解电容 Cap Pol2 和晶体管 2N3904，它们都在 Miscellaneous Devices. IntLib 库中，系统默认已安装 该库。

微课 2.5
元器件放置
及调整

1. 通过元器件库控制面板放置元器件

单击原理图编辑器右上方的"Components"标签，屏幕右侧弹出 "Components"控制面板，如图 2-15 所示，选中元器件库 Miscellaneous Devices. IntLib，该元 器件库中的元器件将出现在元器件列表中，找到晶体管 2N3904，控制面板中将显示其元器 件符号和封装图，双击 2N3904，将光标移到工作区中，此时元器件以虚框的形式粘在光标 上，将其移动到合适位置后，单击，元器件放置在图纸上，此时系统仍处于放置状态，可继 续放置该类元器件，右击退出放置状态，放置元器件的过程如图 2-23 所示。

放置元器件 2N3904 时也可右击要放置的元器件名 2N3904，在弹出的菜单中选择 "Place 2N3904"子菜单进行放置。

2. 通过菜单放置元器件

执行菜单"放置"→"器件"命令或单击布线工具栏的按钮▐，屏幕右侧弹出"Com- ponents"控制面板，选中元器件库 Miscellaneous Devices. IntLib，双击 2N3904 放置晶体管。

本例中通过元器件库控制面板放置元器件，放置完元器件的电路如图 2-24 所示。

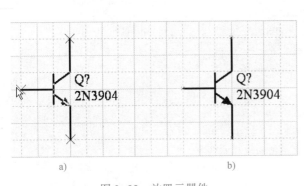

图 2-23 放置元器件

a) 放置元器件初始状态　b) 放置好的元器件

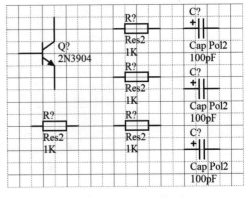

图 2-24 放置元器件后的原理图

经验之谈

放置元器件时，可以在元器件列表栏中键入元器件名的部分字符，如"RES"，元器 件列表栏中将自动跳转到以"RES"开头的元器件。

2.3.4 调整元器件布局

放置元器件后必须先调整元器件布局，然后再进行连线。元器件布局调整实际上就是将 元器件移动到合适的位置。

1. 选中元器件

在进行元器件布局操作时，首先要选中元器件，选择的方式有以下 3 种。

1）通过菜单命令选取。执行菜单"编辑"→"选择"命令，弹出一个子菜单，选择"区域内部"选项可以通过按住鼠标左键拉框选中区域内对象后单击确定选择，被选中的对象将出现虚线框；选择"区域外部"选项可以通过拉框选中区域外对象；选择"全部"选项则图上所有对象全选中；选择"切换选择"选项，则是一个开关命令，当对象处于未选取状态时，使用该命令可选取对象，当对象处于选取状态时，使用该命令可以解除选取状态。

2）利用工具栏按钮选取对象。单击主工具栏上的■按钮，用鼠标拉框选取框内对象。

3）直接用鼠标单击选取。对于单个对象的选取可以单击点取对象，被点取的对象周围出现虚线框，即处于选中状态，但用这种方法每次只能选取一个对象；若要同时选中多个对象，则可以在按住〈Shift〉键的同时，单击依次选取多个对象。

2. 解除元器件选中状态

元器件被选中后，所选元器件的外边有一个绿色的虚线框，一般执行完所需的操作后，必须解除元器件的选取状态，在工作区空白处单击可以解除元器件的选中状态。

3. 移动元器件

1）单个元器件的移动。用鼠标左键按住要移动的元器件，将其拖到要放置的位置，松开鼠标左键即可。

2）一组元器件的移动。用鼠标拉框选中一组元器件或在按下〈Shift〉键的同时用鼠标左键依次点取选中一组元器件，然后用鼠标点住其中的一个元器件，将这组元器件拖到要放置的位置，松开鼠标左键即可，如图 2-25 所示。

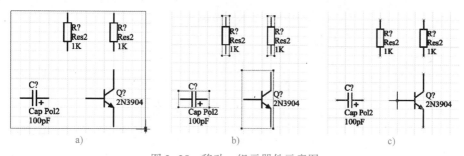

图 2-25　移动一组元器件示意图

a）拉框选中一组元器件　b）选中的一组元器件　c）移动选中的元器件

4. 旋转元器件

对于放置好的元器件，在重新布局时可能需要对元器件的方向进行调整，可以通过键盘上的按键来调整元器件的方向。

单击选中元器件，按〈Space〉键可以进行逆时针 90°旋转，用鼠标左键按住要旋转的元器件不放，按〈X〉键可以进行水平方向翻转，按〈Y〉键可以进行垂直方向翻转，如图 2-26 所示。

经验之谈

必须在英文输入法状态下按〈Space〉键、〈X〉键、〈Y〉键才可以使元器件进行旋转和翻转。

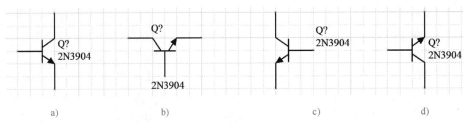

图 2-26　元器件旋转示意图

a) 原状态　b) 90°旋转　c) 水平翻转　d) 垂直翻转

5. 删除对象

要删除原理图中的某个对象，可单击要删除的对象，此时所选对象被虚线框住，按键盘上的〈Delete〉键删除该对象。

6. 全局显示全部对象

元器件布局调整完毕，执行菜单"视图"→"适合所有对象"命令，可以全局显示所有对象，此时可以观察布局是否合理。完成元器件布局调整的单管放大电路如图 2-27 所示。

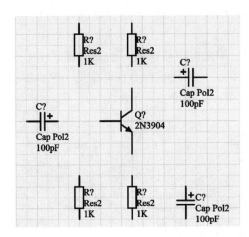

图 2-27　单管放大电路布局图

2.3.5　放置电源和接地符号

1. 通过菜单放置

执行菜单"放置"→"电源端口"命令进入放置电源符号状态，光标上带着一个悬浮的电源符号，按下〈Tab〉键，弹出图 2-28 所示的属性设置对话框，其中"Name"栏可以设置电源端口的网络名，通常电源符号设为 VCC，接地符号设置为 GND；单击"Style"栏后的下拉列表框，可以选择电源和接地符号的形状，常用有 7 种，如图 2-29 所示。

微课 2.6
放置电源、接地
符号及 I/O 端口

参数设置完毕单击工作区的 ⏸ 按钮，将光标移动到所需位置后单击放置电源符号。

2. 通过工具栏按钮放置

在原理图设计时，还可以直接单击布线工具栏的 ￥ 按钮放置电源符号；单击布线工具

栏的 ⏚ 按钮放置接地符号。

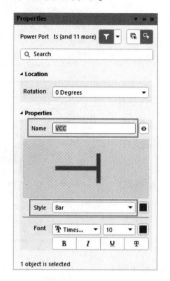

图 2-28 "电源端口"属性设置对话框

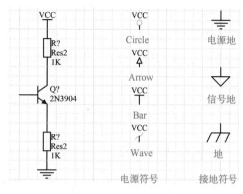

图 2-29 电源和接地符号

如果要放置其他电源符号，可以执行菜单"视图"→"工具栏"→"应用工具栏"命令，打开应用工具，选中 ⏚▾ 按钮，弹出各类电源符号和接地符号，从中选择相应符号放置。

🎓 **经验之谈**

　　由于在放置电源端口时，初始出现的是电源符号，若要改为接地符号时，除了要修改"Style"（类型）外，还必须将"Name"（网络名称）修改为 GND，否则在 PCB 布线时会出错。

2.3.6 放置电路的 I/O 端口

I/O 端口通常表示电路的输入或输出端，通过导线与元器件引脚相连，具有相同名称的 I/O 端口在电气上是相连接的。

执行菜单"放置"→"端口"命令或单击布线工具栏的 📼▸ 按钮，进入放置电路的 I/O 端口状态，光标上带着一个悬浮的 I/O 端口，将光标移动到所需的位置，单击，定下端口的起点，拖动光标可以改变端口的长度，调整到合适的大小后，再次单击，即可放置一个 I/O 端口，如图 2-30 所示，右击退出放置状态。

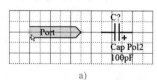

a)

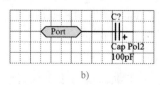

b)

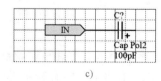

c)

图 2-30 放置 I/O 端口

a) 悬浮状态的 I/O 端口　b) 放置并连线后的 I/O 端口　c) 定义属性后的 I/O 端口

双击 I/O 端口，屏幕弹出图 2-31 所示的端口属性对话框，对话框中主要参数说明如下。

"Name"：设置 I/O 端口的名称，图中设置为 "IN"。若要放置低电平有效的端口（即名称上有上画线），如 $\overline{RD}$，则输入方式为 R \ D \ 。

"I/O Type" 下拉列表框：设置 I/O 端口电气特性，共有四种类型，分别为 Unspecified（未指明或不指定）、Output（输出端口）、Input（输入端口）及 Bidirectional（双向型），本例中选择 "Input"。

本例中在电路的输入和输出端各放置一个端口，输入端口为 IN，输出端口为 OUT。

2.3.7 电气连接

完成元器件布局调整后即可开始对元器件进行布线，以实现电气连接。

1. 放置导线

执行菜单 "放置" → "线" 命令，或单击布线工具栏的 ≈ 按钮，光标变为 "×" 形，此时系统处于连线状态，将光标移至所需位置，单击，定义导线起点，将光标移至下一位置，再次单击，完成两点间的连线，右击，退出连线状态。

在连线中，当光标接近引脚时，会出现一个 "×" 形连接标志，此标志代表电气连接的意义，此时单击，这条导线就与引脚建立了电气连接，元器件连接过程如图 2-32 所示。

图 2-31 I/O 端口属性设置

微课 2.7
电气连接

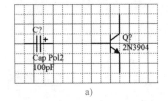
a)

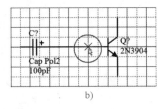
b)

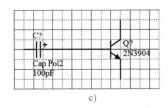
c)

图 2-32 放置导线示意图

a) 需连接的元器件 b) 连接标志 c) 连接后的元器件

2. 设置导线转弯形式

在放置导线时，系统默认的导线转弯方式为 90°，若要改变连线转角，可在放置导线状态下按〈Shift〉+〈Space〉键，依次切换为 90° 转角、135° 转角和任意转角，如图 2-33 所示。

3. 添加 "手工节点" 菜单命令

Altium Designer 19 软件的菜单栏中默认没有手工放置节点的菜单，但这些命令在 Altium Designer 19 并没有取消，用户可以手动将其添加到菜单栏中。

1）打开自定义原理图编辑器对话框。在菜单栏的空白位置双击，弹出图 2-34 所示的

"Customizing Sch Editor"（自定义原理图编辑器）对话框。

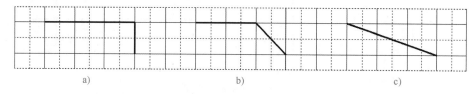

图 2-33　导线转弯示意图

a）90°转角　b）135°转角　c）任意转角

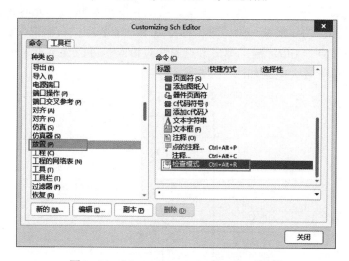

图 2-34　"Customizing Sch Editor" 对话框

2）选择要编辑的命令。在"种类"区选中"放置"选项，在"命令区"选中"检查模式"选项，单击"编辑"按钮，弹出如图 2-35 所示的"Edit Command"（编辑命令）对话框。

3）设置"手工节点"菜单命令。单击图 2-35 中"动作"区后的"浏览"按钮，在弹出的"过程浏览器"对话框中选择放置节点命令"Sch：PlaceJunction"；在"标题"区的"标题"栏中输入"手工节点（&O）"，在"描述"栏输入"手工节点"，设置完毕单击"确定"按钮完成操作。

4）单击图 2-34 的"关闭"按钮关闭对话框，此时在"放置"菜单中将出现"手工节点"子菜单。

图 2-35　"Edit Command" 对话框

4. 放置节点

节点用来表示两条相交的导线是否存在电气连接。没有节点，表示在电气上不连接；有节点，则表示在电气上是相接的。交叉导线的连接如图 2-36 所示。当导线呈"T"相交时，系统自动放入节点，但对于呈"十"字交叉的导线需要手动放置节点。

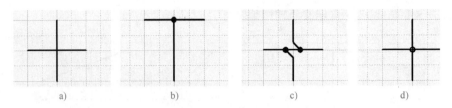

图 2-36　交叉线的连接

a) 未连接的十字交叉　b) T 字交叉　c) 十字交叉自动连接　d) 放置节点的十字交叉

执行菜单"放置"→"手工节点"命令，进入放置节点状态，此时光标上带着一个悬浮的小圆点，将光标移到导线交叉处，单击即可放下一个节点，右击退出放置状态。当节点处于悬浮状态时，按下〈Tab〉键，弹出节点属性对话框，可设置节点大小。

完成连线后的单管放大电路如图 2-37 所示。

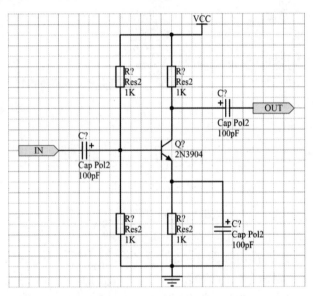

图 2-37　完成连线后的单管放大电路

2.3.8　元器件属性设置

从元器件库控制面板中放置到工作区的元器件都尚未定义标号、标称值等属性，因此必须逐个设置元器件参数。

1. 设置元器件属性

图 2-37 中元器件的具体参数还未进行设置，需进行手工设置。

在放置元器件状态时，按〈Tab〉键，或者在放置元器件后双击该元

微课 2.8
元器件属性设置

器件，弹出"元器件属性"对话框，图 2-38 所示为电解电容 Cap Pol2 的属性设置对话框，主要参数设置如下。

"Designator"栏用于设置元器件的标号，同一个电路中的元器件标号不能重复，若出现标号重复，元器件上将出现红色波浪提示线。

"Comment"栏用于设置元器件的型号或标称值。

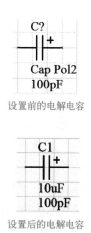

图 2-38 电解电容属性设置

"Designator"栏和"Comment"栏后的按钮显示为 ◉ 时，表示为显示状态，单击该按钮显示为 ◙ 时表示隐藏。

本例中电解电容的标号为 C1、容量为 10uF，则参数依次设置为："Designator"栏为 C1，"Comment"栏为 10uF。

参考图 2-14 依次设置元器件的参数，设置后的电路如图 2-39 所示，从图中可以看出电阻和电容的标称值除了已设置的之外，还有系统默认的元器件标称值，可以将其隐藏。

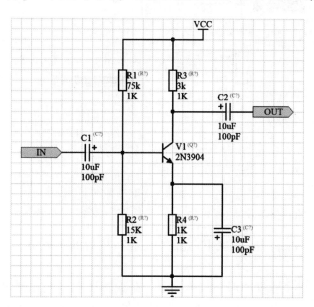

图 2-39 设置元器件参数后的电路图

元器件属性的修改也可以双击元器件的标号或标称值，会弹出相应的对话框，可以修改标号或标称值。

**经验之谈**

　　图 2-39 中，设置元器件参数后，元器件标号的右上角一般还存在原来默认的标号，要消除该标号，可以执行菜单"工程"→（Compile PCB Project…）（编译 PCB 项目）命令进行原理图编译，编译后默认的标号消失。

2. 利用全局修改功能修改元器件属性

　　图 2-39 中，电阻和电容的默认标称值在图上是多余的，需要将其隐藏，如果逐个修改，将耗费大量的时间。Altium Designer 19 提供有全局修改功能，下面介绍采用全局修改方式统一隐藏默认标称值（即 Value）的方法。

　　右击 C1 的默认标称值 100 pF，弹出图 2-40 所示的菜单，选择"查找相似对象"子菜单，弹出"查找相似对象"对话框，如图 2-41 所示，"Object Specific"区的"Value"中显示为"100 pF"，单击其后的 ▼ 按钮，选择"Same"（即选中所有元器件的"Value"参数）选项，然后单击选中"选择匹配"前的复选框。设置完成后，单击"确定"按钮，弹出图 2-42 所示的对话框，图中所有的"Value"栏的参数都被选中，并高亮显示。

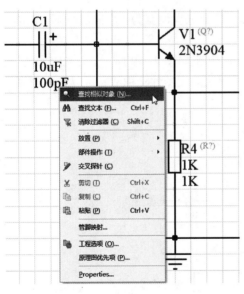
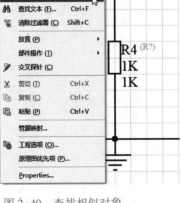

图 2-40　查找相似对象

图 2-41　"查找相似对象"对话框

　　在图 2-42 中的"Properties"区中单击"Value"栏后的按钮，元器件的默认标称值将被隐藏。

　　查找相似对象后整个原理图都是灰色显示，在编辑区右击，在弹出的菜单中选择"清除过滤器"子菜单，或单击原理图标准工具栏的按钮，清除过滤器，原理图恢复正常显示。

　　隐藏默认标称值后，适当调整标号和标称值的位置，设置好元器件属性的电路如图 2-14 所示。

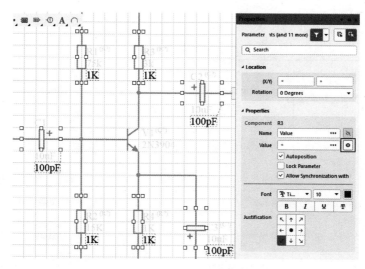

图 2-42　全局修改隐藏注释

3. 多个功能单元元器件属性调整

如果某个元器件由多个功能单元组成（如 1 个 DM74S00N 中包含有 4 个与非门），在进行元器件属性设置时要结合原理图，按实际元器件中的功能单元的数量合理设置元器件标号。

如某电路使用了 4 个与非门，则定义元器件标号时应将 4 个与门的标号分别设置为 U1A、U1B、U1C 和 U1D，即这 4 个与非门同属于元器件 U1，在 PCB 设计时只需调用 1 个元器件封装即可；若 4 个与门的标号分别设置为 U1A、U2A、U3A 和 U4A，则在 PCB 设计时将调用 4 个元器件封装，这样提高了硬件成本，造成浪费，同时也增加了 PCB 设计难度。

设置多个功能单元元器件时，可双击该元器件，弹出元器件属性对话框，其"Properties"区如图 2-43 所示，其中"Designator"栏设置元器件标号，如 U1；"Part"栏设置元器件的功能单元，单击其后的下拉列表框的按钮 ▼ 选择第几套功能单元，图中选择"Part C"表示当前选择第 3 套，即元器件标号显示为 U1C。

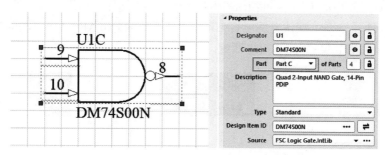

图 2-43　多个功能单元元器件设置

2.3.9　元器件封装设置

PCB 中的元器件封装由焊盘和外形轮廓线两部分组成。虽然 Altium Designer 19 中元器件的封装已经集成在元器件中，但其封装不一定完全满足用户的需求，用户可以根据实际情况进行元器件封装设置。常用元器件

微课 2.9
元器件封装设置

的封装形式如表 2-3 所示。

表 2-3　常用元器件的封装形式

元器件封装型号	元器件类型	元器件实物示例图	元器件封装图形
AXIAL-0.3~AXIAL-1.0	通孔式电阻或无极性双端子元器件等		
RAD-0.1~RAD-0.4	通孔式无极性电容、电感等		
CAPPR*-*××、RB.*/.*	通孔式电解电容等		
-0402~-7257	贴片电阻、电容、二极管等		
DIODE-*、DIO*-*××	通孔式二极管		
SO-*/*、SOT23、SOT89	贴片晶体管		
BCY-W2/D3.1	石英晶体振荡器		
SO-*、SOJ-*、SOL-*	双列贴片元器件		
TO-*、BCY-*/*	通孔式晶体管、FET 与 UJT		
DIP-4~DIP-64	双列直插式集成块		
SIP2~SIP20、HEADER*	单列直插式集成块或连接头		
IDC*、HDR*、MHDR*、DSUB*	接插件、连接头等		
VR1~VR5	可变电阻器		

下面以追加电解电容 C1 的封装 CAPPR2-5×6.8 为例进行介绍。

如图 2-44 所示，系统默认电解电容 C1 的封装形式为 POLAR0.8，它与元器件实物不匹配，故追加封装 CAPPR2-5×6.8 与之匹配。

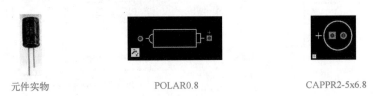

元件实物　　　　　　　POLAR0.8　　　　　　　　CAPPR2-5x6.8

图 2-44　电解电容 C1 实物与封装

1. 直接设置元器件方式封装

如果元器件封装在当前元器件库中存在，可以直接输入封装名称设置元器件封装。

本例中元器件封装 CAPPR2-5×6.8 在 Miscellaneous Devices.IntLib 库中，可以直接添加封装。

双击元器件 C1，弹出元器件属性对话框，如图 2-45 所示，在 "Footprint" 区单击

"Add"按钮，弹出"PCB 模型"对话框，在"封装模型"区的"名称"栏后输入 CAPPR2-5x6.8，"PCB 元件库"栏选择"任意"选项，此时对话框中将显示封装的详细信息和封装的图形，如图 2-46 所示，确认无误后，单击"确定"按钮完成设置。

　　添加新封装后，系统将元器件的封装自动更新为新的封装。

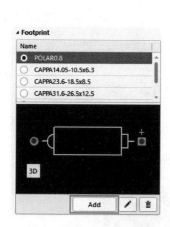

图 2-45　元器件属性对话框

图 2-46　添加封装 CAPPR2-5×6.8

　　Altium Designer 19 中元器件封装可以显示 3D 模式，也可以显示 2D 模式，通过图 2-46 左下角的 3D 按钮进行设置。

　　单击 3D 按钮，屏幕自动转换为 2D 模式，两种模式的封装区别如图 2-47 所示。

　　　　　a)

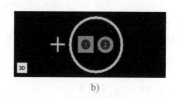
　　　　　b)

图 2-47　不同模式的 CAPPR2-5×6.8 封装
a）3D 模式　b）2D 模式

2. 通过查找元器件封装方式添加封装

在设计中如果不知道元器件封装在哪个库中，可以通过搜索封装的方式进行设置。

　　单击图 2-46 中的"浏览"按钮，弹出如图 2-48 所示的"浏览库"对话框，显示当前库中的封装。单击"查找"按钮，弹出"搜索库"对话框，在搜索区输入"CAPPR"进行模糊查找，选中"搜索路径中的库文件"选项，设置路径，单击"查找"按钮开始封装查找，如图 2-49 所示。

　　系统将所有含有 CAPPR 的封装全部搜索出来，并在"浏览库"对话框中显示找到的封装名和封装图形，在其中可以查看封装图形是否符合要求，如图 2-50 所示。选中封装 CAP-PR2-5×6.8 后单击"确定"按钮，系统返回图 2-46 所示的"PCB 模型"对话框并设置封装，单击"确定"按钮完成设置。

　　如果所选元器件封装不在当前库中，系统将弹出一个对话框提示是否将该库设置为当前库，单击"是"按钮将该库设置为当前库。

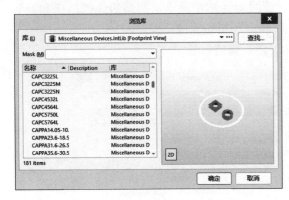

图 2-48　"浏览库"对话框

图 2-49　"搜索库"对话框

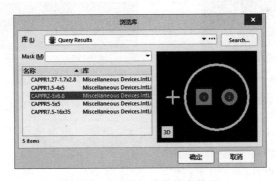

图 2-50　元器件封装搜索结果

本例中将电解电容封装设置为 CAPPR2-5×6.8，电阻封装设置为 AXIAL-0.4，晶体管封装设置为 BCY-W3/E4。

2.3.10　元器件标号自动标注

如果原理图设计中，元器件的标号是由用户自行定义的，而不是遵循某张图纸，则可以通过元器件自动标注的方式，快速一次性完成原理图的标号设置，大大提高工作效率。若电路中已经进行了部分标注，可以执行"工具"→"标注"→"重置原理图位号"命令，弹出是否重置对话框，单击"确定"按钮确认将元器件标号重置。

微课 2.10
元器件标号
自动标注

元器件标号自动标注可通过执行菜单"工具"→"标注"→"原理图标注"命令实现，弹出图 2-51 所示的"标注"对话框。

图中"处理顺序"区的下拉列表框中有 4 种自动注释方式供选择，如图 2-52 所示，本例中选择"Down Then Across"（向下穿过）的注释方式。

选择自动注释的顺序后，用户还需选择需自动注释的原理图，在图 2-51 的"原理图页标注"区选中要标注的原理图，本例中只有一个原理图，系统自动选定。

"建议更改列表"区中"当前值"显示所有需要标注的带问号的元器件标号，单击"更新更改列表"按钮，系统弹出对话框提示更新的元器件数量，单击"OK"按钮，系统自动进行标注，并将更新结果显示在"建议"栏的"标号"中；单击"接收更改（创建 ECO）"按钮确认自动标注，系统弹出"工程变更指令"对话框，如图 2-53 所示，图中显示更改的信息。

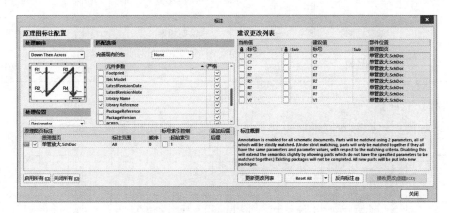

图 2-51 "标注"对话框

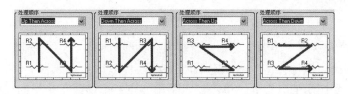

图 2-52 自动标注的 4 种顺序

图 2-53 "工程更改顺序"对话框

单击"执行变更"按钮，系统自动对标注状态进行检查，检查完成后，单击"关闭"按钮退回图 2-51 的"标注"对话框，单击"关闭"按钮完成自动标注。

2.3.11 绘制电路波形

在原理图中，有时需要放置一些波形示意图，而这些图形均不具有电气特性，可以执行菜单"放置"→"绘图工具"命令下的相关子菜单完成，它们属于非电气绘图。

常用绘图工具按钮功能如表 2-4 所示。

微课 2.11
绘制电路波形

表2-4 绘图工具按钮功能

按　钮	功　能	按　钮	功　能	按　钮	功　能
	绘制弧线		绘制直线		绘制多边形
	绘制圆圈		绘制矩形		绘制贝塞尔曲线
	绘制椭圆		绘制圆角矩形		放置图片

1. 绘制正弦曲线

下面以绘制正弦曲线为例来说明此工具栏的使用，绘制过程如图2-54所示。

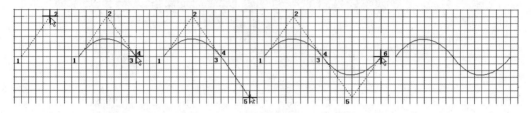

图2-54 绘制正弦波示意图

执行菜单"放置"→"绘图工具"→"贝塞尔曲线"命令，进入绘制贝塞尔曲线状态。

1）将光标移到指定位置，单击，定下曲线的第1点。

2）移动光标到图示的点2处，单击，定下第2点，即曲线正半周的顶点。

3）移动光标，此时已生成了一个弧线，将光标移到图示的点3处，单击，定下第3点，从而绘制出正弦曲线的正半周。

4）在点3处再次单击，定义第4点，以此作为负半周曲线的起点。

5）移动光标，在图示的点5处单击，定下第5点，即曲线负半周的顶点。

6）移动光标，在图示的点6处单击，定下第6点，完成整条曲线的绘制，再次单击确定绘制，此时光标仍处于绘制曲线的状态，可继续绘制，单击两次右键退出绘制曲线状态。

2. 绘制坐标

绘制坐标轴通过执行菜单"放置"→"绘图工具"→"线"命令进行，为了绘制好箭头，将捕获栅格尺寸设置为1。

由于系统默认的绘制直线转弯模式为90°，故在绘制直线过程中同时按〈Shift〉+〈Space〉键将直线的转弯模式设置为任意转角。

🎓 **经验之谈**

"绘图工具"是一种不具备电气连接的工具，一般用于绘制说明性的图形，如图2-54中的波形图；而"布线工具"放置的是包含电气信息的电路元素，表示电气连接的属性，如图2-14中的电路连线。

2.3.12 放置文字说明

在电路中有时需要加入一些文字对电路进行说明，可通过放置说明文字的方式实现。

1. 放置文本字符串

执行菜单"放置"→"文本字符串"命令，或单击 Ａ 按钮，将光标移动到工作区，光标上黏附着一个文本字符串（一般为前一次放置的字符），按下〈Tab〉键，调出"文本属性"设置对话框，如图 2-55 所示。在"Properties"区的"Text"栏中输入需要放置的文字（最大为 255 个字符）；"Font"栏可以改变文本的字体、字形和大小。设置完毕，单击工作区的 ❚❚ 按钮完成相关操作，将光标移到需要放置说明文字的位置，单击放置文字，右击退出放置状态。

若字符串已经放置完成，双击该字符串也可以调出"文本属性"设置对话框。

图 2-14 中坐标轴上的字符就是通过放置文本字符串的方式实现的。

2. 放置文本框

由于文本字符串只能放置一行，当文字较多时，可以采用放置文本框的方式解决。

执行菜单"放置"→"文本框"命令，进入放置文本框状态，将光标移动到工作区，光标上黏附着一个文本框，按下〈Tab〉键，屏幕弹出图 2-56 所示的"文本框属性"设置对话框。在"Properties"区的"Text"栏中输入文字（最多可输入 32000 个字符），"Font"栏可以改变文本的字体、字形和大小。设置完毕，单击工作区的 ❚❚ 按钮完成相关操作，将光标移动到适当的位置，单击定义文本框的起点，移动光标到所需位置确定文本框大小后再次单击定义文本框尺寸并放置文本框，右击退出放置状态。

图 2-55　"文本属性"设置对话框　　　图 2-56　"文本框属性"设置对话框

文本框放置完成后，双击该文本框也可调出属性设置对话框。图 2-14 中的电路说明文字就是通过放置文本框实现的，若发现文本框中出现乱码，可微调文本框的大小来消除乱码。

2.3.13　文件的存盘与系统退出

1. 保存文件

执行菜单"文件"→"保存"命令或单击主工具栏上的 🖬 图标，系统自动按原文件名将文件保存，同时覆盖原先的文件。

如果不希望覆盖原文件，可以采用"另存"的方法，执行菜单"文件"→"另存为"

命令，在弹出的对话框中输入新的存盘文件名后单击"保存"按钮即可。

2. 退出当前编辑

若要退出当前原理图编辑状态，可执行菜单"文件"→"关闭"命令，若当前文件未保存过，系统弹出一个窗口提示是否保存。

3. 关闭工程文件

若要关闭工程文件，可右击工程文件名，在弹出的菜单中选择"Close Project"关闭工程文件选项，若该工程中的文件未保存过，则弹出保存文件对话框，如图 2-57 所示，在文件右侧的下拉列表框中可以选择是否保存文件，设置完毕单击"OK"按钮，系统关闭工程文件并退回原理图设计主窗口。

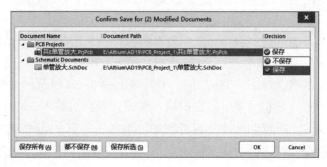

图 2-57　保存文件

4. 关闭原理图编辑器

若要退出 Altium Designer 19，可执行菜单"文件"→"退出"命令，若文件未保存，系统弹出图 2-57 所示的对话框提示选择要保存的文件，最后单击"OK"按钮退出编辑器。

2.3.14　下载元器件库

Altium Designer 19 中系统提供的库比较少，实际使用时可以到 Altium 公司的网站上下载相应的元器件库。

1）Altium Designer 10 以前的版本库下载

Altium Designer 10 以前的版本库为"冻结库"，内容不会被更新。下载的网址为：https://www.altium.com/documentation/other_installers。

本书中部分元器件库从此下载，用户可以到 Altium 公司的网站上下载相关的库完成相应的设计工作。

2）更新后的版本库下载

如果用户需要下载最新的元器件库，可在 Altium 公司的网站下载，网址为：https://designcontent.live.altium.com/#UnifiedComponents。

任务 2.4　总线形式接口电路设计

总线是若干条具有相同性质信号线的组合，如数据总线、地址总线、控制总线等，在原理图绘制中，为了简化图纸，可以使用一根较粗的线条

微课 2.12
总线电路设计

来表示，这就是总线。

使用总线来代替一组导线，需要与总线入口相配合。总线本身没有实质的电气连接意义，必须由总线接出的各个单一入口导线上的网络标号来完成电气意义上的连接，具有相同网络标号的导线在电气上是相连的。

下面以设计图 2-58 所示的接口电路为例介绍设计方法。

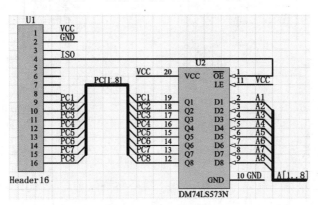

图 2-58　接口电路

1）建立文件。新建工程文件"接口电路"和原理图文件"接口电路"并保存。

2）设置元器件库。本例中 DM74LS573N 位于 FSC Logic Latch. IntLib 库中，16 脚接插件 Header16 位于 Miscellaneous Connectors. IntLib 库中，将上述元器件库设置为当前库。

3）放置元器件。执行菜单"放置"→"器件"命令，在工作区放置 DM74LS573N 和 16 脚接插件 Header16 各 1 个。

4）元器件布局与属性设置。按图 2-58 将元器件移动到合适的位置。双击元器件设置其标号，其中 Header16 的标号为 U1，DM74LS373N 的标号为 U2，用鼠标分别按住元器件，按〈X〉键进行水平翻转。

5）执行菜单"文件"→"保存"命令，保存当前文件。

2.4.1　放置总线

1. 放置总线

在放置总线前，一般通过布线工具栏上按钮 先绘制引脚的引出线，然后再绘制总线。

执行菜单"放置"→"总线"命令或单击布线工具栏上按钮，进入放置总线状态，将光标移至合适的位置，单击，定义总线起点，将光标移至另一位置，单击，定义总线的下一点，如图 2-59 所示。连线完毕，双击右键退出放置状态。

一般总线与引脚引出线之间间隔 100 mil，以便放置总线入口。

在绘制总线状态时，按〈Tab〉键，弹出总线属性对话框，可以修改线宽和颜色。

2. 放置总线入口

元器件引脚的引出线与总线的连接通过总线入口实现，总线入口是一条倾斜的短线段。

执行菜单"放置"→"总线入口"命令，或单击布线工具栏上按钮，进入放置总线入口的状态，此时光标上带着悬浮的总线入口，将光标移至总线和引脚引出线之间，按〈Space〉键变换倾斜角度，单击放置总线入口，如图 2-60 所示，右击退出放置状态。

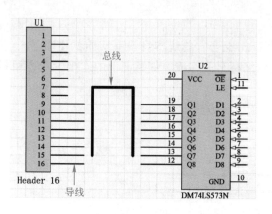

图 2-59 放置总线

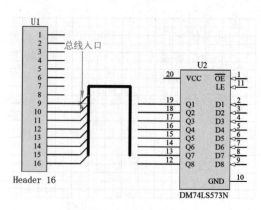

图 2-60 放置总线入口

2.4.2 放置网络标号

放置网络标号通过执行菜单"放置"→"网络标签"命令或单击布线工具栏上按钮 实现,放置网络标号后光标上黏附着一个默认网络标号"Netlabel1",按〈Tab〉键,系统弹出图 2-61 所示的"网络标签"对话框,可以修改网络名、标号方向等,将网络标号设置为 PC1,将网络标号移动至需要放置的导线上方,当网络标号和导线相连处光标上的"×"变为红色,表明与该导线建立电气连接,单击放下网络标号,如图 2-62 所示。

图 2-62 中,U1 的 9 脚和 U2 的 19 脚网络标号均为 PC1,在电气特性上它们是相连的。

图 2-61 "网络标签"对话框

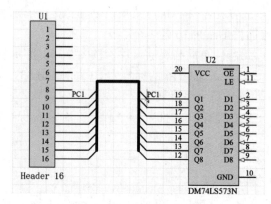

图 2-62 放置网络标号

图 2-58 中有两种类型网络标号,一类是在引脚上,如 A1;另一类是在总线上,如 PC1[1..8]。在总线上的网络标号称为总线网络标号,它的基本格式为" *[N1..N2]",其中" *"为该类网络标号中的共同字符,如 PC1~PC8 中共同字符为 PC,N1 为该类网络标号的起始数字,如 1,N2 为该类网络标号的终止数字,如 8;故其总线网络标号为 PC[1..8]。

 经验之谈

网络标号和文本字符串是不同的,前者具有电气连接功能,后者只是说明文字,不能混淆使用。

2.4.3   智能粘贴

从上面的操作中可以看出，放置引脚引出线、总线进口和网络标号需要多次重复，如果采用智能粘贴，可以一次完成重复性操作，大大提高绘制原理图的速度。

智能粘贴通过执行菜单"编辑"→"智能粘贴"命令实现。

1）在元器件 U2 放置连线、总线进口及网络标号 PC1，如图 2-63 所示。

2）用光标拉框选中要剪切的连线和网络标号等，如图 2-64 所示。

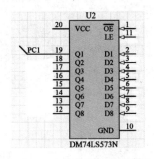

图 2-63   连线并放置网络标号

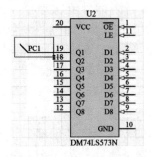

图 2-64   选中要剪切的对象

3）执行菜单"编辑"→"剪切"命令，将要粘贴的内容剪切。

4）执行菜单"编辑"→"智能粘贴"命令，屏幕上弹出图 2-65 所示的"智能粘贴"对话框，主要设置如下。

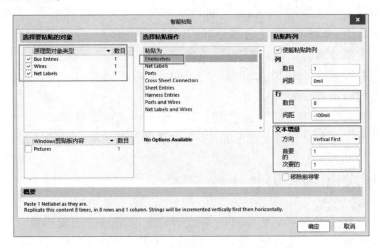

图 2-65   "智能粘贴"对话框

"选择要粘贴的对象"区：显示当前复制或剪切的对象，如不需要粘贴某项，可将其前面对应的复选框去除。

"选择粘贴操作"区：选择"Themselves"选项，表示本身类型，粘贴时不进行类型转换。

"粘贴阵列"区：勾选"使能粘贴阵列"复选框并设置粘贴的主要参数，其中：

● "列"用于设置粘贴对象在列方向的参数，"数目"设置粘贴的列数，"间距"设置相邻两列的间距。本例中只有 1 列，故"数目"设置为 1，"间距"设置为 0 mil。

- "行"用于设置粘贴对象在行方向的参数,"数目"设置粘贴的行数,"间距"设置相邻两行的间距。本例中有 8 行,故"数目"设置为 8,元器件引脚间距默认为 100 mil,依次从上往下间隔放置,故"间距"设置为-100 mil。

- "文本增量"用于设置文本增量参数,其中"方向"有 3 种选择,"None"(不设置)、"Horizontal First"(先从水平方向开始)和"Vertical First"(先从垂直方向开始),本例中选择"Vertical First"。"首要的"用于指定相邻两次粘贴之间相关标识

数字的递增量,正值表示递增,负值表示递减。本例设置为 1,即网络标号依次递增 1,即为 PC1、PC2、PC3 等。"次要的"用于指定相邻两次粘贴之间元器件引脚号数字的递增量,本例中该项对电路的粘贴没有影响,可任意设置。

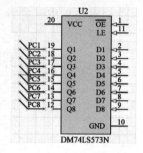

5)设置参数后,单击"确定"按钮关闭"智能粘贴"对话框,此时光标变为十字形,并黏附着智能粘贴的全部对象,将光标移动到粘贴的起点,单击完成粘贴,如图 2-66 所示。

图 2-66　智能粘贴
后的电路

采用相同的方法绘制其他部分,放置好连线、总线、其他网络标号及总线网络标号完成电路连接。

2.4.4　放置差分标识

在电子设计中经常用到差分走线,如 USB 的 D+与 D-差分信号,HDMI 的数据差分和时钟差分等,在原理图设计中,可以在相应的引脚上添加差分标识以便后期 PCB 布线。

在原理图设计中,通常将要设置差分对的网络名称的前缀取相同名称,后面分别加"+"和"-"或者"_N"和"_P",如图 2-67 中所示的"PA12_USB_D_N",44 脚和 45 脚为差分对,其上均加了差分标识。

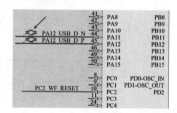

图 2-67　差分标识

执行菜单"放置"→"指示"→"差分对"命令,光标上悬浮着一个差分对,移动光标将相应引脚的连接线上,当出现红色的"×"时表示与其关联,单击放置差分标识。

任务 2.5　层次电路图设计

微课 2.13
层次电路设计

当电路图比较复杂时,用一张原理图来绘制整个电路显得比较困难,此时可以采用层次电路来进行简化,层次电路将一个庞大的电路原理图分成若干个子电路,通过主图连接各个子电路,这样可以使电路图变得更简洁。层次电路图按照电路的功能区分,主图相当于顶层原理图,子图模块代表某个特定的功能电路。

如图 2-68 所示,层次电路图的结构与操作系统的文件目录结构相似,选择工作区面板的"Projects"选项卡可以观察到层次图的结构,图中所示为"单片机最小系统"的层次电路结构图,在一个工程中,处于最上方的为主图,一个工程只有一个主图,在主图下方所有的电路图均为子图,图

图 2-68　层次电路结构

中有 3 个子图，单击文件名前面的◢或▸可以显示或隐藏子图结构。

下面以单片机最小系统为例，介绍层次电路图设计。

2.5.1　单片机最小系统主图设计

在层次电路中，通常主图中是以若干个方块图组成，它们之间的电气连接通过 I/O 端口、连线和网络标号实现。

下面以图 2-69 所示的单片机最小系统主图为例，介绍层次电路主图设计。

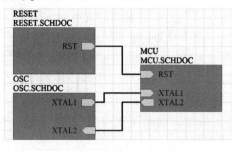

图 2-69　单片机最小系统主图

在 Altium Designer 19 主窗口下，执行菜单"文件"→"新的"→"项目"命令，弹出创建项目对话框，单击"Creat"按钮创建 PCB 工程，并将其另存为"单片机最小系统 . PrjPcb"；执行菜单"文件"→"新的"→"原理图"命令，创建原理图文件并将其另存为"单片机最小系统 . SchDoc"，以此作为主图。

1. 放置电路方块图

电路方块图，也称为子图符号、页面符，每个电路方块图都对应着一个具体的内层电路，即子图。图 2-69 所示的单片机最小系统主图由 3 个电路方块图组成。

执行菜单"放置"→"页面符"命令，或单击布线工具栏上按钮▣，光标上黏附着一个悬浮的子图符号，按〈Tab〉键，弹出"方块图"对话框，如图 2-70 所示。在"Properties"区的"Designator"栏中填入子图符号名，如"MCU"；在"Source"区的"File Name"栏中填入子图文件的名称（含扩展名），如"MCU. SchDoc"，也可单击其后的··· 按钮，弹出选择文件对话框，选择已设计好的子图文件，设置完毕后单击工作区的按钮⏸完成设置。将光标移至合适的位置后，单击定义方块的起点，移动光标，改变其大小，大小合适后，再次单击可放下子图符号。放置子图模块过程图如图 2-71 所示。

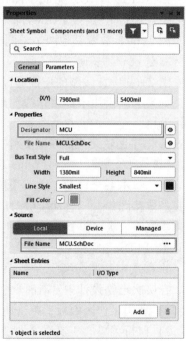

图 2-70　"方块图"对话框

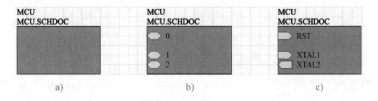

图 2-71　放置子图模块过程图

a) 放置子图符号　b) 放置子图符号的 I/O 接口　c) 设置好的子图符号

2. 放置子图符号的 I/O 接口

执行菜单"放置"→"添加图纸入口"命令，或单击布线工具栏上按钮▣，将光标移至子图符号内部，在其边界上单击，此时光标上出现一个悬浮的I/O端口，该I/O端口被限制在子图符号的边界上，光标移至合适位置后，再次单击，放置I/O端口，此时可以继续放置I/O端口，右击退出放置状态。

双击I/O端口，弹出图2-72所示的"图纸入口"对话框，其中："Name"栏设置端口名称；"I/O Type"栏设置端口的电气特性，共有四种类型，分别为Unspecified（未指明或不指定）、Output（输出端口）、Input（输入端口）、Bidirectional（双向型），根据实际情况选择端口的电气特性。

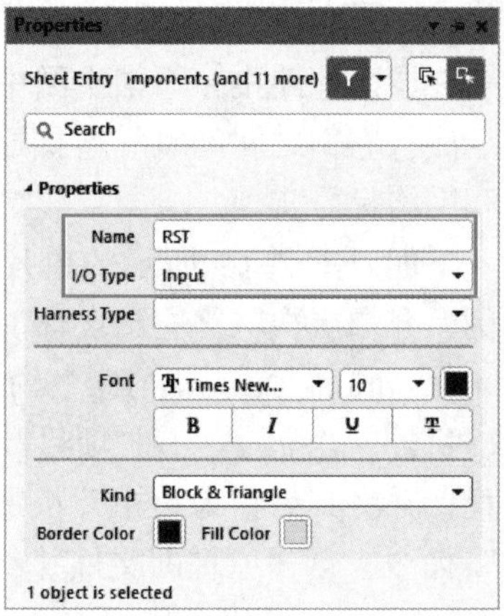

若要放置低电平有效的端口名，如$\overline{EA}$，则将"Name"栏的端口名设置为"E\A\"。

根据图2-71设置完成子图符号的端口，端口I/O类型如下：端口RST、XTAL1为输入，端口XTAL2为输出。参考图2-69，放置其他两个子图模块。

图2-72 "图纸入口"对话框

3. 连接子图符号

图2-69中，线路的连接通过执行菜单"放置"→"线"命令进行。

如果子图模块中存在总线，则执行菜单"放置"→"总线"命令，连接子图模块中的总线端口。

4. 由子图符号生成子图文件

执行菜单"设计"→"由页面符创建图纸"命令，将光标移到要生成子图文件的子图符号上，单击系统自动生成一张新电路图，电路图的文件名与子图符号中的文件名相同，同时在新电路图中，已自动生成对应的I/O端口。

本例中依次在3个子图符号上创建图纸，分别生成电路图RESET. SchDoc、MCU. SchDoc和OSC. SchDoc。

5. 层次电路的切换

在层次电路设计中，有时要在各层电路图之间相互切换，切换的方法主要有两种。

1）利用工作区面板，单击所需文档，便可在右边工作区中显示该电路图。

2）执行菜单"工具"→"上/下层次"命令，将光标移至需要切换的子图符号上，单击，即可将上层电路切换至下一层的子图；若是从下层电路切换至上层电路，则单击下层电路的I/O端口即可。

2.5.2 层次电路子图设计

层次电路子图绘制与普通原理图绘制方法相同。

1）载入元器件库。本例中的分立元件在Miscellaneous Devices. IntLib库中，集成电路在Philips Microcontroller 8-Bit. IntLib库中，将上述元器件库均设置为当前库。

2）根据图2-73放置元器件并进行布局调整。

3）执行菜单"放置"→"线"命令连接电路，执行菜单"放置"→"网络标签"命令放置网络标号。

4）移动子电路图中自动生成的端口符号到相应位置并进行连接。

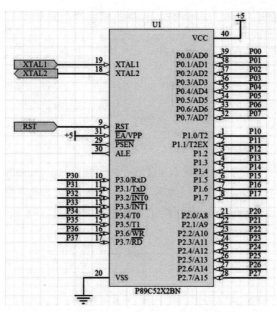

图 2-73　子电路图 MCU. SchDoc

5）调整元器件标号和标称值。

6）保存电路。

7）采用相同方法依次绘制图 2-74 和图 2-75 所示的其他两张子电路图电路，最后保存工程文件。

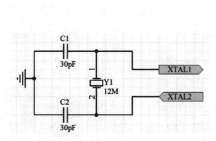

图 2-74　子电路图 OSC. SchDoc

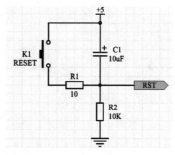

图 2-75　子电路图 RESET. SchDoc

8）执行菜单"设计"→"同步图纸入口和端口"命令进行端口同步匹配，如果已完全匹配，执行该命令后，弹出对话框，提示"所有图纸符号都匹配"。

2.5.3　设置图纸标题栏信息

主电路图和子电路图绘制完毕，一般要添加图纸标题栏信息、设置原理图的编号和原理图总数等。下面以设置主电路图的图纸信息为例进行说明，主电路图原理图编号为 1，工程中的原理图总数为 4。

Altium Designer 提供了两种预先设定好的标题栏，分别是 Standard（标准）和 ANSI 形式，双击图纸边框，右侧弹出"Properties"（属性）面板，在图 2-12 所示的"Page Options"区勾选"Title Block"复选框显示标题栏，在其后的下拉列表框选中"Standard"选项，选用标准标题栏。

微课 2.14
设置图纸
标题栏信息

标题栏位于工作区的右下角，本例中主电路图标题栏信息如图 2-76 所示。

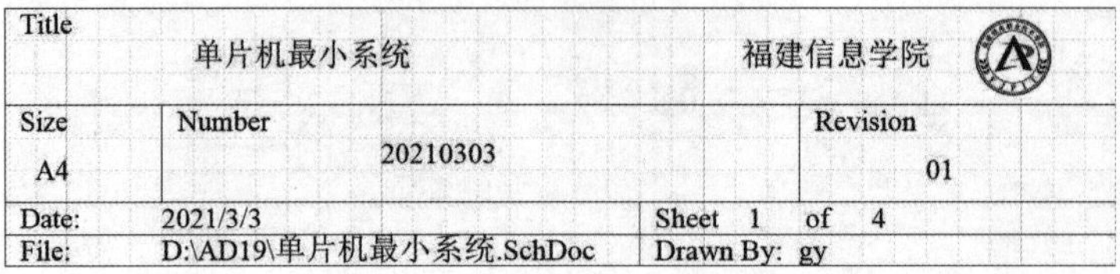

Title	单片机最小系统		福建信息学院	
Size A4	Number	20210303	Revision	01
Date:	2021/3/3		Sheet 1 of 4	
File:	D:\AD19\单片机最小系统.SchDoc		Drawn By: gy	

图 2-76　主电路图标题栏信息

图 2-76 所示标题栏中设置的参数有：Title（标题）、Organization（设计机构）、DocumentNumber（文件编号）、Revision（版本号）、SheetNumber（原理图编号）、SheetTotal（原理图总数）及 DrawnBy（绘图者）。标题栏主要参数功能如表 2-5 所示。

表 2-5　标题栏主要参数功能表

参 数 名 称	功　　能	参 数 名 称	功　　能
Address1~4	设置公司地址	DrawnBy	设置绘图人姓名
ApprovedBy	设置批准人姓名	Engineer	设置工程师姓名
Author	设置设计者姓名	ModifiedData	设置修改日期
CheckedBy	设置审校人姓名	Organization	设置设计机构名称
CompanyName	设置公司名称	Revision	设置版本号
Current Date	系统默认当前日期	Rule	设置信息规则
Current Time	系统默认当前时间	SheetNumber	设置原理图编号
Date	设置日期	SheetTotal	设置项目中原理图总数
DocumentFullPathAndName	系统默认文件名及保存路径	Time	设置时间
DocumentName	系统默认文件名	Title	设置原理图标题
DocumentNumber	设置文件数量或编号		

1. 放置标题栏参数字符串

执行菜单"放置"→"文本字符串"命令，光标上粘着一个字符串，按〈Tab〉键，弹出"注释"对话框，如图 2-77 所示，单击"Text"后的下拉列表框，在其中选择所需参数，移动到指定位置后单击放置参数字符串，如图 2-78 所示。

2. 插入 logo

执行菜单"放置"→"绘图工具"→"图像"命令，将光标移动到需要放置的位置后单击，弹出一个对话框，选择所需的 logo 后单击打开按钮，调整大小后单击放置 logo。全部设置完毕的标题栏参数如图 2-78 所示。

本例中具体参数值如下。

Title：单片机最小系统

Organization：福建信息学院

DocumentNumber：20210303

Revision：1. 0

图 2-77　设置参数字符

SheetNumber：1

SheetTotal：4

Drawn By：gy

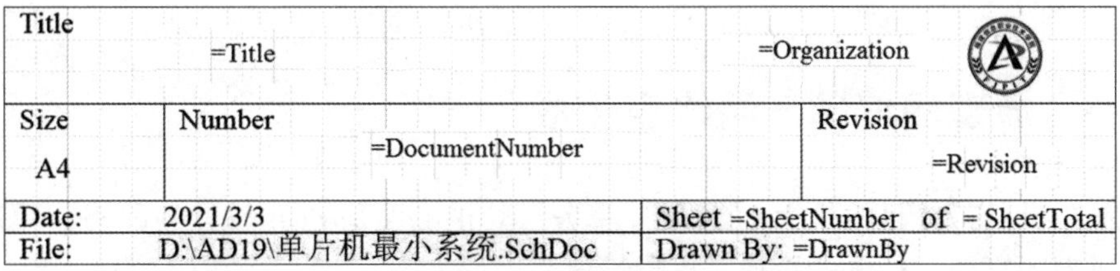

Title	=Title		=Organization	
Size A4	Number =DocumentNumber		Revision =Revision	
Date:	2021/3/3		Sheet =SheetNumber of = SheetTotal	
File:	D:\AD19\单片机最小系统.SchDoc		Drawn By: =DrawnBy	

图 2-78　设置标题栏参数

图中由于 SheetNumber 和 SheetTotal 参数字符较长，出现重叠，但不影响功能。

3. 设置参数内容

双击图纸边框，右侧弹出"Properties"（属性）面板，选择"Parameters"（参数）选项卡，设定相关参数值，如图 2-79 所示，系统默认的参数值为"＊"，单击对应名称处的"Value"栏，输入需修改的信息，设置后在工作区单击完成操作。

4. 显示标题栏信息

参数内容设置完毕，标题栏中显示的是当前定义的参数，无法直接显示已设定好的参数内容。

图 2-79　设置图纸参数值

若要显示当前设置后的标题栏信息，可以执行菜单"工具"→"原理图优选项"命令，弹出"优选项"对话框，如图 2-80 所示，选中"Graphical Editing"选项，勾选"显示没有定义值的特殊字符串的名称"复选框，单击"确定"按钮完成设置。

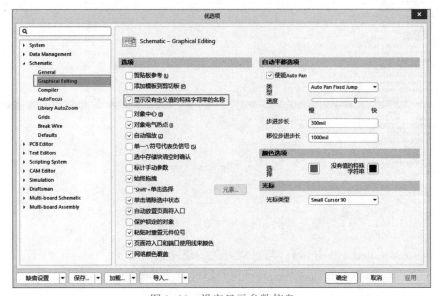

图 2-80　设定显示参数信息

以上设置结束，标题栏中将显示已设置好的参数值，未设参数值的则显示为系统默认的"＊"。此时可以查看标题栏内容是否正确，位置是否正常，如有问题可返回修改。

采用同样方法设置其他 3 个子电路图的图纸参数并保存所有文件，至此层次电路设计完毕。

任务 2.6　原理图编译与网络表生成

原理图设计的最终目的是为 PCB 设计服务，其正确性是 PCB 设计的前提，原理图设计完毕，必须对原理图进行电气检查，找出错误并进行修改。

电气检查通过原理图编译实现，对于工程文件中的原理图编译可以设置电气检查规则，而对于独立的原理图编译则不能设置电气检查参数，只能直接进行编译。

微课 2.15
原理图编译

2.6.1　原理图编译

在进行工程文件原理图电气检查之前一般根据实际情况设置电气检查规则，以生成方便用户阅读的检查报告。

1. 设置检查规则

执行菜单"工程"→"工程选项"命令，打开"工程参数设置"对话框，单击"Error Reporting"（错误报告）选项卡设置相关选项，如图 2-81 所示，可以报告的错误项主要有以下几类。

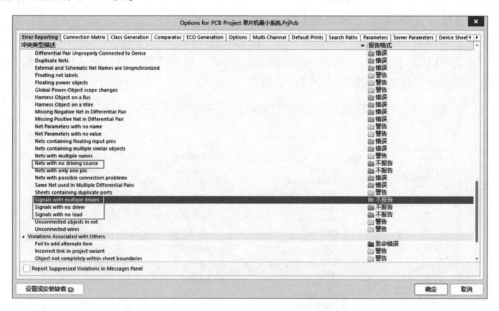

图 2-81　原理图编译的检查规则的设置

Violations Associated with Buses：与总线有关的规则；

Violations Associated with Components：与元器件有关的规则；

Violations Associated with Documents：与文档有关的规则；

Violations Associated with Nets：与网络有关的规则；

Violations Associated with Others：与其他有关的规则；

Violations Associated with Parameters：与参数有关的规则。

每项都有多个条目，即具体的检查规则，在条目的右侧设置违反该规则时的报告模式，有"不报告""警告""错误"和"致命错误"4 种。

电气检查规则各选项卡一般情况下为默认。

本例中由于信号驱动问题主要用于电路仿真检查，与 PCB 设计无关，故去除有关驱动信号和驱动信号源的违规选项，可以将它们的报告模式设置为"不报告"，如图 2-81 所示。

2. 通过原理图编译进行电气规则检查

在原理图设计中，要求元器件的标号必须唯一，本例中为了说明原理图编译的功能，特地将两张子电路图中的两个电容设置成了相同的标号 C1（如果系统设置有自动检查功能，则两个元器件下方有红色波浪线），如图 2-74 和图 2-75 所示，进行原理图编译后将指示该处存在错误。

执行菜单"工程"→"Compile PCB Project 单片机最小系统.PrjPCB"命令，系统自动检查电路，并弹出"Messages"对话框，在对话框中显示当前检查中的违规信息、坐标和元器件标号，如图 2-82 所示。

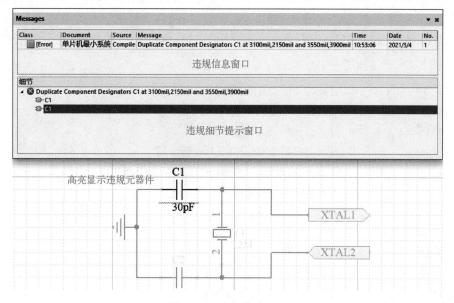

图 2-82　违规信息显示

从图中可以获得违规元器件的坐标位置，这样可以迅速找到违规元器件并进行修改，修改电路后再次进行编译，直到编译无误为止。

双击细节区的元器件标号，屏幕将切换工作区内容，高亮显示违规器件。

本例中按照系统提示的错误情况修改电路图，将图 2-82 中的电容 C1 标号改为 C3，然后再次进行电气检查，错误消失。

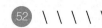 **经验之谈**

在编译过程中，可能出现不显示"Messages"对话框的问题，可以执行菜单"视图"→"面板"→"Messages"命令，打开"Messages"对话框。

2.6.2 生成网络表

网络表文件（＊.Net）是一张电路图中全部元器件和电气连接关系的列表，它主要说明电路中的元器件信息和连线信息，是原理图与印制电路板的接口，也是 PCB 自动布线的灵魂。用户可以生成某个原理图文件的网络表，也可以生成整个工程的网络表。

1. 生成单个原理图的网络表

执行菜单"设计"→"文件的网络表"→"Protel"命令，系统自动生成 Protel 格式的网络表，系统默认生成的网络表不显示，必须在工作区面板中的中打开网络表文件（＊.NET）。

在网络表中，以"["和"]"将每个元器件单独归纳为一项，每项包括元器件标号、标称值或型号及封装；以"（"和"）"把电气上相连的元器件引脚归纳为一项，并定义一个网络名。

下面是原理图 OSC.SchDoc 网络表的部分内容。其中"【】"中的内容是编者添加的说明文字。

```
[                    【元器件描述开始符号】
C1                   【元器件标号(Designator)】
RAD-0.3              【元器件封装(Footprint)】
30pF                 【元器件型号或标称值(Part Type)】
                     【三个空行用于对元器件作进一步说明,可用可不用】
]                    【元器件描述结束符号】
……
(                    【一个网络的开始符号】
NetC1_1              【网络名称】
C1-1                 【网络连接点:C1 的 1 脚】
Y1-1                 【网络连接点:Y1 的 1 脚】
)                    【一个网络结束符号】
……
```

2. 生成整个工程的网络表

对于存在多个原理图的工程，如层次电路图，一般要采用生成工程网络表的方式产生网络表文件，这样才能保证网络表文件的完整性。

执行菜单"设计"→"工程的网络表"→"Protel"命令，系统自动生成 Protel 格式的网络表，在工作区面板中可以打开网络表文件（＊.NET）。

任务 2.7　原理图输出及元器件清单生成

2.7.1　原理图打印

1. 打印预览

执行菜单"文件"→"打印预览"命令，弹出图 2-83 所示的打印预览对话框，从图中可以预览打印输出效果。单击对话框下方的"打印"按钮，系统弹出"打印文件"对话框，可以进行电路打印。

微课 2.16
原理图输出

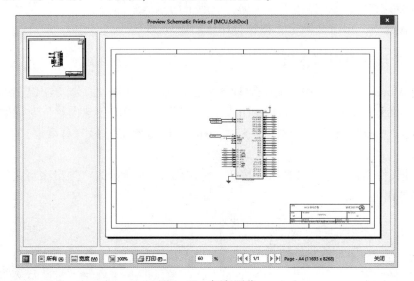

图 2-83　打印预览

2. 打印输出

执行菜单"文件"→"打印"命令，或单击图 2-83 中的"打印"按钮，弹出图 2-84 所示的打印文件对话框，可以进行打印设置，并打印输出原理图。

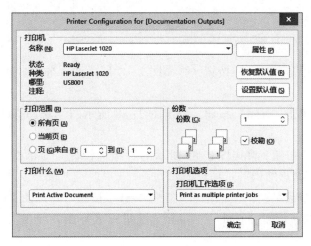

图 2-84　打印文件

对话框中各项说明如下。

"打印机"区"名称"下拉列表框：用于选择打印机。

"打印范围"区可选择打印输出的范围。

"份数"区设置打印的份数，一般要勾选"校勘"复选框。

"打印什么"区用于设置要打印的文件，有 4 个选项，说明如下。

- Print All Valid Documents：打印整个项目中的所有图。
- Print Active Document：打印当前编辑区的全图。
- Print Selection：打印编辑区中所选取的图件。
- Print Screen Region：打印当前屏幕上显示的部分。

"打印机选项"区设置打印工作选项，一般采用默认。

所有设置完毕，单击"确定"按钮打印输出原理图。

2.7.2　PDF 形式原理图输出

在使用 Altium Designer 19 设计完原理图后，也可以以 PDF 的形式输出电路图纸。

1）执行菜单"文件"→"智能 PDF"命令，弹出"PDF 创建向导"对话框。

2）单击"Next"按钮，弹出图 2-85 所示的"选择导出目标"对话框，用于设置导出文件名称。

3）设置文件名称后单击"Next"按钮，弹出图 2-86 所示的"导出项目文件"对话框，用于选择要导出的文件。

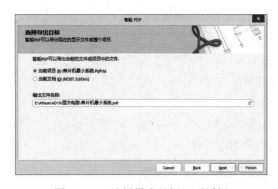　　

图 2-85　"选择导出目标"对话框　　　　　图 2-86　"导出项目文件"对话框

4）选中文件后单击"Next"按钮，弹出图 2-87 所示的"导出 BOM 表"对话框，设置是否导出 BOM 表。

5）设置完毕后单击"Next"按钮，弹出图 2-88 所示的"添加打印设置"对话框，一般采用默认设置。

6）单击"Next"按钮，弹出图 2-89 所示的"结构设置"对话框，用于设置输出的结构，一般选择"使用物理结构"选项。

7）勾选"使用物理结构"复选框后单击"Next"按钮，弹出图 2-90 所示的"最后步骤"对话框，采用默认设置，单击"Finish"按钮完成导出，导出后的文件以 PDF 格式保存。

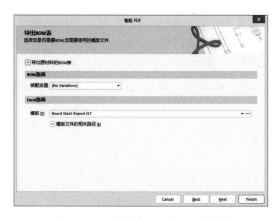

图 2-87　"导出 BOM 表" 对话框

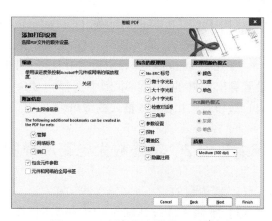

图 2-88　"添加打印设置" 对话框

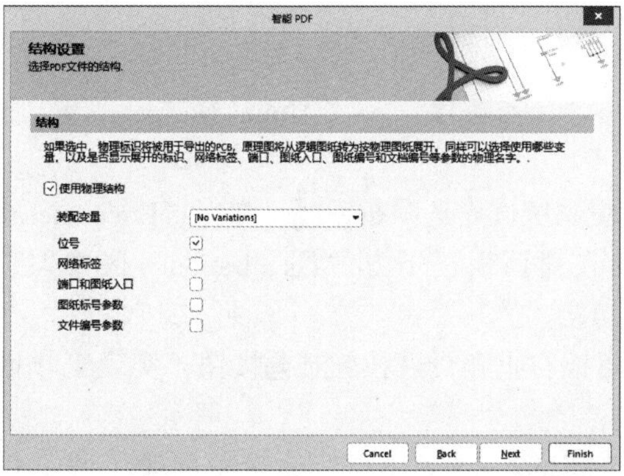

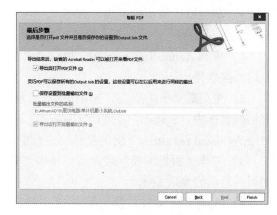

图 2-89　"结构设置" 对话框

图 2-90　"最后步骤" 对话框

2.7.3　元器件清单生成

一般电路设计完毕，需要生成一份元器件清单。

选中要输出元器件清单的工程文件，执行菜单 "报告" → "Bill of Materials" 命令，系统自动生成元器件清单，如图 2-91 所示。

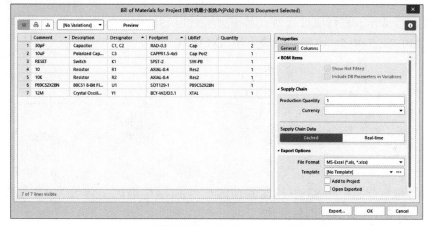

图 2-91　单片机最小系统原理图元器件清单

图中选定了元器件的标称（Comment）、元器件描述（Description）、标号（Designator）、封装（Footprint）、库元件名（Lib Ref）及数量（Quantity）等信息。

"Export Options"（导出设置）区的"File Format"（文件格式）栏后的下拉列表框可以设置导出文件的格式，本例中选择"MS- Excel（∗.xls，∗.xlsx）"，单击"Export"（导出）按钮，输出 Excel 格式的清单。

技能实训 2　单管放大电路原理图设计

1. 实训目的

1）掌握 Altium Designer 19 的基本操作。

2）掌握原理图编辑器的基本操作。

3）学会设计简单的电路原理图。

2. 实训内容

1）启动 Altium Designer 19。执行"开始"→"所有程序"→"Altium Designer 19"命令启动该软件。

2）中英文菜单切换。单击工作区右上角的设置系统优先选项按钮⚙，弹出"Preferences"对话框，选中"System"下的"General"选项，在对话框正下方"Localization"区中勾选"Use localized resources"前的复选框进行中英文切换。

3）工作区面板的显示与隐藏。单击工作区面板右上角的 ⯮ 按钮或 ⯬ 按钮，实现工作区面板的自动隐藏或显示。

4）新建工程文件。执行菜单"文件"→"新的"→"项目"命令，创建工程文件"PCB_Project1. PrjPCB"，并将其另存为"共 E 放大 . PrjPCB"。

5）新建原理图文件。执行菜单"文件"→"新的"→"原理图"命令新建原理图文件，并将其另存为"共 E 放大 . SCHDOC"。

6）参数设置。设置电路图大小为 A4、横向放置、标题栏选用标准标题栏，捕获栅格和可视栅格均设置为 100 mil。

7）载入元器件库 Miscellaneous Devices. IntLib 和 Miscellaneous Connectors. IntLib。

8）放置元器件。如图 2-92 所示，从库中放置相应的元器件到电路图中，并对元器件做移动、旋转等操作。进行属性设置，其中无极性电容的封装采用 RAD-0.1，电解电容的封装采用 CAPPR1.5-4x5，电阻的封装采用 AXIAL-0.4。

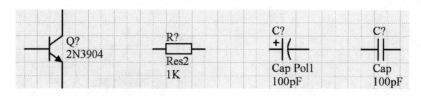

图 2-92　元器件放置

9）全局修改。将图 2-92 中各元器件的标号和标称值的字体改为 12 号宋体，隐藏"Comment"（注释），观察元器件变化。

10）通过查找元器件方式放置 SN7404N，并将其设置为使用第 3 套功能单元。

11）拉框选中所有元器件，将其删除。

12）绘制图 2-14 所示的单管放大电路，元器件封装使用默认，完成后将文件存盘。

13）如图 2-14 所示，在电路图上使用画图工具栏绘制波形。

14）如图 2-14 所示，在电路图上放置说明文字和文本框。

15）保存文件。

3. 思考题

1）为什么要给元器件定义封装？是否所有原理图中的元器件都要定义封装？

2）在进行线路连接时应注意哪些问题？

3）如何查找元器件？

4）如何实现全局修改和局部修改？

技能实训 3　绘制接口电路图

1. 实训目的

1）掌握较复杂电路图的绘制。

2）掌握总线和网络标号的使用。

3）掌握电路图的编译、电路错误的修改和网络表的生成。

2. 实训内容

1）新建工程文件，将文档另存为"接口电路.PrjPCB"。

2）新建一张原理图，将文档另存为"接口电路.SCHDOC"。

3）绘制接口电路图。设置图纸大小选择为 A4，绘制图 2-93 所示的电路，其中元器件标号、标称值及网络标号均采用五号宋体，完成后将文件存盘。

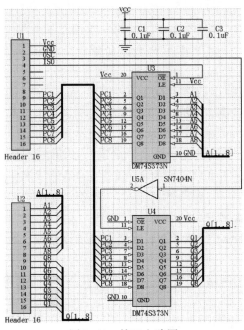

图 2-93　接口电路图

4）本例中已经设置一个错误点，对电路图进行编译，修改图2-93中存在的错误，直到编译无原则性错误。

5）生成电路的网络表文件，查看网络表文件，看懂网络表文件的内容。

6）生成元器件清单。

3. 思考题

1）总线和一般导线有何区别？使用中应注意哪些问题？

2）使用网络标号时应注意哪些问题？

3）如何查看编译结果？它主要包含哪些类型的错误？

技能实训4 绘制单片机最小系统层次式电路图

1. 实训目的

1）熟练掌握原理图编辑器的操作。

2）掌握层次式电路图的绘制方法。

3）进一步熟悉原理图编译和网络表的生成。

2. 实训内容

1）新建工程文件，将文档另存为"单片机最小系统.PrjPCB"。

2）载入元器件库Miscellaneous Devices.IntLib和Philips Microcontroller 8-Bit.IntLib。

3）新建原理图，将文档另存为"单片机最小系统.SCHDOC"，设置图纸大小设置为A4，参照图2-69完成层次式主电路图的绘制，主电路图设计完毕，保存文件。

4）执行菜单"设计"→"从页面符创建图纸"命令，将光标移到子电路图符号"MCU"上，单击，系统自动建立一个新电路图，并生成对应的I/O端口，在产生的新电路图上参照图2-73绘制第一张子电路图MCU.SchDoc并存盘。

5）采用同样方法，依次参照图2-74和图2-75绘制其余两张子电路图并保存。

6）执行菜单"放置"→"文本字符串"命令，参考图2-78放置标题栏参数字符串"Title""SheetNumber"和"SheetTotal"。

7）双击图纸边框，在弹出的对话框中选中"Parameters"选项卡，在其中设置标题栏参数。以主电路图"单片机最小系统.SCHDOC"为例，其中参数"Title"设置为"单片机最小系统"，参数"SheetNumber"设置为"1"（表示第1张图），参数"SheetTotal"设置为"4"（表示共有4张图），设置完毕单击"确定"按钮结束。采用同样方法依次将其余3张图纸的编号设置为2~4，图纸总数均为4，设置完毕保存文件。

8）执行菜单"工具"→"原理图优选项"命令，选中"Graphical Editing"选项，勾选"显示没有定义值的特殊字符串的名称"复选框，显示标题栏信息。

9）对整个层次式电路图进行编译，若有错误则加以修改，观察编译结果中的错误报告信息，查看错误的原因。

10）生成层次式电路的网络表，检查网络表各项内容是否与电路图相符。

3. 思考题

1）简述设计层次式电路图的步骤。

2）设计层次式电路图时应注意哪些问题？

思考与练习

1. 如何设置 Altium Designer 19 为中文菜单界面？

2. 如何设置自动备份时间？

3. 在 E:\ 下新建一个名为 DET.PrjPCB 的 PCB 工程文件，并在其中新建一个原理图文件。

4. 采用元器件搜索的方式将 ADC-8、7400、89C52 所在的元器件库设置为当前库。

5. 新建一张原理图，设置图纸尺寸为 A4，图纸纵向放置，图纸标题栏采用标准型。

6. 绘制图 2-14 所示的共射极放大电路。

7. 绘制图 2-94 所示的串联调整型稳压电源电路。

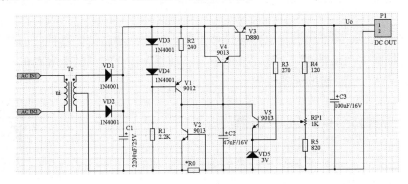

图 2-94 串联调整型稳压电源

8. 绘制图 2-93 所示的接口电路，并说明总线的使用方法。

9. 绘制一个正弦波波形。

10. 网络标号与标注文字有何区别？使用中应注意哪些问题？

11. 根据图 2-69、图 2-73、图 2-74 和图 2-75 绘制单片机最小系统层次式电路。

12. 如何从原理图生成网络表文件？

13. 如何进行原理图编译？在 PCB 设计中哪些编译信息可以忽略？

14. 如何生成元器件清单？

15. 如何打印输出原理图？

项目 3　原理图元器件设计

知识与能力目标
1）掌握原理图元器件图形设计方法
2）掌握原理图元器件引脚设置方法
3）掌握原理图元器件属性设置方法
4）学会上网收集元器件资料进行元器件设计

素养目标
1）鼓励学生关注细节，精益求精
2）培养学生认真负责的工作态度

随着新型元器件不断推出，在电路设计中经常会碰到一些新的元器件，而系统提供的元器件库中并未提供这些元器件，这就需要用户自己动手创建元器件的电气图形符号，或者到Altium公司的网站下载最新的元器件库。

任务 3.1　认知元器件库编辑器

原理图库编辑器基本操作界面与原理图编辑界面相似，但增加了专门用于元器件设计的工具。

微课 3.1
认知元器件库
编辑器

3.1.1　启动元器件库编辑器

启动 Altium Designer 19，执行菜单"文件"→"新的"→"库"→"原理图库"命令，系统打开原理图库编辑器，并自动产生一个原理图库文件"Schlib1. SchLib"，同时自动新建元器件"Component_1"，如图 3-1 所示。

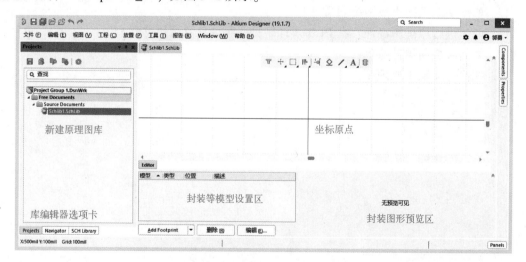

图 3-1　原理图库编辑器主界面

图中元器件库编辑器的工作区划分为 4 个象限，像直角坐标一样，其中心位置坐标为（0，0），元器件设计通常在第4象限中进行。

执行菜单"文件"→"另存为"命令，将该库文件保存到指定文件夹中。

当库编辑器控制面板处于隐藏状态时，库编辑器标签位于主界面的左侧上方，单击"SCH Library"标签可以显示当前库中的元器件，并在模型区显示模型信息，在预览区显示预览结果。

图 3-2 所示为原理图元器件库 Miscellaneous Devices.IntLib 的元器件信息，执行菜单"文件"→"打开"命令，选择 Miscellaneous Devices.IntLib 元器件库，由于该库为集成库，故打开该元器件库时，弹出对话框提示是否抽取源文件，单击"解压源文件"按钮打开库。

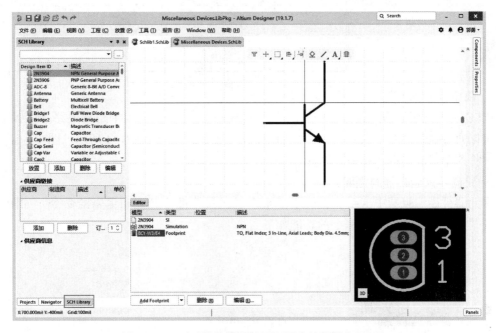

图 3-2　显示元器件信息的原理图库编辑器主界面

图 3-2 中，单击"SCH Library"选项卡，显示元器件列表，可以浏览设计好的元器件的元器件名、元器件图形、封装名、封装图形等。

3.1.2　使用元器件绘制工具

原理图元器件设计需要使用绘制工具，Altium Designer 19 提供绘图工具、IEEE 符号工具及"工具"菜单下的相关命令来完成元器件绘制。

1. 绘图工具栏

（1）打开应用工具栏

执行菜单"视图"→"工具栏"→"应用工具"命令，打开应用工具栏，该工具栏中包含 IEEE 工具栏、绘图工具栏及栅格设置工具栏等。

（2）绘图工具栏

绘图工具栏如图 3-3 所示，利用绘图工具栏可以新建元器件，增加元器件的功能单元，绘制元器件的外形及放置元器件的引脚等，按钮

图 3-3　绘图工具栏

作用与原理图中绘图工具栏对应按钮作用相同。与绘图工具栏相应的菜单命令均位于"放置"菜单下，绘图工具栏的按钮功能如表 3-1 所示。

表 3-1　绘图工具栏按钮功能

按 钮	功 能	按 钮	功 能	按 钮	功 能
	放置线		放置超链接		放置圆角矩形
	放置贝塞尔曲线		放置文本框		放置椭圆
	放置椭圆弧		新建元器件		放置图像
	放置多边形		增加功能单元		放置引脚
	放置文本字符串		放置矩形		

2. IEEE 符号工具

IEEE 工具栏用于为元器件符号加上常用的 IEEE 符号，主要用于逻辑电路。放置 IEEE 符号可以通过执行菜单"放置"→"IEEE 符号"命令进行，如图 3-4 所示。图中为了显示方便，将菜单裁成两截，并平行放置。

3. 元器件库编辑器的主要菜单

在元器件库编辑器中，系统提供了一系列对元器件进行管理和编辑的命令，如图 3-5 所示的"工具"菜单，常用命令的功能如下。

图 3-4　IEEE 符号

图 3-5　"工具"菜单

新器件（C）：在当前编辑的元器件库中建立新元器件。

Symbol Wizard：元器件符号设计向导。

移除器件（R）：删除在库管理器中选中的元器件。

复制器件（Y）：将当前选中的器件复制到目标库中。

移动器件（M）：将选中的元器件移动到目标元器件库中。

新部件（W）：给当前元器件增加一个新的功能单元（部件）。

移除部件（T）：删除当前元器件的某个功能单元（部件）。

模式：用于增减新的元器件模式，即在一个元器件中可以定义多种元器件符号供选择。

更新到原理图（U）：以当前器件更新原理图。

文档选项（D）：设置文档参数。

原理图优先选项（P）：设置原理图优选项。

任务 3.2　规则的集成电路元器件设计——TEA2025

设计元器件的一般步骤如下。

1）新建元器件库。

2）新建元器件并修改元器件名称。

3）设置库编辑器参数。

4）在第 4 象限的原点附近绘制元器件外形。

5）放置元器件引脚并设置引脚属性。

6）设置元器件属性。

7）设置元器件封装。

8）保存元器件。

3.2.1　认知元器件的标准尺寸

在设计原理图元器件前必须了解元器件的基本图形和引脚的尺寸，以保证设计出的元器件与 Altium Designer 自带库中元器件的风格相同，保持原理图风格的一致性。

下面以集成元器件库 Miscellaneous Devices. IntLib 中的元器件为例查看元器件信息。如图 3-6 所示，图中有电容（CAP）、电阻（RES2）、二极管（DIODE）、晶体管（NPN）和集成电路（ADC-8）5 个元件，从中查看不同类型元器件的图形和引脚特点。

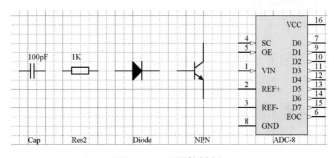

图 3-6　元器件样例

图中每个小栅格的间距为 100 mil，从图中可以看出每个元器件图形和引脚的设置方法各不相同，具体如表 3-2 所示。

表 3-2　元器件图形和引脚的设置特点

类　型	元器件名	图形尺寸	引脚尺寸	引脚间距	元器件图形	引脚状态
不规则	Cap	100 mil	100 mil	—	采用直线绘制，默认引脚	隐藏引脚名称和引脚号
不规则	Res2	200 mil	100 mil	—	采用直线绘制，默认引脚	隐藏引脚名称和引脚号
不规则	Diode	100 mil	200 mil	—	采用直线和多边形绘制，默认引脚	隐藏引脚名称和引脚号
不规则	NPN	100 mil	200 mil	—	采用直线和多边形绘制，默认引脚	隐藏引脚名称和引脚号
规则	ADC-8	根据 IC 定	200 mil	最小 100 mil	采用矩形绘制，引脚设置电气特性	显示引脚名称和引脚号

在元器件设计时，需参考表 3-2 中的尺寸进行绘制，以保证原理图风格的一致性。

微课 3.2
元器件库编辑
器参数设置

3.2.2　元器件库编辑器参数设置

1. 将光标定位到坐标原点

在绘制元器件图形时，一般在坐标原点处开始设计，而实际操作中由于光标移动造成偏离坐标原点，影响元器件设计。

执行菜单"编辑"→"跳转"→"原点"命令，光标将跳回坐标原点。

2. 设置栅格尺寸

执行菜单"工具"→"文档选项"命令，右侧弹出"Properties"对话框，在"General"区中设置"Visible Grid"（可视栅格）和"Snap Grid"（捕获栅格）尺寸，一般均设置为 100 mil。

在绘制不规则图形时，有时还需要适当减小捕获栅格的尺寸以便完成图形绘制，绘制完毕需将捕获栅格尺寸还原为 100 mil。

3. 关闭自动滚屏

执行菜单"工具"→"原理图优选项"命令，弹出"优选项"对话框，选择"Schematic"（原理图）下的"Graphical Editing"（图形编辑）选项，取消"自动平移选项"区的"使能 Auto Pan"复选框，取消自动滚屏，这样光标移到工作区边沿时，不会产生自动滚屏。

4. 设置栅格颜色

在元器件设计中，引脚一般要放置在栅格上，为了更好地显示栅格，一般把栅格的颜色设置为灰色，以便于识别。

执行菜单"工具"→"原理图优选项"命令，弹出"优选项"对话框，选择"Schematic"下的"Grids"（栅格）选项，在"栅格选项"区单击"栅格颜色"后的色块，设置栅格颜色为灰色。

3.2.3　新建元器件库和元器件

1. 新建元器件库

执行菜单"文件"→"新的"→"库"→"原理图库"命令，新建原理图元器件库 Schlib1. Schlib。

2. 新建元器件

新建元器件库后，系统会自动在该库中新建一个名为 Component_1 的元器件。

若要再新建元器件，可以执行菜单"工具"→"新器件"命令，弹出"New Component"（新元器件）对话框，输入元器件名后单击"确定"按钮新建元器件。

3. 元器件更名

新建元器件库后系统自动创建的元器件名为 Component_1，通常需要对其进行更名。

如图 3-2 所示，单击元器件库编辑管理器中的元器件列表右下方的"编辑"按钮，右侧弹出"Properties"对话框，在"Properties"区的"Design Item ID"栏后输入新元器件名，在工作区空白处单击完成元器件名更改。

本例中将元器件名设置为"TEA2025"。

微课 3.3
绘制图形与
放置引脚

3.2.4　绘制元器件图形与放置引脚

TEA2025 是一款立体声集成音频功率放大器芯片，其图形规则，只需绘制矩形框，放置引脚并定义引脚属性，设置好元器件属性即可，其设计过程如图 3-7 所示。

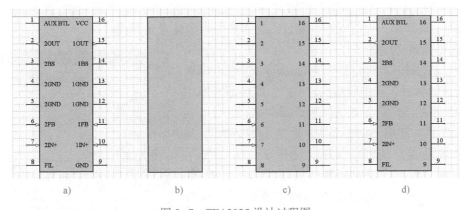

图 3-7　TEA2025 设计过程图

a）设计好的元器件　b）放置矩形　c）放置引脚　d）设置引脚属性

1. 绘制元器件图形

执行菜单"放置"→"矩形"命令，在坐标原点单击定义矩形块起点，移动光标在第四象限拉出 800 mil×2300 mil 的矩形块，再次单击确定矩形块的终点完成矩形块放置，右击退出放置状态。

2. 放置引脚

执行菜单"放置"→"引脚"命令，光标上黏附着一个引脚，按〈Space〉键可以旋转引脚的方向，移动光标到要放置引脚的位置，单击放置引脚。本例中在图上相应位置放置引脚 1~16。

引脚只有一端具有电气特性，在放置时应将带有引脚名称的一端与元器件图形相连。

3. 设置引脚属性

双击某个引脚（如引脚 2），右侧弹出"Properties"对话框，在"Properties"区中设置引脚属性，如图 3-8

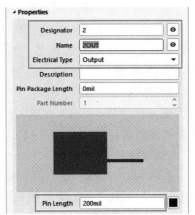

图 3-8　设置引脚属性

所示，其中"Designator"设置为2，表示引脚号为2；"Name"设置为2OUT，表示引脚名为2OUT；"Electrical Type"下拉列表框设置引脚的电气类型，图中设置为Output，表示该引脚为输出引脚；"Pin Length"设置引脚长度，图中设置为200 mil。

"Electrical Type"下拉列表框共有Input（输入）、I/O（双向输入/输出）、Output（输出）、Open Collector（集电极开路）、Passive（无源）、HiZ（高阻）、Open Emitter（发射极开路）及Power（电源）8种选择。

参考图3-7a设置其他引脚属性，其中引脚1IN+、2IN+、1FB、2FB的电气类型为"Input"（输入）；引脚1OUT的电气类型为"Output"（输出）；引脚VCC、GND、1GND、2GND的电气类型为"Power"（电源）；引脚FIL、1BS、2BS、AUX BTL的电气类型为"Passive"（无源）；所有引脚长度均设置为200 mil。

3.2.5 设置元器件属性

单击编辑器左侧的标签"SCH Library"，弹出元器件库编辑管理器，选中TEA2025，单击"元器件"区的"编辑"按钮，弹出如图3-9所示的"Properties"对话框，设置元器件属性，参考图中参数设置元器件属性。

微课3.4
设置元器件属性

1. 元器件属性设置

图中"Properties"区的"Designator"栏用于设置元器件默认的标号，图中设置为"U?"，即在原理图中放置元器件后屏幕上显示的元器件标号为U?；"Comment"栏一般用于设置元器件的型号或标称值，集成电路一般设置为其型号，图中设置为"TEA2025"；"Description"栏用于设置元器件的功能等信息说明，可以不设置，图中设置为"立体声集成音频功率放大器"。

以上设置完毕，放置元器件TEA2025时，除了显示元器件图形外，还显示"U?"和"TEA2025"。

图3-9 元器件属性设置

2. 元器件封装设置

TEA2025是一个双列直插式16脚的集成电路，采用通孔式双列直插式封装的DIP-16。

单击编辑器左侧的标签"SCH Library"，弹出元器件库编辑管理器，选中TEA2025，单击"元器件"区的"编辑"按钮，弹出"Properties"对话框，在"Footprint"区单击"Add"按钮添加元器件封装，弹出如图3-10所示的"PCB模型"对话框。

图中在"名称"栏后输入元器件封装名"DIP-16"，单击"确认"按钮完成设置。若封装DIP-16在当前库中存在，在"Footprint"区将显示封装图形。

图3-10 设置元器件封装

若对封装不大了解，可以单击
图3-10中的"浏览"按钮，弹出
"浏览库"对话框，单击"查找"按
钮，弹出"搜索库"对话框，在搜索
区输入"DIP-16"，勾选"搜索路径
中的库文件"前的复选框，单击"查
找"按钮进行封装查找。找到封装
后，系统将在"浏览库"对话框中显示
找到的封装名和封装图形，如图3-11
所示，在其中可以查看封装图形是否
符合要求，选中封装后单击"确定"
按钮完成设置。

图3-11　"浏览库"对话框

检查元器件设计无误后保存元器件完成TEA2025设计。

经验之谈

1. 在绘制矩形块时，可以在坐标原点附近任意放置一个矩形，然后双击该矩形块，修改其"Width"和"Height"栏输入数值来定义矩形块的尺寸。
2. 放置引脚时应将不具有电气特性（即无标志）的一端与元器件图形相连。

任务3.3　采用元器件符号设计向导设计元器件

在Altium Designer 19中系统提供元器件符号设计向导，可以快速设计
规则的元器件，并可以通过复制粘贴的方式设置元器件引脚信息，为引脚
较多的集成芯片提供快捷的设计方法。

微课3.5
采用设计向导
设计元器件

下面以设计STM32F051K4为例介绍设计向导的使用。

通常先上网查找芯片的具体资料，在资料中可以了解元件的引脚信息、引脚排列和封装
信息等原理图元件设计中所需的信息，通过复制这些信息快速设计元件。图3-12所示为
STM32F051K4的32引脚芯片的部分信息。

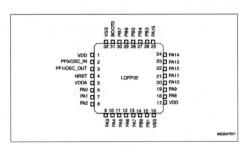
a)

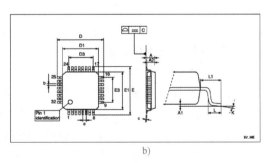
b)

图3-12　STM32F051K4的32引脚芯片部分信息
a）引脚分布信息　b）元器件封装信息

执行菜单"工具"→"Symbol Wizard"命令，弹出图3-13所示的"元器件符号设计向导"对话框。

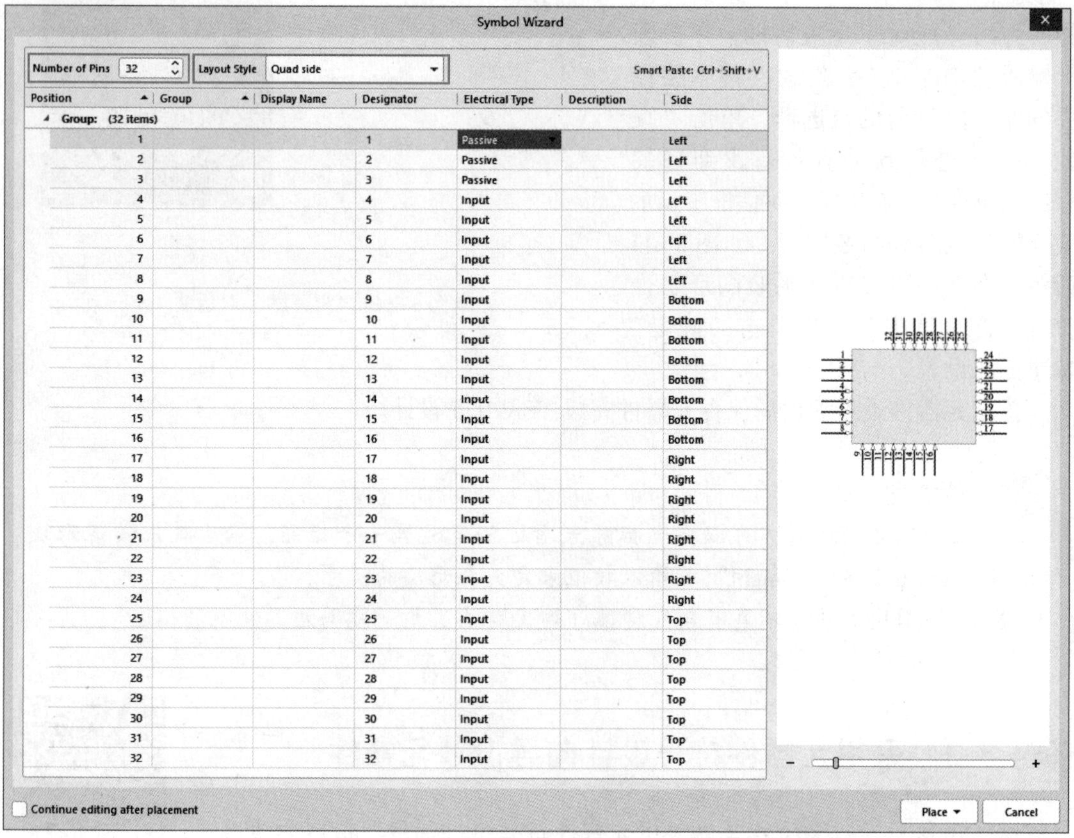

图3-13 "元器件符号设计向导"对话框

可以在"Number of Pins"栏设置引脚数，本例设置为32；在"Layout Style"选择器件式样，本例选择"Quad side"，选择后在右侧显示器件图形；"Display Name"区设置引脚名；"Designator"区设置引脚号，"Electrical Type"区设置引脚电气类型；"Side"区设置引脚的区域。根据查找到的芯片资料，将引脚的相关信息依次复制到对应的引脚中，并设置好相关信息。

图3-14所示为设置好信息的"元器件符号设计向导"对话框，至此元器件符号设计完成，图中可以看到设计好的元件图形，单击"Place"按钮，选择"Place New Symbol"创建新元件，元器件名默认"Component_1"。

单击"元器件"区的"编辑"按钮，在弹出的"Properties"对话框中的"Properties"区设置"Design Item ID"栏为"STM32F051K4"，"Designator"栏为"U?"；"Comment"栏为"STM32F051K4"。在"Footprint"区单击"Add"按钮添加元器件封装，设置"名称"栏为"LQFP32"，至此元器件设计完毕。

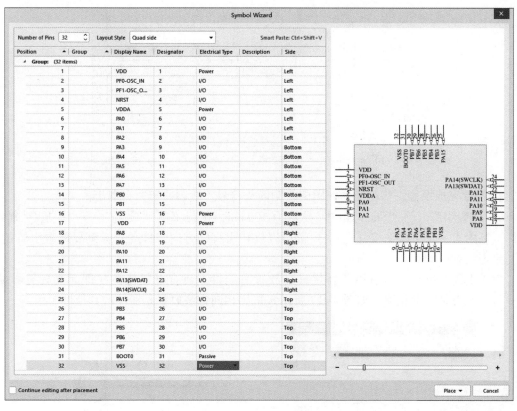

图 3-14　设置元器件信息

任务 3.4　不规则分立元器件 PNP 晶体管设计

对于不规则元器件来说，元器件图形比较复杂，下面以 PNP 型晶体管为例介绍设计方法。

微课 3.6
不规则元器件
设计

1）在元器件库 Schlib1. Schlib 中新建元器件 PNP。执行菜单"工具"→"新器件"命令，弹出"New Component"对话框，输入元器件名"PNP"后单击"确定"按钮新建元器件 PNP。

2）光标回原点。执行菜单"编辑"→"跳转"→"原点"命令，光标自动回到坐标原点。

3）设置栅格。执行菜单"工具"→"文档选项"命令，打开"Properties"对话框，在"General"区中设置"Snap Grid"为 10 mil。

4）放置直线。执行菜单"放置"→"线"命令，绘制晶体管的外形，在走线过程中按〈Space〉键，切换直线的转弯方式，设计过程如图 3-15 所示。放置线时应将连接引脚的直线端子放置在可视栅格上，便于后期连接引脚。

5）放置多边形。执行菜单"放置"→"多边形"命令，系统进入放置多边形状态，按〈Tab〉键，弹出如图 3 - 16 所示的"多边形"属性对话框，将"Border"栏设置为"Small"，在"Fill Color"中，双击色块将颜色设置为与边缘色相同的颜色，单击工作区中

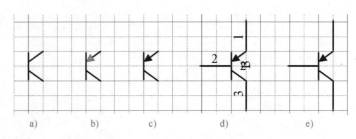

图 3-15　晶体管设计过程图

a）绘制直线　b）绘制多边形　c）修改颜色　d）放置引脚　e）完成设置的晶体管

间的 ▮▮ 按键完成设置，移动光标在图中绘制箭头符号，绘制完毕右击退出。

6）放置引脚。将"Snap Grid"设置为 100 mil，执行菜单"放置"→"引脚"命令，光标上黏附着一个引脚，按〈Space〉键可以旋转引脚的方向，移动光标到要放置引脚的位置，单击放置引脚。

由于引脚只有一端具有电气特性，在放置时应将不具有电气特性（即无光标符号端）的一端与元器件图形相连，如图 3-17 所示。采用相同方法放置元器件的其他两个引脚。

图 3-16　"多边形"属性对话框

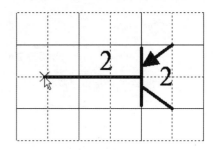

图 3-17　放置元器件引脚

双击晶体管基极的引脚，弹出"Properties"对话框，将"Designator"（即引脚号，必须设置）设置为"2"，将"Name"（即引脚名称，可以不设置）设置为"B"，将"Pin Length"设置为"200 mil"，分别单击"Designator"和"Name"栏后的 ◉ 按钮隐藏引脚号和引脚名，最后在工作区单击完成设置。

采用同样的方法设置好发射极（"Name"为"E"，"Designator"为"1"）和集电极（"Name"为"C"，"Designator"为"3"），完成元器件引脚设置。

7）元器件属性设置。单击库编辑器左侧的标签"SCH Library"，在工作区中打开元器件库编辑管理器，选中 PNP，单击"编辑"按钮，弹出图 3-9 所示的"元器件属性设置"对话框，在"Designator"栏设置默认标号为"V?"，在"Comment"栏设置元器件型号为"PNP"，在"Description"栏设置元器件信息为"PNP 型晶体管"。

8）设置元器件封装。PNP 晶体管有 3 种管型，即 EBC、ECB 和 BCE，本例中为其设置 3 个封装与其对应，即 TO92、TO92-132 和 BCY-W2/231。单击编辑器左侧的标签"SCH Library"，弹出元器件库编辑管理器，选中 PNP，单击"编辑"按钮，弹出"Properties"对话框，在"Footprint"区单击"Add"按钮添加元器件封装，弹出如图 3-10 所示的"PCB 模型"对话框，在"名称"栏后输入元器件封装名"TO92"，单击"确认"按钮完成设置。

采用同样方法设置封装 TO92-132 和 BCY-W3/231。

9）执行菜单"文件"→"保存"命令，保存元器件完成设计工作。

经验之谈

1. 为便于绘制三角形，应将捕获栅格设置为 10 mil。

2. 在连线过程中按〈Space〉键可以切换转弯方式，便于绘制斜线。

3. 在放置引脚前应将捕获栅格改为 100 mil 以保证元器件的引脚位于以 100 mil 为间距的可视栅格上，便于原理图设计中进行元器件连接。

任务 3.5　多功能单元元器件设计

在某些集成电路中含有多个相同的功能单元（如 DM74LS00 中含有 4 个相同的 2 输入与非门，双联电位器中含有两个相同的电位器），其图形符号都是一致的，对于这类的元器件，只需设计一个基本符号，通过适当的设置即可完成整个元器件设计。

微课 3.7
多功能单元
元器件设计

3.5.1　DM74LS00 设计

下面以 DM74LS00 为例介绍多功能单元元器件设计，该元器件含有 4 个相同的 2 输入与非门，设计过程如图 3-18 所示。

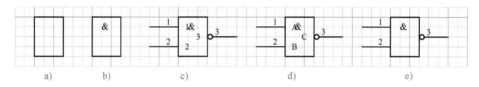

图 3-18　DM74LS00 设计过程图

a）放置直线　b）放置文本 &　c）放置引脚　d）定义引脚属性　e）隐藏引脚名

1）在 Schlib1. Schlib 库中新建元器件 DM74LS00。

2）设置栅格尺寸，可视栅格为 100 mil，捕获栅格为 10 mil。

3）将光标定位到坐标原点。

4）执行菜单"放置"→"线"命令，绘制元器件矩形外框，尺寸 300 mil×400 mil。

5）执行菜单"放置"→"文本字符串"命令，放置字符串"&"。

6）设置栅格为 100 mil，执行菜单"放置"→"引脚"命令，在图上对应位置放置引脚 1~3。

7）双击引脚，弹出"Properties"对话框，设置输入引脚 1、2 的"Name"分别为"A" "B"，"Electrical Type"为"Passive"；设置输出引脚 3 的"Name"为"Y"，"Electrical Type"为"Passive"，在"Symbols"区设置"Outside Edge"为"Dot"（表示低电平有效，在引脚上显示 1 个小圆圈）；分别单击"Name"栏后的◉按钮将 3 个引脚名都隐藏。至此第一个功能单元设计结束。

8）由于 DM74LS00 中含有 4 个相同的功能单元，可以采用复制的方式绘制其他功能

单元。

用光标拉框选中第 1 个与非门的所有图元，执行菜单"编辑"→"复制"命令，所有图元均被复制入剪切板。

执行菜单"工具"→"新部件"命令，出现一张新的工作窗口，在元器件库管理器中可以观察到当前是"Part B"（即第 2 个功能单元）。

执行菜单"编辑"→"粘贴"命令，将光标移动到坐标原点处单击，将剪切板中的图件粘贴到新窗口中。

双击元器件引脚，将引脚 1 的"Designator"改为 4，将引脚 2 的"Designator"改为 5，将引脚 3 的"Designator"改为 6，完成第 2 个功能单元的绘制，如图 3-19 所示。

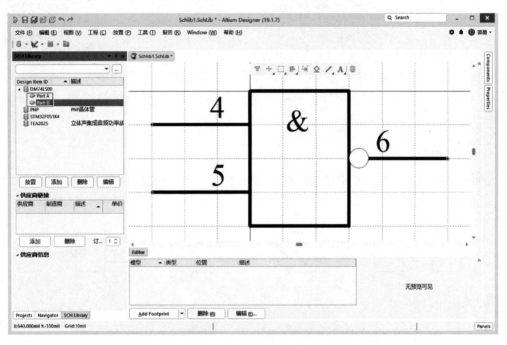

图 3-19　第 2 个功能单元设计

9）按照同样的方法，绘制完成其他两个功能单元。其中 Part C 中引脚 8、9 为输入端，引脚 10 为输出端；Part D 中引脚 11、12 为输入端，引脚 13 为输出端。

10）在 Part D 中放置隐藏的电源引脚 14 脚 VCC 和 7 脚 GND。

执行菜单"放置"→"引脚"命令，按下〈Tab〉键，弹出"Properties"对话框中，设置"Designator"为"14"，"Name"为"VCC"，"Electrical Type"为"Power"，放置电源 VCC。

单击选中引脚 14，单击工作区右下角的"Panel"选项卡，在弹出的菜单中选中"SCHLIB List"子菜单，弹出"SCHLIB List"对话框（若显示不完整，可适当拉宽该对话框），如图 3-20 所示，选中"Hide"下方的复选框隐藏引脚 14，设置"Hidden Net Name"为"VCC"，表示该引脚隐藏后与 VCC 网络相连。

同样方法设置引脚 7，"Designator"为"7"，"Name"为"GND"，"Electrical Type"为"Power"，勾选"Hide"下方的复选框，"Hidden Net Name"为"GND"。

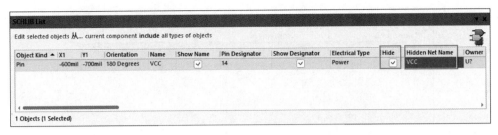

图 3-20　设置隐藏的电源端 VCC

11）设置元器件属性。

单击库编辑器左侧的标签"SCH Library"，打开原理图元器件库编辑器，选中 DM74LS00，单击"编辑"按钮，设置"Designator"栏设为"U?"，设置"Comment"栏为 "DM74LS00"。

12）单击图 3-19 左下方的"Add Footprint"（添加封装）按钮，弹出"PCB 模型"对话框，在"名称"栏后输入元器件封装名"DIP-14"，单击"确认"按钮完成设置。采用同样方法设置封装 SOP14。

13）保存元器件完成设计。

3.5.2　利用库中的电阻设计双联电位器

在绘制元器件时，有时想在原有元器件的基础上做些修改得到新元器件，可以将该元器件符号复制到当前库中进行编辑修改，生成新元器件。

下面以设计双联电位器 POT2 为例介绍设计方法，设计过程如图 3-21 所示，封装由于要根据实际元器件物理尺寸设定，此处不设置。

图 3-21　双联电位器设计过程图

1）从 Miscellaneous Devices. IntLib 库中复制电阻 RES2 的图形到 Schlib1. Schlib 库中。

执行菜单"文件"→"打开"命令，弹出"选择打开文件"对话框，在 Altium Designer 安装目录的"Library"文件夹下选择集成元器件库"Miscellaneous Devices. IntLib"，单击"打开"按钮，弹出"解压源文件或安装"对话框，单击"解压源文件"按钮调用该库。在库编辑器中选中该库，单击编辑区左侧的标签"SCH Library"，打开元器件库编辑器，选中"RES2"，执行菜单"工具"→"复制器件"命令，弹出"Destination Library（选择目标元器件库）"对话框，如图 3-22 所示，在其中选中目标元器件库 "Schlib1. Schlib"，单击"OK"按钮将 RES2 粘贴到目标库中。

2）将元器件库切换到 Schlib1. Schlib，选中 RES2，单击"编辑"按钮，在弹出的对话框中将元件名"RES2"更名为"POT2"。

3）执行菜单"放置"→"多边形"命令，在电阻上方放置三角形，绘制前适当修改捕获栅格。

图 3-22 "选择目标元器件库"对话框

4）执行"放置"→"引脚"命令，在三角形上方放置引脚。

5）双击新放置的引脚，设置引脚属性，其中"Designator"和"Name"均设置为"3"，可视状态取消；"Electrical Type"设置为"Passive"；"Pin Length"设置为 100 mil，设置结束保存元器件。

6）执行菜单"工具"→"新部件"命令，增加一套功能单元"Part B"，将前面设计好的电位器复制到当前功能单元中。

7）双击元器件的引脚，修改引脚属性，从左到右，将 3 个引脚的"Designator"和"Name"依次修改为"4""6""5"。

8）设置元器件属性。选中 POT2，单击"编辑"按钮，将"Designator"栏设置为"Rp?"。

9）保存元器件属性设置，设计完毕。

经验之谈

采用复制元器件并进行编辑修改的方式设计新元器件在元器件设计中经常用到，特别是想对某些现有元器件进行局部修改时，采用该方法可以提高设计效率。

任务 3.6　在原理图中直接编辑元器件

有时在设计电路原理图过程中，由于元器件较多，排列紧密，造成连线困难，想缩短元器件引脚以增加连线的空间，但重新进行原理图元器件设计耗时较多，影响设计进度。

微课 3.8
在原理图中直接
编辑元器件

在 Altium Designer 19 中，用户可以在原理图编辑器中直接进行元器件编辑。下面以缩短晶体管的引脚长度为例介绍编辑方法。

如图 3-23 所示，原理图库中晶体管的引脚长度定义为 200 mil，若进行连接，图中的空间不足，会造成引脚重叠，为消除这种情况出现，图中将晶体管的引脚长度设置为 100 mil，解决空间不足的问题。

在原理图中直接编辑元器件的方法如下。

双击要编辑的元器件，弹出"元器件属性"对话框，选中"Pins"选项卡编辑引脚，如图 3-24 所示，单击 ✎ 按钮，弹出"元件引脚编辑器"对话框，如图 3-25 所示。

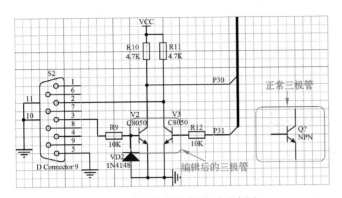

图 3-23　晶体管编辑前后示意图

图 3-24　"元器件属性"对话框

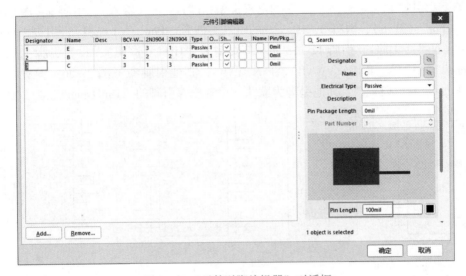

图 3-25　"元件引脚编辑器"对话框

选中要编辑的引脚，如图中的"3"，将"Pin Length"设置为 100 mil，设置完毕单击"确定"按钮完成引脚长度修改。

采用同样方法修改其他两个引脚完成晶体管引脚长度的编辑。

通过直接编辑元器件引脚的方法不会改变库中的元器件，只改变当前原理图上被编辑的元器件。

如果需要修改的量比较大，建议在元器件编辑器中进行元器件修改，然后执行菜单"工具"→"更新到原理图"命令进行全图更新。

技能实训 5　原理图库元器件设计

1. 实训目的

1）掌握元器件库编辑器的功能和基本操作。

2）掌握规则和不规则元器件设计方法。

3）掌握多功能单元元器件设计。

4）掌握库元器件的复制方法。

2. 实训内容

1）新建原理图元器件库，将库文件另存为 MySchlib. Scblib。

2）设计规则元器件 ADC0803。该器件为一个 20 脚集成块，封装设置为通孔式的 DIP-20 和贴片式的 SO20。

① 新建元器件 ADC0803。执行菜单"工具"→"新器件"命令，新建元器件"ADC0803"。

② 设置可视栅格为 100 mil，捕获栅格为 100 mil。

③ 将光标定位到坐标原点，参考图 3-26 绘制 ADC0803，元器件矩形块的尺寸为 800 mil×1300 mil；引脚间距为 100 mil，引脚的"Designator"和"Name"如图示。引脚"Electrical Type"如下：引脚 1、2、3、4、6、7 的电气类型为"Input"（输入），引脚 5、19 的电气类型为"Output"（输出），引脚 8、10、20 的电气类型为"Power"（电源），引脚 9 的电气类型为"Passive"（无源），引脚 11~18 的电气类型为"Hiz"（高阻）；设置引脚 1、2、3、5 的"Name"为 C\S\、R\D\、W\R\、I\N\T\R\，其他引脚参考图 3-26；设置引脚 4 的"Inside Edge"为"Clock"，其他引脚为默认；设置全部引脚的"Pin Length"为 200 mil。

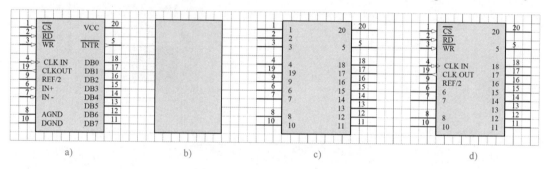

图 3-26　ADC0803 设计过程图

a）设计好的元器件　b）放置矩形　c）放置引脚　d）设置引脚属性

④ 设置元器件属性。"Designator"设置为"U?"，"Comment"设置为"ADC0803"，"Description"设置为"8-Bit Analog-to-Digital Converter with Differential Inputs"。

⑤ 设置元器件的封装，为 DIP20 和 SO20。

⑥ 保存元器件属性设置，完成设计。

3）设计发光二极管 LED。

设计图 3-27 所示的发光二极管 LED，元器件名设置为 LED，封装名设置为 LED-1。

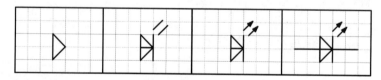

图 3-27　LED 设计过程图

① 新建元器件 LED。

② 设置可视栅格为 100 mil，捕获栅格为 10 mil。

③ 根据图 3-27 绘制 LED 的图形,其中三角形采用"多边形"绘制,大三角形的"Fill Color"设置为无色"233",箭头三角形的"Fill Color"设置为蓝色"229",其他采用"线"绘制。

④ 放置元器件引脚。

二极管正端引脚的"Name"设置为"A",可视状态取消;"Designator"设置为"1",可视状态取消;"Electrical Type"设置为"Passive";"Pin Length"设置为 200 mil。

二极管负端引脚的"Name"设置为"K",可视状态取消;"Designator"设置为"2",可视状态取消;"Electrical Type"设置为"Passive";"Pin Length"设置为 200 mil。

⑤ 设置元器件属性。"Designator"设置为"VD?"

⑥ 设置元器件的封装形式为 LED-1。

⑦ 保存元器件属性设置,完成设计。

4)采用元器件符号设计向导设计微控制器 CY7C68013-56PVC。

① 执行菜单"工具"→"Symbol Wizard"命令打开元器件符号设计向导,参考图 3-28 所示的元器件图形设计元器件。

② 元器件的引脚 1~28 位于器件左侧,引脚 29~56 位于器件右侧;引脚名和引脚号参考图 3-28 设置;电源和地的电气特性设置为"Power",其他引脚设置为"Passive"。

③ 设置元器件属性,"Designator"为"U?","Comment"为"CY7C68013","Description"为"USB2.0 Microcontroller,56pins,3.3v,8KRAM"。

④ 设置元器件的封装,为"SOL-56"。

⑤ 保存元器件属性设置,完成设计。

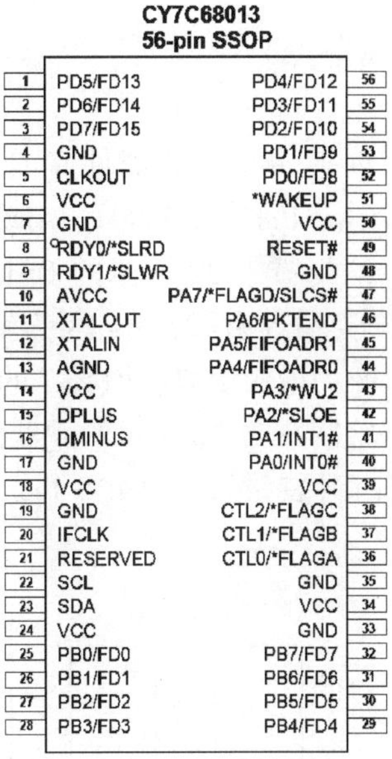

5)设计双联电位器 POT。

设计双联电位器 POT,即在一个元器件中绘制两套功能单元,元器件图形设计过程如图 3-21 所示,不设置封装。

图 3-28 元器件图形

① 在库编辑器中打开 Miscellaneous Devices.IntLib 库,将其中的电阻 RES2 复制到当前库 MySchlib.Scblib 中。

② 选中 MySchlib.Scblib 库进入库编辑。

③ 选中 RES2,单击"编辑"按钮,在弹出的对话框中将元器件名 RES2 更名为 POT。

④ 执行菜单"放置"→"多边形"命令,在电阻上方放置三角形;执行"放置"→"引脚"命令,在三角形上方放置引脚。

⑤ 双击新放置的引脚,设置引脚属性,其中"Name"和"Designator"均设置为"3",可视状态取消;"Electrical Type"设置为"Passive";"Pin Length"设置为 100 mil,设置结束,保存元器件属性设置。

⑥ 执行菜单"工具"→"新部件"命令,增加一套功能单元"Part B",将前面设计好的电位器复制到当前功能单元中。

⑦ 双击元器件的引脚，修改引脚属性，从左到右，将三个引脚的"Name"和"Designator"依次修改为"4""6""5"。

⑧ 设置元器件属性。"Designator"设置为"Rp?"。

⑨ 保存元器件属性设置，完成设计。

5）将设计好的4个元器件依次放置到电路图中，观察设计好的元器件是否正确及双联电位器两个功能单元的区别。

3. 思考题

1）如何判别元器件引脚哪端具有电特性？

2）规则元器件设计与不规则元器件设计有何区别？

3）设计多套部件单元的元器件时，应如何操作？

4）如何在原理图中选用多功能单元元器件的不同功能单元？

思考与练习

1. 创建一个新元器件库 NewLIB. Schlib，从 Miscellaneous Devices. InLib 库中复制元件 RES2、CAP Pol2、2N3904、ADC-8 及 DIODE，组成新库。

2. 绘制图3-29所示的DS1302，封装设置为DIP-8。其中，2、3、5、7为输入引脚；8~13为输出引脚；引脚6为I/O；引脚4为地；1、8为电源引脚；引脚7的"内部边沿"为"Clock"。

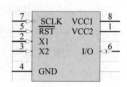

图3-29　DS1302

3. 绘制图3-30所示的元器件74LS02，该集成块中有4个2输入或非门，封装设置为DIP-14，接地引脚7和电源引脚14设置为隐藏。

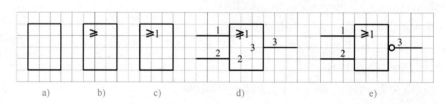

图3-30　74LS02设计过程图

a) 放置直线　b) 绘制≥　c) 放置文本1　d) 放置引脚　e) 定义属性后的引脚

4. 如何在原理图中设置多功能单元元器件的不同单元？

5. 如何进行多功能单元元器件的电源脚的隐藏和连接网络设置？

6. 上网搜索 CY7C68013 系列芯片的资料，设计元器件 CY7C68013-56PVC，封装为 SSOP-G56。

项目 4 　单管放大电路 PCB 设计

知识与能力目标

1）认知 PCB 编辑器
2）认知 PCB 的基本组件和工作层面
3）掌握 PCB 设计的基本方法
4）学会 PCB 布线调整的基本方法

素养目标

1）培养学生建立规范意识
2）培养学生精益求精、一丝不苟的精神

　　本项目通过单管放大电路介绍单面 PCB 的设计方法，该电路元器件数量少，可以不通过原理图和网络表，直接放置封装并进行手工布线；也可以先设计原理图，然后通过网络表调用元器件封装和网络表信息到 PCB，最后再进行布局和布线。

任务 4.1 　认知 PCB 编辑器

4.1.1 　启动 PCB 编辑器

微课 4.1
认知 PCB 编辑器

　　进入 Altium Designer 19 主窗口，执行菜单 "文件" → "新的 " → "项目" 命令，新建 PCB 工程文件，执行菜单 "文件" → "新的" → "PCB" 命令，新建 PCB 文件并进入 PCB 编辑器，默认文件名为 PCB1. PcbDoc，如图 4-1 所示。

图 4-1 　PCB 编辑器主界面

1. 主菜单

PCB 编辑器的主菜单与原理图编辑器的主菜单基本相似，操作方法也类似。在原理图设计中主要是对元器件的操作，而在 PCB 设计中主要是针对元器件封装、焊盘、过孔等的操作。

2. 工具栏

PCB 编辑器的工具栏主要有 PCB 标准工具栏、布线工具栏和应用工具栏等，其中应用工具栏中包括应用工具、排列工具、查找选择、放置尺寸、放置 Room 及栅格 6 个工具。

执行菜单"视图"→"工具栏"命令下的相关菜单，可以设置打开或关闭相应的工具栏。

表 4-1 所示为布线工具栏的按钮功能，表 4-2 所示为应用工具栏的按钮功能。

表 4-1 布线工具栏按钮功能

按　钮	功　能	按　钮	功　能	按　钮	功　能
	选中区域自动布线		放置焊盘		放置铺铜
	交互式布线链接		放置过孔		放置字符串
	交互式多根线链接		放置圆弧（边沿）		放置器件
	放置差分走线		放置填充		

表 4-2 应用工具栏的按钮功能

按　钮	功　能	按　钮	功　能	按　钮	功　能
	放置线		放置中心圆弧		阵列式粘贴
	放置两点距离标识		放置任意角度圆弧		
	放置坐标原点		放置圆		

4.1.2 PCB 编辑器的管理

1. 窗口管理

在 PCB 编辑器中，窗口管理可以执行菜单"视图"下的子菜单实现，常用如下。

执行菜单"视图"→"适合板子"命令，可以实现 PCB 全板显示，便于用户快捷地查找。

执行菜单"视图"→"区域"命令，用户可以用光标拉框选定放大的区域。

执行菜单"视图"→"切换到 3 维模式"命令，可以显示整个印制板的 3D 模型，一般在 PCB 布局或布线完毕，使用该功能观察元器件的布局或布线是否合理。

2. 坐标系

PCB 编辑器的工作区是一个二维坐标系，其绝对坐标原点位于电路板图的左下角。

用户可以自定义新的坐标原点，执行菜单"编辑"→"原点"→"设置"命令，将光标移到要设置为新的坐标原点的位置，单击，即可设置新的坐标原点。

执行菜单"编辑"→"原点"→"复位"命令，可恢复到绝对坐标原点。

3. 浏览器使用

单击编辑器右下角的"Panels"选项卡，在弹出的菜单中选择"PCB"，在 PCB 编辑器的工作面板中显示 PCB 浏览器，如图 4-2 所示。在浏览器上方的下拉列表框中可以选择浏览器的类型，常用的如下。

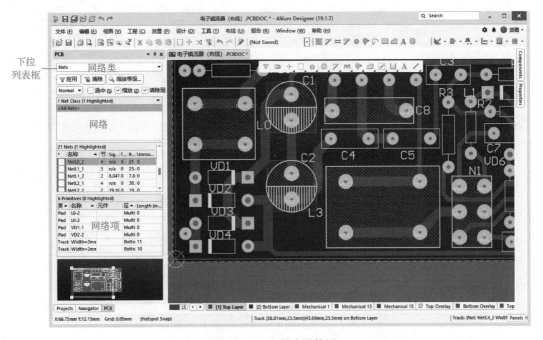

图 4-2　PCB 浏览器使用

1）Nets。网络浏览器，显示板上所有网络名。图 4-2 所示即为网络浏览器，在"网络类"区中双击"All Nets"，在"网络"区中将显示所有网络，选中某个网络，在"网络项"区中将显示与此网络有关的焊盘和连线的信息，同时工作区中与该网络有关的焊盘和连线将高亮显示。

在 PCB 浏览器的下方，还有一个微型监视器屏幕，在监视器中显示全板的结构，并以虚线框的形式显示当前工作区中的工作范围。拖动虚线框可在 PCB 浏览器中局部浏览当前区域的信息。

2）Component。元器件浏览器，它将显示当前 PCB 中的所有元器件名称和所选元器件的所有焊盘。

3）From-To Editor。飞线编辑器，可以查看并编辑元器件的网络节点和飞线。

4）Split Plane Editor。内电层分割编辑器，可在多层板中对电源层进行分割。

5）Polygons。铺铜浏览器，可以查看并编辑当前 PCB 中的铺铜。

4. 关闭自动滚屏

有时在进行线路连接或移动元器件时，会出现窗口中的内容自动滚动的问题，这样不利于操作，主要原因在于系统默认的设置为"自动滚屏"。

要消除这种现象，可以关闭"自动滚屏"功能。执行菜单"工具"→"优先选项"命令，弹出图 4-3 所示的"优选项"对话框，在"自动平移选项"区取消"使能 Auto pan"复选框的选中状态即可关闭自动滚屏功能。

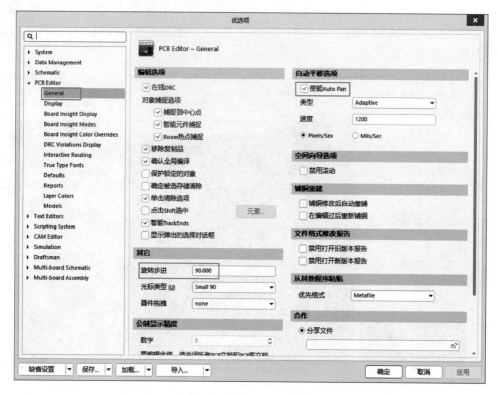

图 4-3 "优选项"对话框

5. 设置图件旋转角度

在 PCB 设计时，有时板的尺寸很小，元器件无法全部横平竖直排列，需要有特殊的旋转角度以满足实际要求，而系统默认的旋转角度为 90°，此时需要重新设置旋转角度。

设置旋转角度可在图 4-3 所示对话框中的"其他"区进行，在"旋转步进"后键入所需的旋转角度数值即可。

4.1.3 设置单位制和布线栅格

1. 单位制设置

Altium Designer 19 中设有两种单位制，即 Imperial（英制，单位为 mil）和 Metric（公制，单位为 mm），执行菜单"视图"→"切换单位"命令可以实现英制和公制的切换，在工作区的左下角可以看到当前的位置坐标数值及单位。

2. 设置栅格尺寸

按下快捷键〈Ctrl+G〉，弹出图 4-4 所示的"栅格编辑器"对话框，在其中可以进行栅格尺寸和栅格类型设置。

在 Altium Designer 19 中系统默认捕获栅格、可视栅格和器件栅格是同数值、同步调整的，且 X 方向和 Y 方向的数值也是自动地以相同数值进行调整的，故只需设置好"步进 X"的栅格即可完成 3 种栅格尺寸的设置。

在图 4-4 中，单击"步进值"区中"步进 X"栏后的下拉列表框，可设置 X 方向的栅格尺寸，图中设置为 0.5mm。

若用户想单独设置 Y 方向上的栅格，可单击"步进值"区的按钮🔒，此时"步进 Y"后的下拉列表框由灰色变为黑色，此时可以单独设置 Y 方向的栅格尺寸。

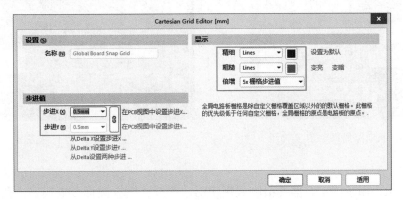

图 4-4　"栅格编辑器"对话框

3. 设置栅格显示模式

在图 4-4 的"显示"区可以设置栅格的显示模式及颜色，有"lines"（线）、"Dots"（点）及"Do Not Draw"（不画）3 种栅格显示模式，后面的色块可以设置颜色。"精细""粗糙"及"倍增"用于设置两种可视栅格尺寸，图中"精细"和"粗糙"均选择"Lines"，表示采用线形栅格；"倍增"选择"5×栅格步进值"，表示"粗糙"栅格尺寸是"精细"栅格尺寸的 5 倍。

任务 4.2　认知 PCB 设计中的基本组件和工作层

4.2.1　PCB 设计中的基本组件

微课 4.2
认知 PCB 的基本组件

1. 板层

板层（Layer）分为铺铜层和非铺铜层，平常所说的几层板是指铺铜层的层数。一般在铺铜层上放置焊盘、线条等完成电气连接；在非铺铜层上放置元器件描述字符或注释字符等；还有一些层面（如禁止布线层）用来放置一些特殊图形来完成特殊作用或指导生产。

铺铜层一般包括顶层（又称元件面）、底层（又称焊接面）、中间层、电源层、地线层等；非铺铜层包括印记层（又称丝网层、丝印层）、板面层、禁止布线层、阻焊层、助焊层、钻孔层等。

对于一个批量生产的电路板而言，通常在印制板上铺设一层阻焊剂，阻焊剂一般是绿色或棕色，除了要焊接的地方外，其他地方可根据 PCB 设计软件所产生的阻焊图来覆盖一层阻焊剂，这样可以实现快速焊接，并防止焊锡溢出引起短路；而对于要焊接的地方，通常是焊盘，则要涂上助焊剂，如图 4-5 所示。

为了让电路板更具有直观性，便于安装与维修，一般在顶层（或底层）之上要印一些文字或图案，如图 4-6 中的 VD3、VCC 等，这些文字或图案用于说明 PCB，通常称为丝网，属于非布线层。在顶层的丝网称为顶层丝网层（Top Overlay），如 VD3；而在底层的丝网则称为底层丝网层（Bottom Overlay），如 R6。

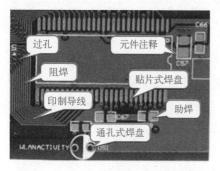

图 4-5 某电路局部 PCB 实物图

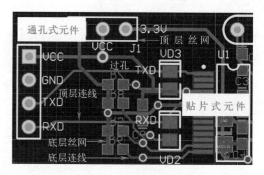

图 4-6 某 PCB 局部图

2. 焊盘

焊盘（Pad）用于固定元器件引脚或用于引出连线，它有圆形、矩形、八角形及圆矩形等形状。焊盘的参数有焊盘编号、X 方向尺寸、Y 方向尺寸、钻孔孔径尺寸等。

焊盘可分为通孔式及表面贴片式两大类，其中通孔式焊盘必须钻孔，而表面贴片式焊盘无须钻孔，图 4-7 所示为焊盘示意图。

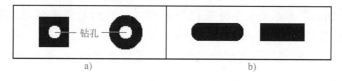

图 4-7 焊盘示意图

a）通孔式焊盘 b）表面贴片式焊盘

3. 金属化孔

金属化孔（Via）也称过孔，在双面板和多层板中，为连通各层之间的印制导线，通常在各层需要连通的导线的交汇处钻上一个公共孔，即过孔，在工艺上，过孔的孔壁圆柱面上用化学沉积的方法镀上一层金属，用以连通各层需要连接的铜箔，而过孔的上下两面做成圆形焊盘形状，过孔的参数主要有孔的外径和钻孔尺寸。

过孔不仅可以是通孔，还可以是掩埋式。所谓通孔式过孔是指穿通所有铺铜层的过孔；掩埋式过孔则仅穿通中间几个铺铜层面，仿佛被其他铺铜层掩埋起来。图 4-8 为六层板的过孔剖面图，图中板层包括顶层、电源层、中间 1 层、中间 2 层、地线层和底层。

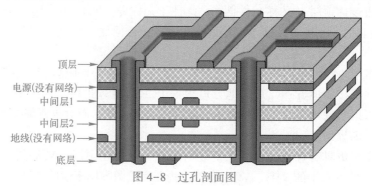

图 4-8 过孔剖面图

4. 元器件封装

元器件封装（Component Package）是指实际元器件焊接到电路板时所指示的元器件外形轮廓和引脚焊盘的间距。不同的元器件可以使用同一个元器件封装，同种元器件也可以有不同的封装形式。元器件的封装是元器件在 PCB 上的图形信息，为 PCB 后续的装配、调试及检修提供方便。

元器件的封装主要分为两大类：通孔式封装（THT）和表面安装式封装（SMT），图 4-9 所示为双列 14 脚集成块的两类封装图，它们的区别主要在元器件尺寸和焊盘上。通孔式封装是针对直插类元器件的，这种类型的元器件在焊接时先要将元器件引脚插入焊盘导孔中，然后再焊接。由于导孔贯穿整个电路板，所以在焊盘属性中，其板层属性为 Multi Layer；表面安装式封装的焊盘只限于表面板层，即顶层或底层，在焊盘属性中，其板层属性必须是单一的层面。

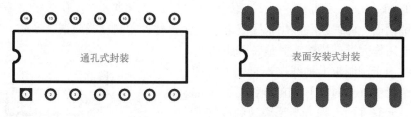

图 4-9　两种类型的元器件封装

元器件封装的命名遵循一定的原则，即元器件类型+焊盘距离（或焊盘数)+元器件外形尺寸。通常可以通过元器件封装名来判断封装的规格，在元器件封装的描述栏中一般会提供元器件的尺寸信息。

如电阻封装 AXIAL-0.4，表示此元器件封装为轴状，两焊盘间距为 0.4 in 或 400 mil（1 in = 1000 mil = 2.54 cm）；封装 DIP-8 表示双列直插式元器件封装，8 个焊盘引脚；CAP-PR1.5-4×5 表示极性电容类元器件封装，焊盘间距为 1.5 mm，元器件的外框尺寸为 4×5 mm。

元器件封装中数值的意义如图 4-10 所示。

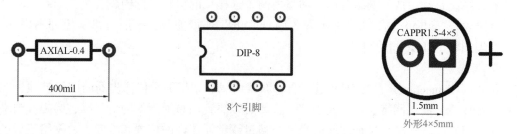

图 4-10　元器件封装中数值的意义

在进行 PCB 设计时要分清原理图和印制板中的元器件，原理图中的元器件是一种电路符号，有统一的标准；而印制板中的元器件是元器件的封装，代表的是实际元器件的物理尺寸和焊盘，集成电路的尺寸一般是固定的，而分立元器件一般没有固定的尺寸，元器件封装可以根据需要设定，如图 4-11 所示。

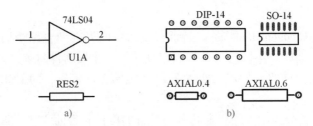

图 4-11 原理图元器件与 PCB 封装对照图

a) 原理图元器件 b) PCB 封装

一般元器件封装的图形符号被自动设置在丝印层（也称为丝网层）上，如图 4-6 中的 VD3、R6。

5. 连线

连线（Track Line）是指有宽度、有位置方向（起点和终点）、有形状（直线或弧线）的线条。在铺铜面上的线条一般用来完成电气连接，称为印制导线或铜膜导线；在非铺铜面上的连线一般用作元器件描述或其他特殊用途。

印制导线用于印制板上的线路连接，通常印制导线是两个焊盘（或过孔）间的连线，而大部分的焊盘就是元器件的引脚，当无法顺利连接两个焊盘时，通过跳线或过孔实现转接。

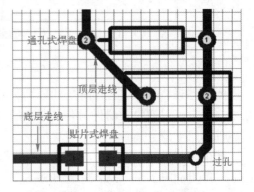

如图 4-12 所示为印制导线的走线图，图中所示为双面板，采用垂直布线法，一层水平走线，另一层垂直走线，两层间印制导线的连接由过孔实现。

图 4-12 印制导线的走线图

6. 网络和网络表

网络（Net）是从一个元器件的某个引脚到该元器件的其他引脚或到其他元器件的引脚的电气连接关系。每一个网络均有唯一的网络名称，有的网络名是人工添加的，有的是系统自动生成的，系统自动生成的网络名由该网络内两个连接点的引脚名称构成。

网络表（Netlist）描述电路中元器件特征和电气连接关系，一般可以从原理图中获取，它是原理图和 PCB 之间的纽带。

7. 飞线

飞线（Connection）是在 PCB 进行自动布线时供观察用的类似橡皮筋的网络连线，飞线不是实际连线。通过网络表调入元器件后，就可以看到该布局下的网络飞线，为提高自动布线的布通率，要尽量减少飞线之间的交叉，通过调整元器件的位置和方向，使网络飞线的交叉最少。

自动布线结束，未布通的网络上仍然保留网络飞线，此时可用手工连线的方式连接这些未布通的网络。

8. 安全间距

安全间距（Clearance）是在进行 PCB 设计时，为了避免导线、过孔、焊盘及元器件之间的相互干扰，而在它们之间留出的一定间距，安全间距可以在设计规则中进行设置。

9. 栅格

栅格（Grid）用于 PCB 设计时的位置参考和光标定位，栅格有公制和英制两种单位制，类型有可视栅格、捕获栅格、器件栅格和电气栅格 4 种。

微课 4.3
认知 PCB 的
工作层

4.2.2　PCB 工作层

在 Altium Designer 19 的 PCB 设计中，系统提供了多种工作层面，主要工作层面类型如下所述。

1）信号层（Signal Layers）。信号层主要用于放置与信号有关的电气元素，共有 32 个信号层。其中顶层（Top Layer）和底层（Bottom Layer）可以放置元器件、铜膜导线及过孔，其余 30 个为中间信号层（Mid Layer1~30），只能布设铜膜导线，置于信号层上的元器件焊盘、铜膜导线及过孔代表了电路板上的铺铜区。系统为每层都设置了不同的颜色以便区别。

图 4-13 所示为某单面 PCB 的 3D 效果图，其顶层放置元器件，底层放置连线；图 4-14 所示为某单面 PCB 的底层布线图，底层显示连线完成电气连接。

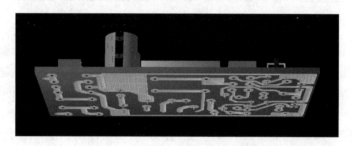

图 4-13　某单面 PCB 的 3D 效果图

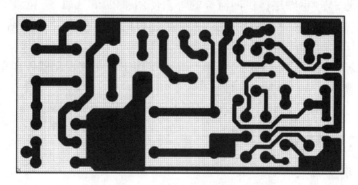

图 4-14　某单面 PCB 的底层布线图

2）内部电源/接地层（Internal Plane Layers）。通常称为内电层，共有 16 个电源/接地层（Plane1~16），专门用于多层板的电源连接，信号层内需要与电源或地线相连接的网络通过过孔实现连接，这样可以大幅度缩短供电线路的长度，降低电源阻抗。同时，专门的电源层在一定程度上隔离了不同的信号层，有利于降低不同信号层间的干扰。

3）机械层（Mechanical Layers）。用于定义设计中电路板机械数据的图层，共有 16 个机械层（Mech1~16），一般用于设置印制板的物理尺寸、数据标记、装配说明及其他机械信息。

4）丝印层（Silkscreen Layers）。也称丝网层，主要用于放置元器件的外形轮廓、元器件标号和注释等信息，包括顶层丝印层（Top Overlay）和底层丝印层（Bottom Overlay）两种。

图 4-15 所示为某单面 PCB 的顶层丝网层（Top Overlay），上面有元器件的图形和相应的标号等信息。

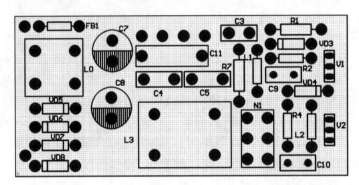

图 4-15　某单面 PCB 的顶层丝网层（Top Overlay）

5）阻焊层（Solder Mask Layers）。阻焊层是负性的，放置其上的焊盘和元器件代表电路板上未铺铜的区域，分为顶层阻焊层和底层阻焊层。设置阻焊层的目的是防止焊锡的粘连，避免在焊接相邻焊点时发生意外短路，所有需要焊接的焊盘和铜箔都需要该层，是制造 PCB 的要求。

6）锡膏防护层（Paste Mask Layers）。锡膏防护层是负性的，主要用于 SMD 元器件的安装，放置其上的焊盘和元器件代表电路板上未铺铜的区域，分为顶层防锡膏层和底层防锡膏层。锡膏防护层是 SMD 钢网层，供回流焊的焊盘使用，Paste Mask 是 PCB 组装的要求。

7）钻孔层（Drill Layers）。钻孔层提供制造过程的钻孔信息，包括钻孔指示图（Drill Guide）和钻孔图（Drill Drawing）。

8）禁止布线层（Keep Out Layer）。禁止布线层用于定义放置元器件和布线的区域范围，一般禁止布线区域必须是一个封闭区域。

9）多层（Multi Layer）。用于放置电路板上所有的通孔式焊盘和过孔。

4.2.3　PCB 工作层设置

1. 当前工作层选择

在进行布线时，必须先选择相应的工作层，然后再进行布线。

设置当前工作层可以单击工作区下方工作层标签栏上的某一个工作层实现，如图 4-16 所示，图中选中的工作层为 Top Layer，其左边的色块代表该层的颜色。

| LS | ■ [1] Top Layer | ■ [2] Bottom Layer | ■ Mechanical 1 | □ Top Overlay | ■ Keep-Out Layer | ■ Multi-Layer |

图 4-16　设置当前工作层

当前工作层的转换也可以使用快捷键实现，按下〈*〉键，可以在所有打开的信号层间进行切换；按〈+〉键或〈-〉键可以在所有打开的工作层间进行切换。

2. 显示或隐藏工作层

在 Altium Designer 19 的 PCB 设计中，系统默认所有层均为打开状态，通常只需根据设计需求打开相关的层。

按〈L〉键或单击图 4-16 所示工作层标签栏最左侧的"LS"的色块，弹出图 4-17 所示的"View Configuration"对话框，单击对应层前的按钮◉隐藏层，单击对应层前的按钮◈显示层。

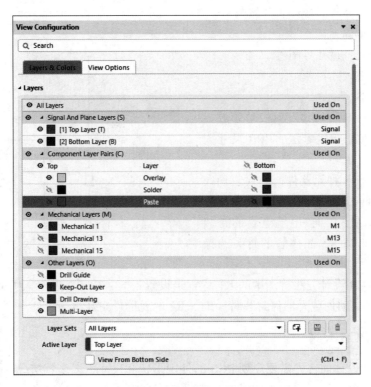

图 4-17　显示或隐藏工作层设置

设置完毕后单击对话框右上角的按钮✖关闭对话框。

3. 设置工作层的显示颜色

在 PCB 设计中，由于层数多，为区分不同层上的铜膜线，必须将各层设置为不同颜色。

在图 4-17 中，单击工作层前面的色块，弹出各种色块设置窗口，在其中可以修改工作层的颜色。一般情况下，使用系统默认的颜色。

🎓 **经验之谈**

在 PCB 设计中，为提高设计的效率，工作层一般只设置显示有用的层面，以减小误操作。初始的设置方法是将信号层、丝网层、禁止布线层和焊盘层（多层）设置为显示状态，其他的层需要时再设置。

如本例设计中采用单面 PCB，将 Bottom Layer、Top Overlay、Keep-Out Layer 和 Multi Layer 设置为显示状态。

任务 4.3　单管放大电路 PCB 设计步骤

PCB 设计时可以直接从原理图中调用元器件封装，也可以手工放置封装，其设计的一般步骤如下。

1）规划印制电路板，设置元器件库。

2）加载元器件封装或手工放置封装。

3）元器件布局。

4）放置焊盘、过孔等图件。

5）PCB 布线。

6）布线调整。

下面以图 4-18 所示共发射极单管放大电路为例介绍 PCB 布线方法，PCB 尺寸为 50 mm×40 mm。

图 4-18 中有 3 种元器件，其封装均在 Miscellaneous Device. IntLIB 库中，其中电阻的封装选择 AXIAL-0.4，电解电容的封装选择 CAPPR2-5×6.8，晶体管的封装选择 BCY-W3/E4。

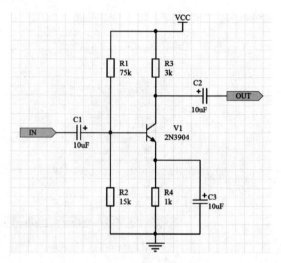

图 4-18　共发射极单管放大电路

为了说明 PCB 设计方法，图中的 R1 特意未设置封装，R2 封装设置为 AXIAL，由于封装设置不对，在自动加载元器件封装时，R1、R2 的元器件封装将丢失。

4.3.1　规划 PCB 尺寸

在进行 PCB 设计前首先需要规划 PCB 的外观形状和尺寸，大多数情况下 PCB 的外形采用矩形。规划 PCB 实际上就是定义印制板的机械轮廓和电气轮廓。

微课 4.4
规划 PCB 尺寸

印制板的机械轮廓是指电路板的物理外形和尺寸，机械轮廓定义在机械层上，比较合理的规划机械层的方法是在一个机械层上绘制电路板的物理轮廓，而在其他的机械层上放置物理尺寸、队列标记和标题信息等。

印制板的电气轮廓是指电路板上放置元器件和进行布线的范围，电气轮廓一般定义在禁止布线层（Keep-Out Layer）上，是一个封闭的区域，一般的 PCB 设计仅规划电气轮廓。

新建"单管放大"工程，将设计好的"共发射极单管放大"的原理图移动到当前的工程文件中，新建 PCB 文件并保存为"单管放大 . PcbDoc"。

本例采用公制规划尺寸，具体步骤如下。

1）执行菜单"视图"→"切换单位"命令，将单位制设置为公制，单位为 mm。

2）按下快捷键〈Ctrl+G〉，在弹出的"栅格编辑器"对话框中设置"步进×"为 1 mm 将栅格尺寸设定为 1 mm；设置"精细"和"粗糙"均为"lines"，将栅格设置为线形栅格；设置"倍增"为"10×栅格步进值"，将"粗糙"栅格尺寸设为"精细"栅格尺寸的 10 倍。

3）执行菜单"编辑"→"原点"→"设置"命令，在板图左下角定义相对坐标原点，设定后，沿原点往右为+x 轴，往上为+y 轴。

4）单击工作区下方标签中的 Keep-Out Layer，将当前工作层设置为 Keep Out Layer。

5）执行菜单"放置"→"Keep out"→"线径"命令进行绘制电气轮廓，将光标移到坐标原点（0，0），单击，确定导线起点，移动光标到坐标（50，0）双击确定下底边水平连线，继续将光标移动到左边（50，40）双击确定右边垂直连线，继续将光标移动到坐标（0，40）双击确定上边水平连线，继续将光标移动到（0，0）双击确定左边垂直连线，绘制一个闭合的 50 mm×40 mm 矩形框完成电气轮廓设计，如图 4-19 所示，此后放置元器件和 PCB 布线都要在此框内进行。

电气轮廓设置时也可任意放置 4 条走线，然后双击走线，弹出图 4-20 所示的"Properties"对话框中，在其中设置走线的"Start（X/Y）"和"End（X/Y）"定义走线的坐标。依次修改 4 条走线的坐标定义闭合矩形框完成电气轮廓设置。

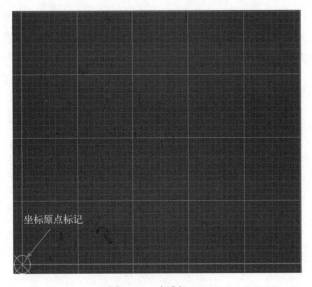

图 4-19　规划 PCB

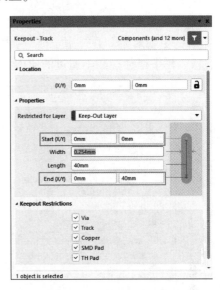

图 4-20　设置导线属性

6）保存 PCB 文件。

4.3.2　从原理图加载网络表和元器件封装到 PCB

PCB 规划好后就可以从原理图中将元器件封装和网络表导入，一般在导入之前，先编译原理图以保证其准确性，忽略与驱动相关的警告或错误信息，并将元器件封装所在的库添加到当前库中，以便调用封装，本例中的元器件封装都在 Miscellaneous Device. IntLIB 库中。

微课 4.5
加载网络表与
封装

1. 加载元器件封装和网络表以更新 PCB

1）打开设计好的原理图文件"共发射极单管放大 .SchDoc"，执行菜单"设计"→"Update PCB Document 单管放大 .PcbDoc"命令，弹出如图 4-21 所示的"工程变更指令"对话框，该对话框中显示了参与 PCB 设计的受影响的元器件、网络、Room 等。

从图中可以看出在"受影响对象"栏中缺少元件 R1，原因在于绘制原理图时特意未设置封装；存在一个错误报告提示信息，原因是原理图编译时忽略了与驱动相关的规则。

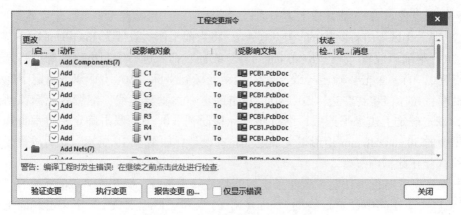

图4-21　"工程变更指令"对话框

2）单击图4-21中的"验证变更"按钮，系统将自动检测各项变化是否正确有效，所有正确的更新对象，在"检测"栏内显示"√"符号，不正确的显示"×"符号，并在"信息"栏中描述检测不通过的原因，如图4-22所示。

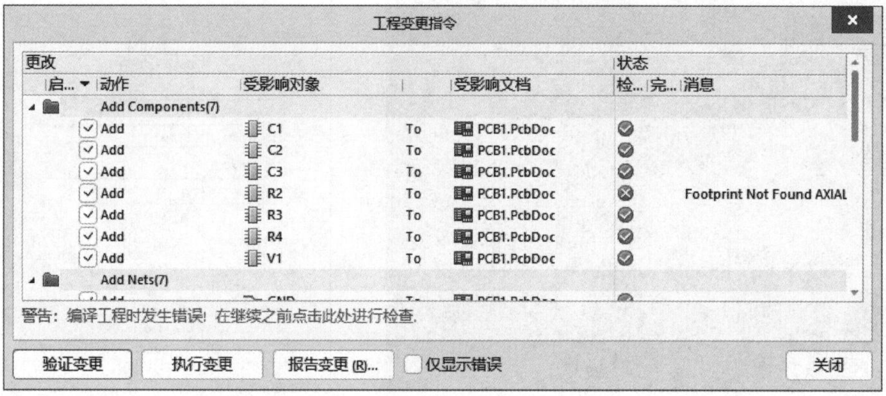

图4-22　检测更新对象的结果

图中显示"Footprint Not Found AXIAL"，对应元器件是R2，说明封装AXIAL未找到，原因是当前封装库中不存在该封装。

3）单击"执行更改"按钮，系统将接受工程参数变化，将元器件封装和网络表添加到PCB编辑器中，单击"关闭"按钮关闭对话框，加载元器件后的PCB如图4-23所示。

图4-23　加载元器件封装后的PCB

从图 4-23 中可以看出，系统自动建立了一个 Room 空间"共发射极单管放大"，同时加载的元器件封装和网络表放置在规划好的 PCB 边界之外，相连的焊盘间通过网络飞线连接。

经验之谈

1. "Update PCB Document"命令只能在工程中才能使用，必须将原理图文件和 PCB 文件保存到同一个工程中。

2. 在执行该命令前必须先保存规划好的 PCB 文件。

2. 缺失封装的处理

本例中 R1、R2 的封装缺失，可以返回原理图编辑器，将"共发射极单管放大 . SchDoc"中元件 R1、R2 的封装均设置为 AXIAL-0.4，然后再次执行菜单"设计"→"Update PCB Document 单管放大 . PcbDoc"命令，将缺失的元器件封装导入。

微课 4.6
手工放置封装

4.3.3 手工放置元器件封装

本例中由于在原理图设计中 R1 未设置封装，R2 封装名设置不正确，故在图 4-23 中缺少了 R1 和 R2。

添加缺失的元器件封装，除了前述的返回原理图编辑器修改并重新导入外，也可以通过手工放置元器件封装的方式将其放置到 PCB 中，并根据原理图修改标号，但这种方式放置的封装没有网络，必须重新从原理图中加载网络表以更新 PCB，为增加的封装添加网络。

1. 通过菜单或相应按钮放置元器件封装

执行菜单"放置"→"器件"命令，或单击布线工具栏上按钮 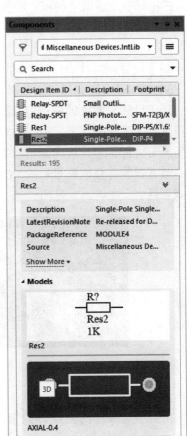，弹出"Components"对话框，如图 4-24所示，选中"Res2"，在"Models"区可以看到其封装为 AXIAL-0.4。

双击"Res2"放置电阻封装 AXIAL-0.4，此时光标上黏附着一个封装图形，将光标移动到工作区中，单击放置封装，放置下的封装默认标号为"Designator1"，再次单击可以继续放置同类元器件封装，标号自动加 1，本例中需放置两个电阻封装。

若要退出当前放置状态，可右击退出。

2. 设置元器件封装属性

由于手工放置封装的标号和标称值未进行参数设置，需根据原理图重新设置。

双击元器件封装，弹出图 4-25 所示的"元器件封装属性"对话框，可以进行元器件封装属性设置，主要内容如下。

图 4-24 放置元器件封装

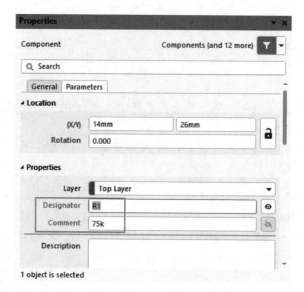

图 4-25 "元器件封装属性"对话框

1) Layer（元器件所在层）设置

用于设置元器件放置的工作层，系统默认"Top Layer"。对于单面板，设置为"Top Layer"；对于双面以上的板，根据封装放置情况可设置为顶层（Top Layer）或底层（Bottom Layer）。

2) Designator（标号）设置

用于设置元器件的标号，元器件标号必须是唯一的，默认为显示状态。

3) Comment（标称值或注释）设置

用于设置元器件的标称值或型号，默认状态为隐藏。为了便于 PCB 装配时识别元器件，可将其设置为显示状态。图 4-25 中元器件封装显示了标号，但未显示标称值，一般布线结束后，可将标称值设置为显示状态，并合理调整其位置。

放置封装并修改标号后的 PCB 如图 4-26 所示，图中 R1、R2 的焊盘均无网络，需重新加载网络。

图 4-26 添加缺失封装后的 PCB

3. 重新加载网络

由于手工放置的元器件封装的焊盘上没有网络，不利于后期的布线，需重新加载网络表。

返回原理图编辑器，执行菜单"设计"→"Update PCB Document 单管放大 .PCBDOC"命令再次加载元器件封装和网络表，此时 R1、R2 的焊盘上将加载网络，并显示网络飞线。

> **经验之谈**
>
> 1. 在单面板设计中元器件放置在顶层（Top Layer），图 4-25 中"Layer"栏系统默认为"Top Layer"；而对于双面以上的板，有时需将元器件放置在底层，此时放置元器件后，必须将要放置在底层的元器件的"Layer"栏设置为"Bottom Layer"。
> 2. 设计中如果原理图已经修改，必须重新从原理图加载网络表和元器件封装到 PCB，以保证更新已修改的信息。

4.3.4　元器件布局调整

图 4-26 中，元器件分散在电气轮廓之外的，显然不能满足布局的要求，此时可以通过 Room 空间布局方式将元器件移动到规划的印制板中，然后通过手工调整的方式将元器件移动到适当的位置。

微课 4.7
元器件布局调整

1. 通过 Room 空间移动元器件

从原理图中调用元器件封装和网络表后，系统自定义一个 Room 空间

（本例中系统自定义的 Room 空间为"共发射极单管放大"，它是根据原理图文件名定义的），其中包含了所有载入的元器件，移动 Room 空间，对应的元器件也会跟着一起移动。

用鼠标左键按住"共发射极单管放大"Room 空间，将 Room 空间移动到电气边框内，执行菜单"工具"→"器件摆放"→"按照 Room 排列"命令，移动光标至 Room 空间上单击，元器件将自动按类型整齐排列在 Room 空间内，右击可结束操作，此时屏幕上会有一些画面残缺，放大或缩小屏幕可以进行画面刷新，Room 空间布局后的 PCB 如图 4-27 所示。

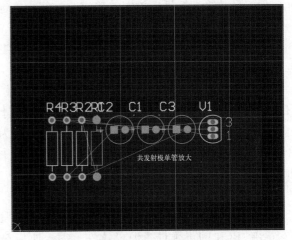
图 4-27　通过 Room 空间移动元器件

元器件布局后，图 4-27 中 Room 空间的标记"共发射极单管放大"是多余的，单击选中该 Room 空间，按〈Delete〉键删除 Room 空间。

2. 手工布局调整

手工布局就是通过移动和旋转元器件，将其移动到合适的位置，同时尽量减少元器件之间网络飞线的交叉。

（1）用鼠标移动元器件

元器件移动有多种方法，快捷的方法是直接使用鼠标进行移动，即将光标移到元器件上，按住鼠标左键不放，将元器件拖动到目标位置。

（2）使用菜单命令移动元器件

执行菜单"编辑"→"移动"→"器件"命令，光标变为"十"字，移动光标到需要移动的元器件处，单击该元器件，移动光标即可将其移动到所需的位置，单击放置该元器件。

若图纸比较大，板上元器件数量比较多，不易查找元器件，则执行该命令后，在板上的空白处单击，弹出"选择元器件"对话框，列出板上的元器件标号清单，在其中选择要移动的元器件后单击"确定"按钮选中元器件并进行移动操作。

（3）同时拖动元器件和连线

对于已连接印制导线的元器件，有时希望移动元器件时，印制导线也跟着一起移动，则在进行拖动前，必须进行拖动连线的系统参数设置，设置方法如下。

执行菜单"工具"→"优先选项"命令，弹出"优选项"对话框，选择"General"选项，在"其他"区的"器件拖拽"下拉列表框，选中"Connected Tracks"设定拖动连线。

此时执行菜单"编辑"→"移动"→"拖动"命令，可以实现元器件和连线同时拖动。

（4）在PCB中快速定位元器件

在PCB较复杂时，查找元器件比较困难，此时可以采用"跳转"命令进行元器件定位。

执行菜单"编辑"→"跳转"→"器件"命令，弹出一个对话框，提示输入要查找的元器件标号，输入标号后单击"确定"按钮，光标跳转到指定元器件上。

3. 旋转元器件

单击选中元器件，按住鼠标左键不放，同时按〈X〉键进行水平翻转，按〈Y〉键进行垂直翻转，按〈Space〉键进行90°旋转。

元器件的旋转的角度可以自行设置，执行菜单"工具"→"优先选项"命令，在弹出的"优选项"对话框中选择"General"选项，在"其他"区的"旋转步进"栏中设置旋转角度。

图4-28所示为布局调整后的PCB图，图中为了图片显示清晰，将工作区背景色设置为白色，从图中可以看出相连的焊盘之间存在网络飞线。

4. 调整元器件标号、标称值等标注文字

元器件布局调整后，一般标号的位置过于杂乱，虽并不影响PCB的正确性，但可读性变差，所以布局结束还必须对元器件标号等进行调整。

在Altium Designer 19中，系统默认注释是隐藏的，实际使用时为了便于装配和维修，应将其设置为显示状态。双击要修改的元器件，弹出图4-25所示的元器件封装属性对话框，在"Comment"栏后取消隐藏即可。

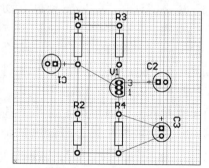

图4-28　元器件布局图

标注文字的调整采用移动和旋转的方式进行，用鼠标左键按住标注文字，按〈X〉键进行水平翻转；按〈Y〉键进行垂直翻转；按〈Space〉键进行90°旋转，调整好方向后拖动标注文字到目标位置，放开鼠标左键即可。

修改标注尺寸可直接双击该标注文字，在弹出的对话框中修改"Text Height"（文字高度）和"Stroke Width"（笔画宽度）的值。

元器件标注文字一般要求排列要整齐，文字方向要一致，不能将元器件的标注文字放在元器件的框内或压在焊盘或过孔上。

经过调整标注后的 PCB 布局如图 4-29 所示。

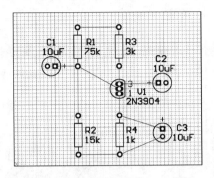

图 4-29　标注调整后的 PCB 布局

微课 4.8
放置焊盘和过孔

4.3.5　放置焊盘和过孔

图 4-29 所示的 PCB 中还缺少连接电源的焊盘及电路输入/输出的焊盘，需要手工放置，并设置与之连接的网络。

1. 放置焊盘

焊盘有通孔式的，也有仅放置在某一层面上的贴片式（主要用于表面封装元件），外形有圆形（Round）、矩形（Rectangle）八角形（Octagonal）和圆角矩形（Rounded Rectangle）等，如图 4-30 所示。

图 4-30　通孔式焊盘的 4 种基本形状

执行菜单"放置"→"焊盘"命令或单击放置工具栏上按钮 ，进入放置焊盘状态，移动光标到合适位置后，单击，放下一个焊盘，此时仍处于放置状态，可继续放置焊盘，每放置一个焊盘，焊盘编号自动加 1，放置完毕，右击，退出放置状态。

在焊盘处于悬浮状态时，按〈Tab〉键，调出"焊盘属性"对话框，该对话框中的主要设置有：Net 区，设置焊盘的网络；Properties 区，设置焊盘的编号、所在层等；Hole information 区，设置焊盘的孔径；Size and Shape 区，设置焊盘的尺寸和形状等。

本例中，添加 6 个通孔式焊盘，其中输入两个焊盘、电源端及接地端两个焊盘，输出两个焊盘，以便与外部电路相连接。

用鼠标左键按住焊盘，拖动鼠标可以移动焊盘。

2. 设置焊盘编号和工作层

双击要设置的焊盘，弹出"焊盘属性"对话框，如图 4-31 所示，选中 Properties 区设置编号和工作层，在"Designator"栏设置焊盘编号；在"Layer"栏设置焊盘所在层，若设置贴片焊盘，顶层贴片焊盘"Layer"设置为 Top Layer，底层贴片焊盘则设置为 Bottom Layer。

3. 设置焊盘尺寸和形状

在 "焊盘属性" 对话框中选中 Size and Shape 区可对其参数进行设置，如图 4-32 所示，在 "Shape" 栏设置焊盘形状；在 "（X/Y）" 栏设置焊盘的 X 方向和 Y 方向尺寸，对于圆形焊盘 X、Y 值设为相同，椭圆焊盘则设为不同值。

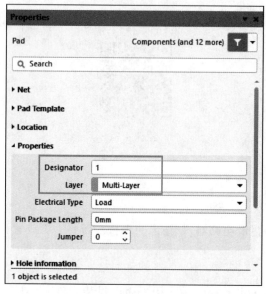

图 4-31　设置焊盘编号和工作层

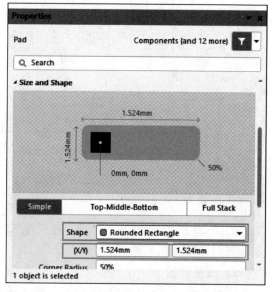

图 4-32　设置焊盘尺寸和形状

4. 设置焊盘孔径

在 "焊盘属性" 对话框中选中 Hole information 区可对其参数进行设置，在 "Hole Size" 栏设置焊盘的通孔直径。

5. 设置焊盘的网络

本例中，电路的输入端为 C1 的负端，故两个输入端焊盘中一个与 C1 的负端相连，另一个与地相连。在图 4-29 中看不到 C1 负端的网络，此时可将光标移动到 C1，按住〈Ctrl〉键并向上滚动鼠标滚轮，可以放大屏幕，从中看出 C1 负端的网络为 "NetC1_2"。

双击要与 C1 的负端相连的焊盘，在弹出的 "焊盘属性" 对话框中，选中 Net 区进行设置，如图 4-33 所示，本例中焊盘是手工放置的，图中 "Net" 下拉列表框中显示为 "Not Net"（无网络），单击 "Net" 栏后的下拉列表框，选择 "NetC1_2"，关闭对话框完成焊盘网络设置。

在交互式布线中，必须对独立焊盘进行网络设置，这样才能完成布线。焊盘网络的设置必须根据原理图进行，本例中的 6 个独立焊盘均需设置网络，设置网络后的 PCB 如图 4-34 所示。

6. 放置过孔

过孔用于连接不同层上的印制导线，过孔有 3 种类型，分别是通透式（Multi-layer）、隐藏式（Buried）和半隐藏式（Blind）。通透式过孔导通底层和顶层，隐藏式过孔导通相邻内部层，半隐藏式过孔导通表面层与相邻的内部层。

执行菜单 "放置" → "过孔" 命令或单击放置工具栏上按钮，进入放置过孔状态，

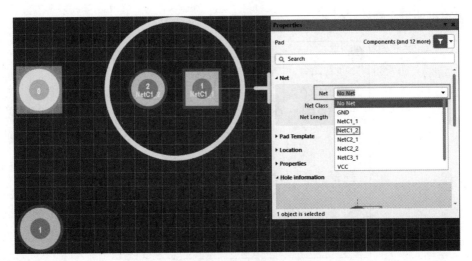

图 4-33　设置焊盘网络

移动光标到合适位置后，单击，放下一个过孔，此时仍处于放置过孔状态，可继续放置过孔。

在放置过孔状态下，按下〈Tab〉键，调出图 4-35 所示的"过孔属性"对话框，可以在"Hole Size"栏设置过孔孔径，在"Diameter"栏设置过孔直径等。

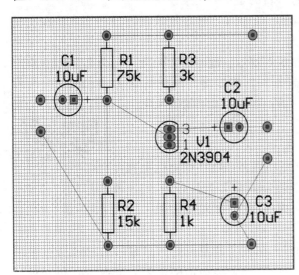

图 4-34　设置焊盘网络后的 PCB

图 4-35　过孔属性设置

本例是单面 PCB，无须使用过孔。

4.3.6　制作螺纹孔

在电路板中，经常要用螺钉来固定散热片和 PCB，需要设置螺纹孔，它们与焊盘或过孔不同，一般无需导电部分。在实际设计中，可以利用放置焊盘或过孔的方法来制作螺纹孔。

微课 4.9
制作螺纹孔

下面以图 4-36 所示的在板四周放置了 4 个 3mm 螺纹孔为例介绍螺纹孔的制作过程，图中以放置焊盘的方式制作螺纹孔。

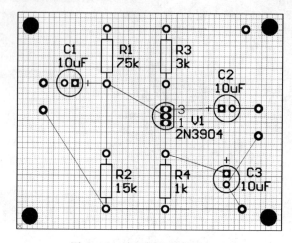

图4-36　放置螺纹孔后的PCB

利用焊盘制作螺纹孔的具体步骤如下。

1）执行菜单"放置"→"焊盘"命令，进入放置焊盘状态，按下〈Tab〉键，出现"焊盘属性"对话框，选择圆形焊盘，并设置焊盘尺寸的X、Y值与通孔尺寸一致（本例中放置3 mm的安装孔，故数值都设置为3 mm），目的是不要表层铜箔。

2）在"Hole information"区中，取消勾选"Plated"前的复选框，目的是取消在孔壁上的铜。

3）关闭对话框，移动光标到合适的位置放置焊盘，此时放置的就是一个螺纹孔。

螺纹孔也可以通过放置过孔的方法来制作，具体步骤与利用焊盘方法相似，只要在"过孔属性"对话框中设置"Hole Size"和"Diameter"为相同值即可。

4.3.7　3D预览

Altium Designer 19提供有三维（3D）预览功能，可以在计算机上直接预览PCB的设计效果，根据预览的情况可以重新调整元器件布局。3D预览是以系统默认的PCB的形状进行显示的，为保证3D预览的效果，一般要将PCB的形状定义与电气轮廓一致。

微课4.10
3D预览

按住鼠标左键，拉出方框选中前述在禁止布线层上定义的电气轮廓（注意必须是密闭的电气轮廓），依次按下快捷键〈D〉、〈S〉、〈D〉快速完成边框定型，单击完成PCB外形设置。

PCB外形设置完毕就可以开始显示3D印制板。

执行菜单"视图"→"切换到三维显示"命令，对电路板进行3D预览，系统自动产生3D预览图，如图4-37所示，由于库中的元器件没有3D模型，故只显示二维（2D）图形。

3D预览中的主要控制功能如下。

1）3D板快速放大或缩小。按住〈Ctrl〉键前后滚动鼠标滚轮可以放大或缩小3D板。

2）旋转3D板。将光标移动到板中心，按住〈Shift〉键然后按住鼠标右键并上下左右移动鼠标，则3D板会沿着鼠标移动的方向旋转，如图4-38所示。

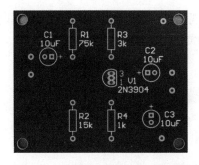

图 4-37　调整好布局的 3D 预览图

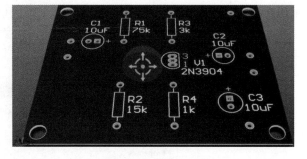

图 4-38　旋转 3D 板

3）3D 板恢复水平放置。按〈0〉键，3D 板恢复水平放置。

4）3D 板水平翻转。同时按下〈V+B〉键，3D 板水平翻转。

5）3D 板 90°旋转。按〈9〉键，3D 板进行 90°旋转。

6）2D/3D 显示切换。按〈2〉键，电路板从 3D 显示状态恢复到 2D 显示状态，按〈3〉键则恢复 3D 显示状态。

4.3.8　手工布线

图 4-36 中元器件之间通过网络飞线连接，网络飞线不是实际连线，它只是表示了哪些焊盘的网络是相同的，它们之间必须连接在一起，在进行布线时必须用印制导线将其相连。

微课 4.11
手工布线

在 PCB 设计中有两种布线方式，可以通过执行菜单"放置"→"线条"命令进行布线，或执行菜单"放置"→"走线"命令进行交互式布线。前者一般用于没有加载网络的线路连接，后者用于有加载网络的线路连接。

1. 设置工作层

单击工作层标签栏最左侧的色块，弹出图 4-17 所示的"View Configuration"对话框，本例中采用单面布线，元器件采用通孔式元器件，设置 Bottom Layer（底层）、Top Overlay（顶层丝网层）、Keep-out Layer（禁止布线层）及 Multi-Layer（焊盘多层）为显示状态。

PCB 单面布线的布线层为 Bottom Layer，故在工作区的下方单击"Bottom Layer"标签，将当前工作层设置为 Bottom Layer，以便在其上进行布线。

2. 为手工布线设置捕获栅格

在进行手工布线时，如果栅格设置不合理，布线可能出现锐角，或者印制导线无法连接到焊盘中心，因此必须合理地设置捕获栅格尺寸。

设置捕获栅格尺寸可以同时按下快捷键〈Ctrl+Shift+G〉，弹出"Snap Grid"对话框，设置捕获栅格尺寸为 0.500 mm。

3. 布线的基本方法

执行菜单"放置"→"线条"命令，或单击按钮▱进入放置 PCB 导线状态，系统默认放置线宽为 10 mil 的连线，若在放置连线的初始状态时，按〈Tab〉键，弹出图 4-39 所示的"线宽属性"对话框，在其中可以修改线宽和线的所在层。修改线宽后，其后均按此线宽放置导线。

单击定下印制导线起点，移动光标，拉出一条线，到需要的位置后再次单击，即可定下一条印制导线，若要结束连线，右击，此时光标上还呈现"十"字，表示依然处于连线状态，还可以再决定另一个线条的起点，如果不再需要连线，再次右击，结束连线操作，如图 4-40 所示。

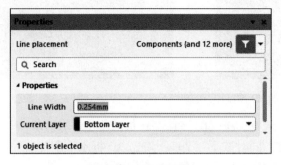

图 4-39　线宽设置

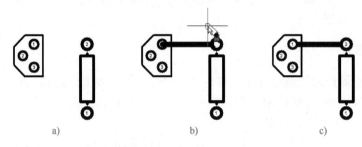

图 4-40　连线示意图

a）连线前　b）连线后，光标上继续连着线条　c）完成连线的线条

在放置印制导线过程中，同时按下〈Shift+Space〉键，可以切换印制导线转折方式，共有 6 种，分别是 45°、弧线、90°、圆弧角、任意角度和 1/4 圆弧的转折，如图 4-41 所示。

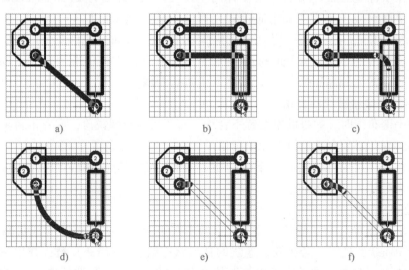

图 4-41　连线的转折方式

a）任意角度转折　b）90°转折　c）圆弧角转折　d）1/4 圆弧转折　e）45°转折　f）弧线转折

4. 编辑印制导线属性

双击 PCB 中的印制导线，弹出图 4-42 所示的"导线属性"对话框，可修改印制导线的属性。

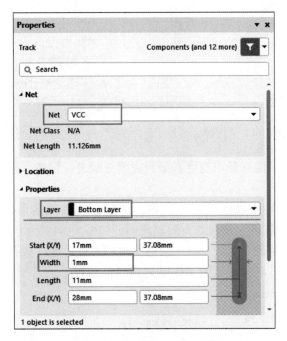

图 4-42　"导线属性"对话框

图中，"Net"下拉列表框用于选择印制导线所属的网络，图中选择 VCC；"Layer"下拉列表框设置印制导线所在层，本例为单面板，选择 Bottom Layer；"Width"栏设置印制导线的线宽，图中设置为 1 mm。所有设置修改完毕，关闭对话框完成设置。

5. 通过"放置→线条"方式布线

通过"放置→线条"方式放置的印制导线可以放置在 PCB 的信号层和非信号层上，当放置在信号层上时，就具有电气特性，称为印制导线；当放置在其他层时，代表无电气特性的绘图标志线。

在 Altium Designer 19 中，系统设置了在线 DRC 检查，默认布线必须要有网络信息，当连线缺少网络信息时将高亮显示提示连线错误。

通过"放置"→"线条"放置的连线由于不具备网络，所以系统的 DRC 自动检查会高亮显示提示该连线错误，消除此错误的方法是双击该连线，将其网络设置为当前与之相连的焊盘上的网络，如图 4-43 所示。

6. 交互式布线

本例中的 PCB 采用单面板设计，元器件焊盘带有网络，所以采用"放置"→"走线"（交互式布线）或单击按钮 ✐ 的方式进行线路连接，布线层选择为 Bottom Layer（底层），印制导线的线宽设置为 1.2 mm。

（1）线宽限制规则设置

交互式布线的线宽是由线宽限制规则设定的，可以设置最小宽度、最大宽度和首选宽

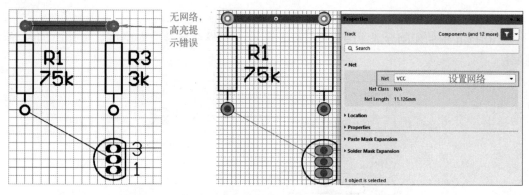

图 4-43 "放置—线条"方式布线存在问题与解决方法

度，设置完成后，线宽只能在最小宽度和最大宽度之间进行切换。布线时，系统默认以首选宽度进行布线。

执行菜单"设计"→"规则"命令，弹出"PCB 规则及约束编辑器"对话框，选中"Routing"选项下的"Width"设置线宽限制规则，如图 4-44 所示，可以在对应工作层中设置最小宽度、首选宽度和最大宽度，其中首选宽度即为进入连线状态时系统默认的线宽，本例中由于是单面板，故需定义线宽的工作层为 Bottom Layer，最小宽度为 1 mm、首选宽度为 1.2 mm、最大宽度为 1.2 mm。

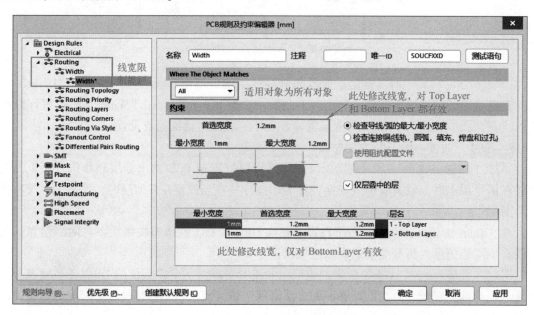

图 4-44 设置线宽限制规则

该规则中还可以设置规则适用的范围，本例中选择适用于"All"（全部）。

（2）更改连线宽度

在放置连线过程中如果要更改连线宽度，可以在连线状态按〈Tab〉键，弹出"交互式布线设置"对话框，在其中可以修改线宽（Width）、线所在的工作层（Layer）等，如图 4-45 所示。

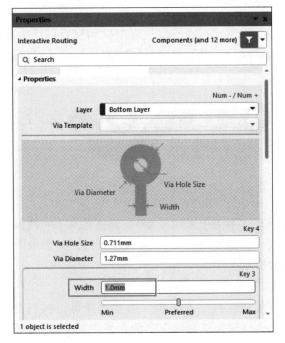

图 4-45　"交互式布线设置"对话框

　　线宽设置一般不能超过前面设置的范围，超过上限值，系统自动默认为最大线宽；低于下限值，系统自动默认为最小线宽。

7. 布线信息指示

　　在 Altium Designer 19 中，系统在光标移动过程中会在光标的左上方提示当前的板面信息，从中可以获得相应的信息，如图 4-46 所示。

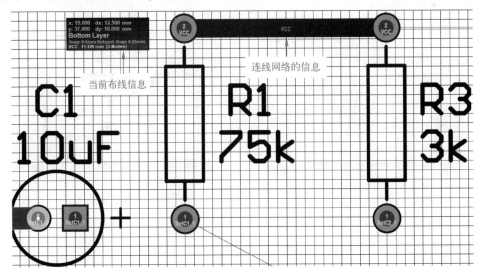

图 4-46　布线信息提示

　　从左上方的布线信息中可以看到当前的坐标位置、栅格尺寸、网络信息及连线长度等，该信息便于用户掌握当前布线的基本情况。

8. 自动绕行布线

Altium Designer 19 中，交互式布线连线过程中碰到没有网络的焊盘或不同网络的焊盘，无法与其相连，系统将自动绕行，并给出绕行的线路，如图 4-47 所示，这样可以提高布线效率。

图 4-47　自动绕行布线

为熟悉布线的转弯方式，本例中采用了 45°、圆弧角和 1/4 圆弧 3 种转折方式进行布线；由于晶体管的焊盘间距较小，基极采用 1.0 mm 线宽布线，其余采用 1.2 mm 线宽布线，手工布线后的 PCB 如图 4-48 所示。

9. 放置填充区

在印制板设计中，一般地线要加宽一些，加宽地线可以执行菜单"放置"→"填充"命令，在相应地线位置单击以定义矩形填充区的起始位置，移动光标拉出一个合适的矩形填充区后再次单击以确认放置。本例中在地线上放置高度为 2.5 mm 的填充区，并将其网络设置为 GND。

在 PCB 设计中一般要求焊盘要比连线宽，本例中焊盘偏小，可以通过全局修改将阻容的焊盘的"X/Y"尺寸全部改为 1.6 mm，晶体管的焊盘间的间距较小，故其"X"尺寸设置为 2 mm，"Y"尺寸设置为 1 mm。

放置填充、修改焊盘并减小标注文字尺寸后的 PCB 如图 4-49 所示，至此共发射极单管放大电路 PCB 设计完毕。

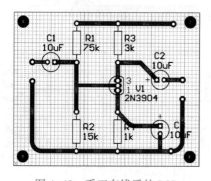

图 4-48　手工布线后的 PCB

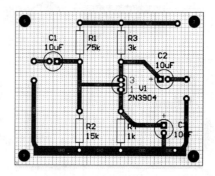

图 4-49　调整后的 PCB

技能实训 6　单管放大电路 PCB 设计

1. 实训目的

1）掌握 PCB 设计的基本操作。

2）初步掌握电路板布线的基本方法。

2. 实训内容

1）启动 Altium Designer 19，新建工程并保存为"单管放大电路 . PrjPcb"，新建原理图文件并保存为"单管放大电路 . SchDoc"。

2）根据图 4-18 绘制原理图，其中电阻的封装选择 AXIAL-0.4，电解电容的封装选择 CAPPR2-5x6.8，晶体管的封装选择 BCY-W3/E4。

3）新建 PCB 文件并保存为"单管放大电路 . PcbDoc"。

4）设置单位制。执行菜单"视图"→"切换单位"命令，将单位制设置为公制，单位为 mm。

5）设置栅格尺寸。按下快捷键〈Ctrl+G〉，在弹出的"栅格编辑器"对话框中设置"步进 X"为 1 mm；设置"精细"和"粗糙"均为"lines"；设置"倍增"为"10x 栅格步进值"。

6）载入元器件库 Miscellaneous Device. IntLib。

7）执行菜单"编辑"→"原点"→"设置"命令，在板图左下角定义相对坐标原点。

8）将当前工作层设置为 Keep Out Layer，执行菜单"放置"→"Keep out"→"线径"命令，绘制一个闭合的 50 mm×40 mm 矩形框完成电气轮廓设计。

9）在原理图编辑器中执行菜单"工程"→"Compile PCB Project 单管放大电路 . PrjPcb"命令，对原理图进行编译检查，在检查无原则性错误的前提下执行菜单"设计"→"Update PCB Document 单管放大电路 . PcbDoc"命令，载入网络表和元器件封装。若提示错误，返回原理图解决错误后重新加载。

10）参考图 4-28 进行元器件布局。

11）参考图 4-29 进行元器件标注文字的调整。

12）执行菜单"视图"→"切换到 3 维显示"命令，对电路板进行 3D 预览。

13）参考图 4-34 放置输入、输出及电源的连接焊盘并设置相应的网络。

14）参考图 4-36 在 PCB 的四周放置 4 个 2.5 mm 的螺纹孔。

15）执行菜单"设计"→"规则"命令，在弹出的对话框中选中"Routing"选项下的"Width"设置线宽限制规则为最小宽度 1 mm、首选宽度 1.2 mm、最大宽度 1.2 mm。

16）修改焊盘尺寸。采用全局修改将阻容的焊盘的"X/Y"尺寸全部改为 1.6 mm；晶体管焊盘的"X"尺寸设置为 2 mm，"Y"尺寸设置为 1 mm。

17）执行菜单"放置"→"走线"命令，参考图 4-48 进行交互式布线，晶体管基极采用 1.0 mm 线宽布线，其余采用 1.2 mm 线宽布线。

18）参考图 4-49 放置高 2.5 mm 的接地矩形填充区。

19）保存文件完成设计并退出。

3. 思考题

1）设计单面板时应如何设置板层？

2）过孔与焊盘有何区别？

3）采用"放置"→"走线"方式进行布线与采用"放置"→"线条"方式进行布线有何区别？

4）用小键盘上的〈＊〉键和〈＋〉键进行工作层切换，两者有何区别？

思考与练习

1. 如何设置单位制？
2. 如何设置栅格尺寸？
3. 如何设置板层的颜色？
4. 如何进行工作层间的切换？如何使用快捷键切换各工作层？
5. 如何进行印制板规划？
6. 根据图 4-50 所示的混频电路制作单面 PCB。

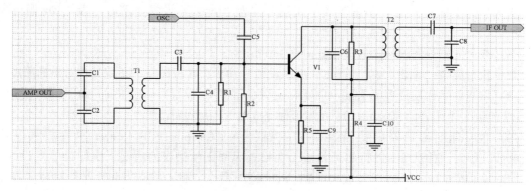

图 4-50　混频电路

7. 如何设置元器件的旋转角度为 45°？
8. 如何关闭自动滚屏功能？
9. 焊盘和过孔有何区别？
10. 如何加粗印制板的底层上的所有印制导线？
11. 如何放置矩形填充？

项目 5 元器件封装设计

<table>
<tr><td>

知识与能力目标

1) 认知元器件封装
2) 掌握元器件封装设计向导的使用
3) 掌握手工设计元器件封装的方法
4) 学会排除封装设计中的错误

</td><td>

素养目标

1) 培养学生建立标准意识、规范意识
2) 培育学生大国工匠精神

</td></tr>
</table>

PCB 元器件封装通常称为封装形式（Footprint），简称封装。PCB 封装实际上就是由元器件外观和元器件引脚组成的图形，它们大都由两部分组成，即外形轮廓和元器件引脚，它们仅仅是空间上的概念。外形轮廓在 PCB 上是以丝网的形式体现，元器件引脚在 PCB 上是以焊盘的形式体现，因此各引脚的间距就决定了该元器件相应焊盘的间距，这与原理图中元器件图形的引脚是不同的。例如：一个 1/8 W 的电阻与一个 1 W 的电阻在原理图中的元器件图形是没有区别的，而其在 PCB 中元器件却有外形轮廓的大小和焊盘间距的大小之分。

设计印制电路板需要用到元器件的封装，虽然 Altium Designer 中提供了大量的元器件集成库和元器件封装库，但随着电子技术的迅速发展，新型元器件层出不穷，不可能由元器件库全部包容，这就需要用户自己设计元器件的封装。

任务 5.1 认知元器件封装

1. 设计元器件封装前的准备工作

在设计封装之前，首先要做的准备工作是收集元器件的封装信息。封装信息主要来源于厂家提供的用户手册，如果没有用户手册，可以上网查找元器件信息，一般通过访问该元器件的厂商或供应商网站可以获得相应信息，也可以通过搜索引擎进行查找。

微课 5.1
认知元器件封装

如果有些元器件找不到相关资料，则只能依靠实际测量，一般需要配备游标卡尺，测量时要准确，特别是引脚间距。标准的元器件封装的轮廓设计和引脚焊盘间的位置关系必须严格按照实际的元器件尺寸进行设计的，否则在装配电路板时可能因焊盘间距不正确而导致元器件不能安装到电路板上，或者因为外形尺寸不正确，而使元器件之间发生相互干涉。若元器件的外形轮廓画得太大，浪费了 PCB 的空间；若画得太小，元器件则可能无法安装。

相同的元器件封装只代表了元器件的外观是相似的，焊盘数目是相同的，但并不意味着可以简单互换。如晶体管 2N3904，它既有通孔式的，也有贴片式的，引脚排列有 EBC 和 ECB 两种，显然在 PCB 设计时，必须根据使用的管型选择所用的封装类型，否则会出现引脚错误问题，如图 5-1 所示。

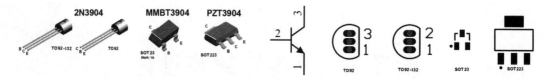

图 5-1　2N3904 的封装使用

在 PCB 设计中，封装的选用不能局限于系统提供的库，实际应用时经常根据 PCB 的具体要求自行设计元器件封装。如电阻的封装，库中提供的 AXIAL-0.3～AXIAL-1.0 都是卧式封装，有些 PCB 中为节省空间，可以采用立式封装，则需自行设计，一般间距为 100 mil，可命名为 AXIAL-0.1。

2. 常用元器件及其封装

元器件种类繁多，对应的封装复杂多样。对于同种元器件可以有多种不同封装，不同的元器件也可以采用相同封装，因此在选用封装时要根据实际情况进行选择。

（1）固定电阻

固定电阻的封装尺寸主要决定于其额定功率及工作电压等级，这两项指标的数值越大，电阻的体积就越大，电阻常见的封装有通孔式和贴片式两类，如图 5-2 所示。

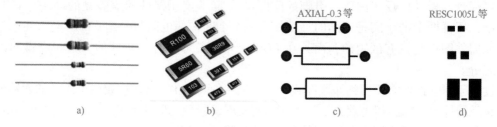

图 5-2　固定电阻的外观与封装

a）通孔式电阻　b）贴片电阻　c）通孔式封装　d）贴片式封装

在 Altium Designer 中，通孔式的电阻封装常用 AXIAL-0.3～AXIAL-1.0，贴片式电阻封装常用 RESC1005L～RESC6332L。

（2）二极管

常见的二极管的尺寸大小主要取决于额定电流和额定电压，从微小的贴片式、玻璃封装、塑料封装到大功率的金属封装，尺寸相差很大，如图 5-3 所示。

图 5-3　二极管的外观与封装

a）通孔式二极管　b）贴片式二极管电阻　c）通孔式封装　d）贴片式封装

在 Altium Designer 中，通孔式的二极管封装常用 DIODE-0.4、DIODE-0.7 等，贴片式二极管封装常用 INDC0603L～INDC4532L。

（3）发光二极管与 LED 七段数码管

发光二极管与 LED 七段数码管主要用于状态显示和数码显示，其封装差别较大，若不能符合实际需求，则需要自行设计，常用外观如图 5-4 所示。

图 5-4 发光二极管和 LED 数码管的外观

a）通孔式发光二极管 b）贴片式发光二极管 c）LED 数码管

在 Altium Designer 中，通孔式的发光二极管封装常用 LED-0、LED-1，贴片式发光二极管封装常用 DSO-C2/D5.6～DSO-F2/D6.1 等；LED 数码管的封装常用 LEDDIP-10/C15.24RHD～LEDDIP-18ANUM 等，如图 5-5 所示。

图 5-5 发光二极管和 LED 数码管的常用封装

a）通孔式发光二极管的封装 b）贴片式发光二极管的封装 c）LED 数码管的封装

（4）电容

电容主要参数为容量及耐压，对于同类电容而言，体积随着容量和耐压的增大而增大，常见的外观为圆柱形、扁平形和方形，常用的封装有通孔式和贴片式，电容的外观如图 5-6 所示。

图 5-6 电容的外观

a）通孔式电容 b）贴片式钽电容和无极性电容 c）贴片式电解电容

在 Altium Designer 中，通孔式的圆柱形极性电容封装常用 RB5-10.5、RB7.6-15、CAPPR1.27-1.78×2.8～CAPPR7.5-16×35，方形极性电容封装常用 CAPPA14.05-10.5×6.3～CAPPA46.1-41×21.5，圆柱形无极性电容封装常用 CAPR5-4×5 等，方形无极性电容封装常用 RAD-0.1～RAD-0.4；贴片式电容封装常用 CAPC1005L～CAPC5764L 等，如图 5-7 所

示。(图中 ∗ 代表字母或数字，下同)

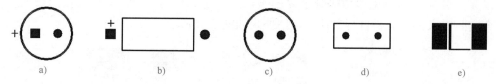

图 5-7　电容的常用封装

a）CAPPR ∗-∗∗　b）CAPPA ∗-∗∗　c）CAPR ∗-∗∗　d）RAD-0.1　e）CAPC1005L

（5）晶体管/场效应管/可控硅

晶体管/场效应管/可控硅同属于晶体管，其外形尺寸与器件的额定功率、耐压等级及工作电流有关，常用的封装有通孔式和贴片式，常见外观如图 5-8 所示。

图 5-8　晶体管/场效应管/可控硅的外观

在 Altium Designer 中，通孔式的晶体管/场效应管/可控硅封装常用 BCY-W3/ ∗ 、TO-92、TO-39、TO-18、TO-52、TO-220、TO-3 等；贴片式封装常用 SOT ∗ 、SO-F ∗/ ∗ 、SO-G3/ ∗ 、TO-263、TO-252、TO-368 等，如图 5-9 所示。

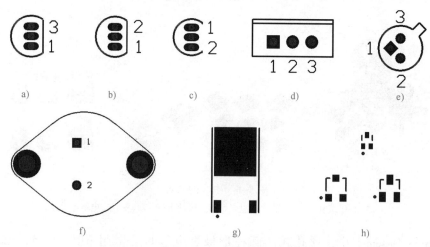

图 5-9　晶体管/场效应管/可控硅的常用封装

a）BCY-W3　b）BCY-W3/132　c）BCY-W3/231　d）TO-220　e）TO-39

f）TO-3　g）TO-263　h）SOT23

（6）集成电路

集成电路是电路设计中常用的一类元器件，品种丰富、封装形式也多种多样。在 Altium Designer 的集成库中包含了大部分集成电路的封装，以下介绍几种常用的封装。

1）DIP（双列直插式封装）。

DIP 为目前比较普及的集成块封装形式，引脚从封装两侧引出，贯穿 PCB，在底层进行焊接，封装材料有塑料和陶瓷两种。一般引脚中心间距 100 mil，封装宽度有 300 mil、400 mil 和 600 mil 三种，引脚数 4~64，封装名一般为 DIP-* 或 DIP*。制作时应注意引脚数、同一列引脚的间距及两排引脚间的间距等，图 5-10 所示为 DIP 元器件外观和封装图。

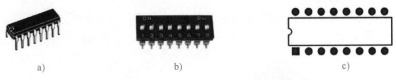

图 5-10　DIP 元器件外观与常用封装

a）DIP 元器件　b）DIP 开关　c）DIP 封装

2）SIP（单列直插式封装）。

SIP 封装的引脚从封装的一侧引出，排列成一条直线，一般引脚中心间距 100 mil，引脚数 2~23，封装名一般为 SIP-* 或 SIP*，图 5-11 所示为 SIP 元器件外观和封装图。

图 5-11　SIP 元器件外观与常用封装

a）SIP 元器件　b）SIP 封装

3）SOP（双列小贴片封装，也称 SOIC）。

SOP 是一种贴片的双列封装形式，引脚从封装两侧引出，呈 L 字形，封装名一般为 SOP-*、SOIC*。几乎每一种 DIP 封装的芯片均有对应的 SOP 封装，与 DIP 封装相比，SOP 封装的芯片体积大大减少，图 5-12 所示为 SOP 元器件外观与封装图。

图 5-12　SOP 元器件外观与常用封装

a）SOP 元器件　b）SOP 封装

4）PGA（引脚栅格阵列封装）、SPGA（错列引脚栅格阵列封装）。

PGA 是一种传统的封装形式，其引脚从芯片底部垂直引出，且整齐地分布在芯片四周，早期的 80X86CPU 均是使用这种封装形式。SPGA 与 PGA 封装相似，区别在于其引脚排列方式为错开排列，利于引脚出线，封装名一般为 PGA*，图 5-13 所示为 PGA 元器件外观及 PGA、SPGA 封装图。

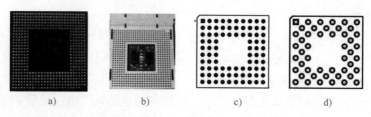

图 5-13　PGA 元器件外观与常用封装

a) PGA 元器件　b) PGA 底座　c) PGA 封装　d) SPGA 封装

5）PLCC（无引出脚芯片封装）。

PLCC 是一种贴片式封装，这种封装的芯片的引脚在芯片的底部向内弯曲，紧贴于芯片体，从芯片顶部看下去，几乎看不到引脚，如图 5-14 所示，封装名一般为 PLCC＊。

图 5-14　PLCC 元器件外观与常用封装

a) PLCC 元器件　b) PLCC 封装

这种封装方式节省了 PCB 制板空间，但焊接比较困难，需要采用回流焊工艺，要使用专用的设备。

6）QUAD（方形贴片封装）。

QUAD 为方形贴片封装，与 LCC 封装类似，但其引脚没有向内弯曲，而是向外伸展，焊接比较方便。封装主要包括 PQFP＊、TQFP＊及 CQFP＊等，如图 5-15 所示。

图 5-15　QUAD 元器件外观与常用封装

a) QUAD 元器件　b) QFP 封装

7）BGA（球形栅格阵列封装）。

BGA 为球形栅格阵列封装，与 PGA 类似，主要区别在于这种封装中的引脚只是一个焊锡球状，焊接时熔化在焊盘上，无须打孔，如图 5-16 所示。同类型封装还有 SBGA，与 BGA 的区别在于其引脚排列方式为错开排列，利于引脚出线。BGA 封装主要包括 BGA＊、FBGA＊、E-BGA＊、S-BGA＊及 R-BGA＊等。

图 5-16　QUAD 元器件外观与常用封装

a) BGA 元器件　b) BGA 封装

任务 5.2　PCB 元器件封装设计

元器件封装有标准封装和非标准封装之分，标准封装可以采用设计向导进行设计，非标准封装则通过手工测量进行设计。

5.2.1　创建 PCB 元器件库

进入 Altium Designer 19，建立 PCB 工程文件，执行菜单"文件"→"新的"→"库"→"PCB 元件库"命令，系统打开 PCB 库编辑窗口，自动生成一个名为"PcbLib1.PcbLib"的元器件封装库，并新建元器件封装 PCBCOMPONENT_1，如图 5-17 所示。

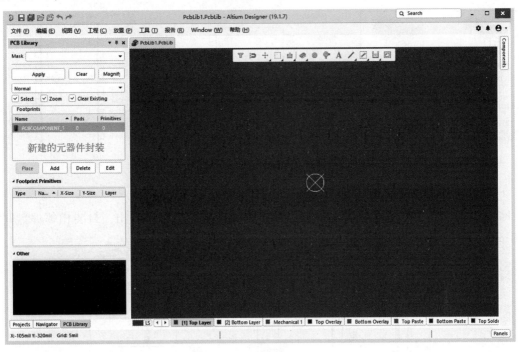

图 5-17　PCB 库编辑窗口

在图 5-17 中，当前工作区面板的标签为"PCB Library"，单击"Projects"标签，则在工作区面板中显示当前新建的 PCB 库文件 "PcbLib1.PcbLib"。

单击选中图 5-17 中系统默认的新建的元器件封装 PCBCOMPONENT_1，执行菜单"工具"→"元件属性"命令，弹出"PCB 库封装"对话框，可以修改元器件封装的名称，如图 5-18 所示。

图 5-18　更改元器件封装名

5.2.2　采用"元器件向导"设计元器件封装

在元器件封装设计中，外形轮廓一般用绘图工具在顶层-丝印层（Top Overlay）绘制，引脚焊盘则与元器件的装配方法有关，对于通孔式元器件，焊盘默认放置在多层（Multi

Layer），对于贴片元器件，焊盘所在层应修改为顶层（Top Layer）。

Altium Designer 中提供了封装设计向导，常见的标准封装都可以通过这个工具来设计。下面以集成功放芯片 TEA2025 的封装为例，介绍采用"元器件向导"制作封装的方法，通过"元器件向导"设计的封装不存在3D 模型。

微课 5.2
采用元器件向导
设计封装

1. 查找 TEA2025 的封装信息

元器件封装信息可以通过元器件手册查找，也可以通过搜索引擎进行搜索，本例在搜索引擎中输入关键词"TEA2025 PDF"。搜索到元器件信息后，可以看出该元器件的封装类型，如图 5-19 所示，该元器件有两种封装形式，即双列直插式（DIP）16脚和双列贴片式（SO）20 脚，贴片式芯片比双列直插式芯片多 4 个接地引脚。

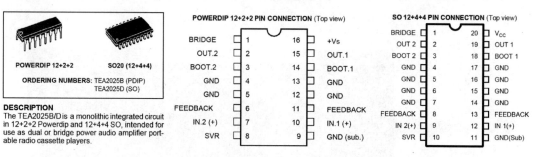

图 5-19　TEA2025 封装类型

2. 使用"元器件向导"设计双列直插式封装 DIP16

TEA2025 双列直插式封装信息如图 5-20 所示，从图中可以看出，封装相邻焊盘间距100 mil，两排焊盘间距 300 mil。

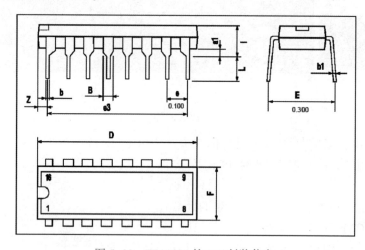

图 5-20　TEA2025 的 DIP 封装信息

1）进入 PCB 元器件库编辑器后，执行菜单"工具"→"元器件向导"命令，弹出元器件设计向导，如图 5-21 所示。

2）进入元器件设计向导后单击"Next"按钮，弹出图 5-22 所示的对话框，用于选择元器件封装类型，共有 12 种供选择，包括电阻、电容、二极管、连接器及集成电路常用封装等，选中"Dual in-Line Package（DIP）"封装类型，在"选择单位"的下拉列表框选择"Imperial"，即英制。

图 5-21 元器件设计向导

图 5-22 元器件封装类型选择

3）选中元器件封装类型后，单击"Next"按钮，弹出图 5-23 所示的对话框，用于设置焊盘的尺寸和通孔直径，图中设置焊盘尺寸为 100 mil×50 mil，孔径为 25 mil。

4）设置好焊盘的尺寸后，单击"Next"按钮，弹出图 5-24 所示的对话框，用于设置相邻焊盘的间距和两排焊盘中心之间的距离，本例中相邻焊盘间距设置为 100 mil，两排焊盘中心间距设置为 300 mil。

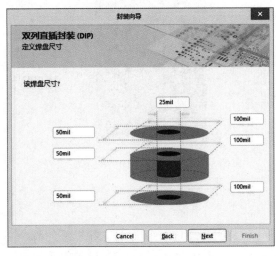

图 5-23 设置焊盘尺寸

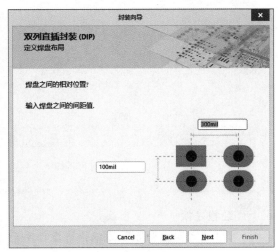

图 5-24 设置焊盘间距

5）焊盘间距设置完毕，单击"Next"按钮，弹出图 5-25 所示的对话框，用于设置封装外框宽度，本例中设置外框宽度为 10 mil。

6）外框宽度设置完毕，单击"Next"按钮，弹出图 5-26 所示的对话框，用于设置元器件封装的焊盘总数，本例中芯片有 16 个引脚，故设置焊盘数为 16。

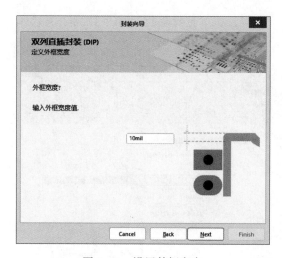

图 5-25　设置外框宽度

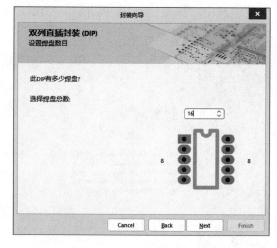

图 5-26　设置封装的焊盘数

7）焊盘数设置完毕，单击"Next"按钮，弹出图 5-27 所示的对话框，用于设置元器件封装的名称，系统自动根据焊盘数设置元件封装名为"DIP16"。

8）封装名称设置完毕，单击"Next"按钮，弹出设计结束对话框，单击"Finish"按钮结束元器件封装设计，屏幕显示设计好的元器件封装，如图 5-28 所示，图中矩形焊盘为引脚 1。

图 5-27　设置封装名称

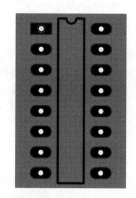

图 5-28　设计好的 DIP16 封装

 经验之谈

　　采用"元器件向导"可以快速设计元器件的封装，设计前一般要先了解元器件的外形尺寸，并合理选用基本封装。对于集成块应特别注意元器件的引脚间距和相邻两排引脚的间距，并根据引脚大小设置好焊盘的尺寸及孔径等。

5.2.3　采用"IPC 封装向导"设计元器件封装

　　Altium Designer 19 支持 IPC（印刷电路组织）标准的板卡级库和基于向导的组件封装 IPC

7351 标准。IPC 7351 标准使用 IPC 开发的数学算法，直接使用元器件本身的尺寸信息，考虑制造、装配和组件公差，创建出准确的真实尺寸的封装模式。除了提供更精确和标准化的封装外，遵从 IPC 7351 标准的组件也能更好地支持当今产品的高密度性，同时达到定义的焊接（嵌缝）工程目标。

1. IPC 封装主要类型

微课 5.3
采用 IPC 封装向
导设计封装

IPC 封装向导设计的封装类型包括 BGA、BQFP、CFP、CHIP、CQFP、DPAK、LCC、PLCC、MELF、MOLDED、PQFP、QFN、QFN-2ROW、SOIC、SOJ、SOP、SOT223、SOT23、SOT143/343、SOT89 及 WIRE WOUND 等 30 种，具体如表 5-1 所示。

表 5-1　IPC 封装向导中的主要封装类型

元器件类型	主要封装类型	封装 3D 图形	元器件类型	主要封装类型	封装 3D 图形
BGA	BGA、CGA		PQFP	PQFP	
BQFP	BQFP		PSON	PSON	
CAPAE	CAPAE		QFN	QFN、LLP	
CFP	CFP		QFN-2ROW	Double Row QFN	
Chip Array	Chip Array		SODFL	SODFL	
DFN	DFN		SOIC	SOIC	
CHIP	Capacitor Inductor Resistor		SOJ	SOJ	
CQFP	CQFP		SON	SON	
DPAK	DPAK		SOP/TSOP	SOP TSOP TSSOP	
LCC	LCC		SOT143/343	SOT143 SOT343	
LGA	LGA		SOT223	SOT223	
MELF	Diode Resistor		SOT23	3-Leads 5-Leads 6-Leads	
MOLDED	Capacitor Inductor Diode		SOT89	SOT89	
PLCC	PLCC		SOTFL	3-Leads 5-Leads 6-Leads	
PQFN	PQFN		WIRE WOUND	Inductor	

IPC 封装向导主要的特性如下。

1）可以设定并查看整体封装尺寸、引脚信息、空间、阻焊层以及尺寸公差。

2）可以设置机械尺寸，如围挡大小、装配和元器件体信息。

3）向导可以重新进入，以便进行浏览和调整，在每一阶段都能预览封装的 3D 顶视图。

4）在任何阶段都可以单击"Finish"按钮，生成当前预览的封装。

2. 使用"IPC 封装向导"设计双列贴片式封装 SO20

TEA2025 的贴片封装信息如图 5-29 所示，从图中可以了解到元器件的具体尺寸，设计时要根据图中的参数选择尺寸。

SO20 PACKAGE MECHANICAL DATA

DIM.	mm			inch		
	MIN.	TYP.	MAX.	MIN.	TYP.	MAX.
A			2.65			0.104
$a1$	0.1		0.3	0.004		0.012
$a2$			2.45			0.096
b	0.35		0.49	0.014		0.019
$b1$	0.23		0.32	0.009		0.013
C		0.5			0.020	
$c1$			45 (typ.)			
D	12.6		13.0	0.496		0.512
E	10		10.65	0.394		0.419
e		1.27			0.050	
$e3$		11.43			0.450	
F	7.4		7.6	0.291		0.299
L	0.5		1.27	0.020		0.050
M			0.75			0.030
S			8 (max.)			

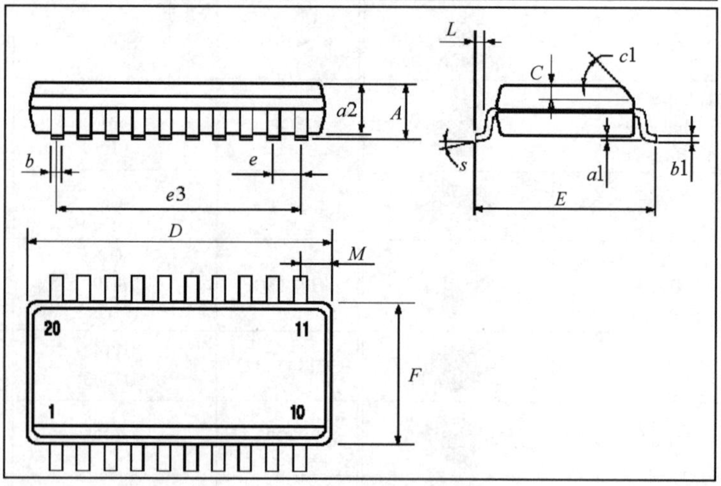

图 5-29　TEA2025 的贴片封装信息

1）进入 PCB 元器件库编辑器，执行菜单"工具"→"IPC Compliant Footprint Wizard"命令，弹出"IPC 封装向导"对话框，如图 5-30 所示。

2）单击"Next"按钮，弹出图 5-31 所示的"选择元器件类型"对话框，用于选择元器件类型，共有 30 种供选择，具体信息如表 4-1 所示，图中选中的为双列小贴片式元器件封装 SOP/TSOP，系统默认单位制为公制，单位为 mm。

3）选中元器件封装类型后，单击"Next"按钮，弹出"SOP 封装尺寸"对话框，根据

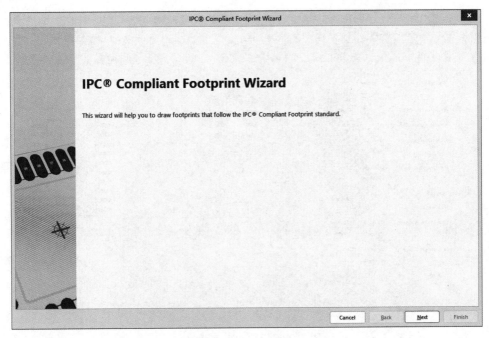

图 5-30　IPC 封装向导

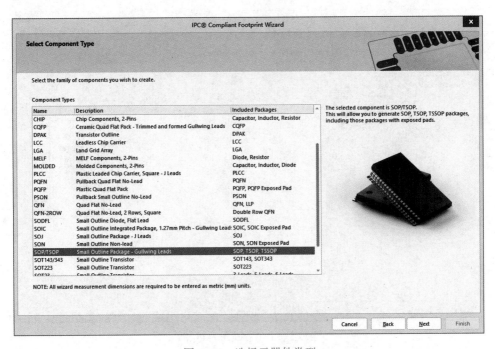

图 5-31　选择元器件类型

图中"Top View"和"End View"的示例，参考图 5-29 的实际尺寸，设置好相关参数值，具体如图 5-32 所示。

4）封装尺寸设置完毕，单击"Next"按钮，弹出图 5-33 所示的"添加热焊盘"对话框，用于设置热焊盘的参数。

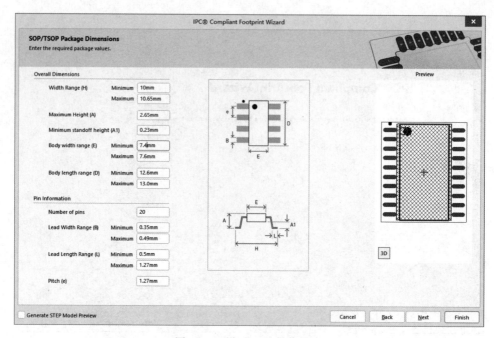

图 5-32 设置 SOP 封装尺寸

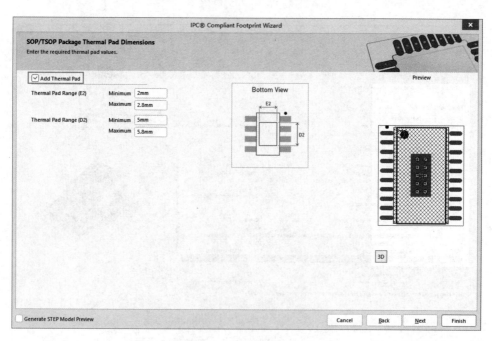

图 5-33 设置热焊盘尺寸

在大面积接地铜箔中，元器件的接地引脚与之连接，对连接引脚的处理需要进行综合的考虑，就电气性能而言，引脚的焊盘与铜面满接为好，但对元器件的焊接装配就存在一些不良隐患，如：焊接需要大功率加热器，容易造成虚焊点。所以兼顾电气性能与工艺需要，做成十字花焊盘，俗称为热焊盘（Thermal）。

对于一些 SOIC 或 SOP 元器件，由于芯片本身发热量比较大，因此在芯片的下面增加一个长方形的热焊盘区，这个热焊盘区面积较大，通常与芯片的接地引脚连接，用于芯片散热。

本例中芯片外加散热器，可以不设置热焊盘。

5）热焊盘尺寸设置完毕，单击"Next"按钮，弹出"SOP/TSOP Package Heel Spacing"对话框，用于设置 SOP 封装引脚脚跟的间距。勾选"Use calculated values"（使用计算值）复选框，由系统自动计算相应参数。

6）引脚脚跟间距设置完毕，单击"Next"按钮，弹出"SOP/TSOP Solder Fillets"对话框，用于设置 SOP 引脚脚尖、脚跟、脚侧填锡，勾选"Use default values"（使用默认值）复选框，采用系统默认参数。

7）填锡参数设置完毕，单击"Next"按钮，弹出"SOP/TSOP Component Tolerances"对话框，用于设置 SOP 元器件公差，勾选"Use calculated component tolerances"（应用计算元件公差）复选框，由系统自动计算相应参数。

8）元器件公差设置完毕，单击"Next"按钮，弹出"SOP/TSOP IPC Tolerances"对话框，用于设置 SOP IPC 公差，勾选"Use default values"（使用默认值）复选框，采用系统默认参数。

9）IPC 公差设置完毕，单击"Next"按钮，弹出"SOP/TSOP Footprint Dimensions"对话框，用于设置 SOP 封装尺寸，如图 5-34 所示。勾选"Use calculated footprint values"（使用计算封装值）复选框，由系统自动计算相应参数；选中"Rectangular"复选框，采用矩形焊盘。

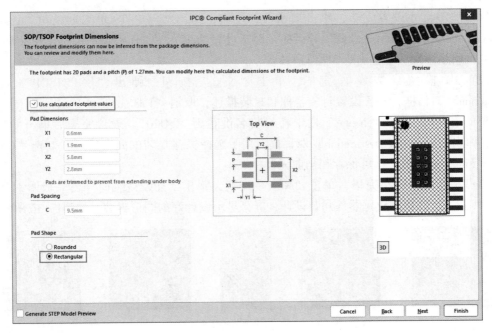

图 5-34　设置 SOP 封装尺寸

10）封装尺寸设置完毕，单击"Next"按钮，弹出"SOP Silkscreen Dimensions"对话框，用于设置 SOP 封装丝印尺寸，如图 5-35 所示。设置"Silkscreen Line Width"（丝印线

宽）为 0.2 mm，勾选 "Use calculated silkscreen dimensions"（使用适当丝印尺寸）复选框，由系统自动计算相应参数。

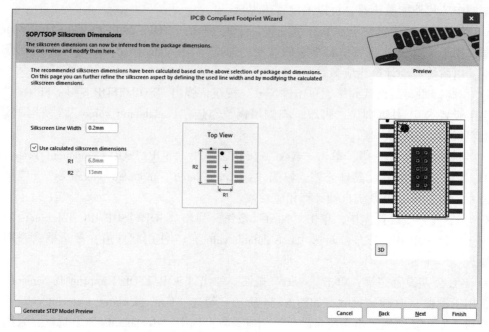

图 5-35 设置丝印尺寸

11）丝印尺寸设置完毕，单击 "Next" 按钮，弹出 "SOP/TSOP Courtyard, Assembly and Component Body Information" 对话框，用于设置 SOP 封装 3D 模型的围挡、组装和元件体信息，用系统默认设置确定 3D 模型参数。

12）3D 模型参数设置完毕，单击 "Next" 按钮，弹出 "SOP/TSOP Footprint Description" 对话框，用于设置封装名称和封装描述，取消 "Use suggested values"（使用暗示值）的选中状态，在 "Name" 栏中将封装名设置为 "SO20"，设置完毕后单击 "Next" 按钮，弹出 "Footprint Destination" 对话框，用于选择保存封装的元器件库，勾选 "Current PcbLib File" 复选框，即可保存在当前元器件库中。

13）元器件库选择完毕，单击 "Next" 按钮，弹出 "IPC 封装向导已完成" 对话框，单击 "Finish" 按钮完成元器件封装设计，屏幕显示设计好的图形封装，如图 5-36 所示。

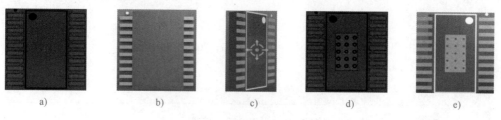

图 5-36 设计好的封装 SO20

a）SO20 封装 b）SO20 的 3D 顶视图 c）SO20 的 3D 侧视图 d）带热焊盘的 SO20 封装
e）带热焊盘的 SO20 的 3D 底视图

微课 5.4
手工设计元器件
封装

5.2.4　采用手工绘制方式设计元器件封装

手工绘制封装方式一般用于不规则或不通用的元器件，如果设计的元器件符合通用标准，大都通过设计向导进行快速设计。

手工设计元器件封装，实际就是利用 PCB 元器件库编辑器的放置工具，在工作区按照元器件的实际尺寸放置焊盘、外框连线等各种图件。下面以立式电阻和贴片晶体管为例介绍手工设计元器件封装的具体方法。

1. 立式电阻设计

立式电阻封装设计过程如图 5-37 所示，设计要求：采用通孔式设计，封装名称 AXIAL-0.1，焊盘间距 160 mil，焊盘形状与尺寸为圆形 60 mil，焊盘孔径 30 mil。

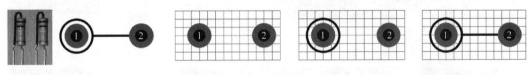

图 5-37　立式电阻设计过程

1）创建新的元器件封装 AXIAL-0.1。在当前元器件库中，执行菜单"工具"→"新的空元件"命令，系统自动创建一个名为 PCBCOMPONENT_1 的新元件。执行菜单"工具"→"元件属性"命令，在弹出的对话框中将"名称"修改为"AXIAL-0.1"。

2）设置单位制为英制。执行菜单"视图"→"切换单位"命令，将单位制设置为英制。

3）设置栅格尺寸。按下快捷键〈Ctrl+G〉，在弹出的"栅格编辑器"对话框中设置"步进 X"为 20 mil；设置"精细"和"粗糙"均为"lines"；设置"倍增"为"5x 栅格步进值"。

4）执行菜单"编辑"→"跳转"→"参考点"命令，将光标调回坐标原点（0,0）。

5）放置焊盘。执行菜单"放置"→"焊盘"命令放置焊盘，按下〈Tab〉键，弹出"焊盘属性"对话框，设置"Designator"为 1，"Hole Size"为 30 mil，"Shape"为 Round，"X/Y"均为 60 mil，其他默认，设置完毕关闭对话框，单击原点上的按钮 ▣，将光标移动到原点，单击将焊盘 1 放下，水平平移光标，距离原点 160 mil 处单击放置焊盘 2，如图 5-37 所示，右击退出放置焊盘状态。

6）绘制元器件轮廓。将工作层切换到 Top Overlay，执行菜单"放置"→"圆弧（中心）"命令放置中心圆，将光标移到焊盘 1 的中心，单击确定圆心，移动光标拉大圆弧略大于焊盘并单击确定，单击确定圆的起点，再次单击确定终点，完成圆的放置。

放置圆时，也可以随意放置一段圆弧，然后双击该圆弧，弹出圆弧属性对话框，将"Radius"（半径）设置为 40 mil，将圆弧的"Start Angle"（起始角度）设置为 0，"End Angle"（终止角度）设置为 360，其他默认，关闭对话框完成设置。

执行菜单"放置"→"线条"命令，如图 5-37 所示放置直线，放置后双击直线，在弹出的对话框中将"Width"（线宽）设置为 10 mil，至此元器件轮廓设计完毕。

7）设置参考点为焊盘 1。封装的参考点即在 PCB 设计中放置元器件时光标停留的位置，执行菜单"编辑"→"设置参考"→"1 脚"命令，将元器件参考点设置在焊盘 1。

8）保存元器件。执行菜单"文件"→"保存"命令，保存当前元器件参数设置，完成立式电阻封装设计。

2. 贴片晶体管封装 SOT-89 设计

SOT-89 封装信息如图 5-38 所示，设计要求：采用贴片式设计，封装名称 SOT-89，封装尺寸参考封装信息和实际元器件情况，其设计过程如图 5-39 所示。

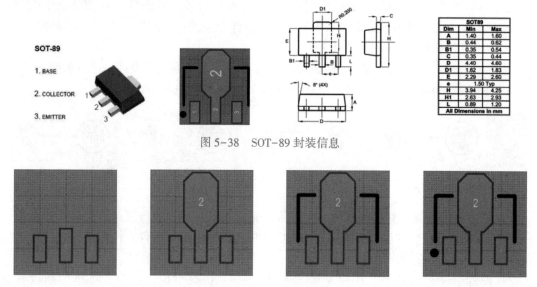

图 5-38　SOT-89 封装信息

图 5-39　SOT-89 设计过程

1）创建新元器件 SOT-89。在当前元器件库下，执行菜单"工具"→"新的空元件"命令，系统自动创建一个名为 PCBCOMPONENT_1 的新元件。执行菜单"工具"→"元件属性"命令，在弹出的对话框中将"名称"修改为"SOT-89"。

2）执行菜单"视图"→"切换单位"命令，将单位制设置为公制。

3）按下快捷键〈Ctrl+G〉，在弹出的"栅格编辑器"对话框中设置"步进×"为 0.1 mm；设置"精细"和"粗糙"均为"lines"；设置"倍增"为"10×栅格步进值"。

4）执行菜单"编辑"→"跳转"→"参考点"命令，将光标调回坐标原点。

5）放置贴片焊盘。执行菜单"放置"→"焊盘"命令，按下〈Tab〉键，弹出"焊盘属性"对话框，如图 5-40 所示。将焊盘的"X"设置为 0.6 mm，"Y"设置为 1.4 mm；"Shape"设置为 Rectangular（矩形）；"Designator"设置为 1；"Layer"设置 Top Layer（表示顶层贴片）；其他为默认，关

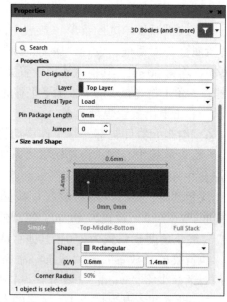

图 5-40　放置贴片焊盘

闭对话框，单击原点上的按钮 **II**，将光标移动到坐标原点，单击将焊盘 1 放下，以水平 1.5 mm 为间距依次放置焊盘 2、焊盘 3。

6）修改焊盘 2 尺寸。双击焊盘 2，弹出"焊盘属性"对话框，将"Y"修改为 1.8 mm，移动焊盘实现底边对齐。

7）放置散热用的焊盘。参考图 5-39，在相应位置放置散热焊盘，散热用焊盘与焊盘 2 相连。双击该焊盘，在弹出的"焊盘属性"对话框中将"Designator"设置为 2；将焊盘的"X"设置为 1.9 mm，"Y"设置为 3.2 mm；"Shape"设置为 Octagonal（八角形），设置完毕后关闭对话框并将焊盘移动到合适的位置。

8）绘制元器件轮廓。将工作层切换到 Top Overlay，执行菜单"放置"→"线条"命令，按下〈Tab〉键，弹出"线约束"对话框，将"Width"设置为 0.2 mm，参照图 5-39 所示放置直线，完成元器件轮廓绘制。

9）放置引脚 1 指示的圆环。执行菜单"放置"→"圆弧（中心）"命令，将光标移动到引脚 1 左侧，单击定义圆环中心，移动鼠标确定圆环大小，两次单击放置圆环。

10）执行菜单"编辑"→"设置参考"→"1 脚"命令，将元器件封装的参考点设置在焊盘 1。

11）执行菜单"文件"→"保存"命令，保存当前元器件参数设置，完成贴片二极管封装设计。

经验之谈

1）在封装设计中要保证封装的焊盘编号与原理图元器件中的引脚一一对应。

2）封装设计完毕，必须设置封装的参考点，通常设置在焊盘 1。封装的参考点是在 PCB 中放置元器件封装时光标停留的位置，若未设置参考点，放置元器件封装后可能在光标所在位置找不到元器件封装。

5.2.5　带散热片的元器件封装设计

某些元器件在使用时需要用到散热片，如大、中功率晶体管，在进行 PCB 设计时需要预留散热片的空间，为准确进行定位，可以在设计元器件封装时，直接在丝网层上确定散热片的占用范围，这样在 PCB 中放置元器件封装后，丝网层上自动为散热片预留位置。

微课 5.5
带散热片的元器
件封装设计

本例中以图 5-41 所示的中功率晶体管为例，介绍带散热片的元器件封装设计。

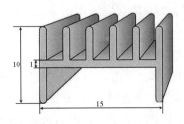

图 5-41　带散热片的中功率晶体管

其设计过程如图 5-42 所示。

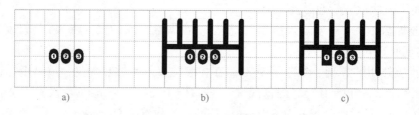

图 5-42 带散热片的中功率晶体管封装设计过程图

a）以 2.5 mm 为间距放置椭圆焊盘 b）绘制散热片外框 c）修改焊盘 1 为矩形

1）采用与前面相同的方法创建新元器件 TO-220V。

2）执行菜单"视图"→"切换单位"命令，将单位制设置为公制。

3）按下快捷键〈Ctrl+G〉，在弹出的"栅格编辑器"对话框中设置"步进 X"为 0.5 mm；设置"精细"和"粗糙"均为"lines"；设置"倍增"为"5x 栅格步进值"。

4）将光标调回坐标原点（0，0）。

5）放置焊盘。执行菜单"放置"→"焊盘"命令放置焊盘，按下〈Tab〉键，弹出"焊盘属性"对话框，设置"Designator"为 1；"Hole Size"为 1.2 mm；"Shape"为 Round；"X"为 2 mm，"Y"为 3 mm；其他为默认。设置完毕后关闭对话框，单击原点上的按钮■，将光标移动到原点，单击将焊盘 1 放下。以水平 2.5 mm 为间距放置焊盘 2 和焊盘 3，如图 5-42a 所示。

6）绘制散热片轮廓。将工作层切换到 TopOverlay，执行菜单"放置"→"线条"命令，按下〈Tab〉键，弹出"线约束"对话框，将"Width"设置为 0.2 mm，根据图 5-41 所示的尺寸，参考图 5-42b 放置直线，完成散热片轮廓设计，图中相邻直线间距 2.5 mm。

7）设置焊盘 1 的形状为矩形，以便识别。双击焊盘 1，弹出焊盘属性对话框，单击"Shape"（焊盘形状）后的下拉列表框，将其设置为"Rectangle"（矩形）。

8）设置参考点为焊盘 1。

9）保存元器件封装参数，完成设计。

5.2.6 从其他封装库中复制封装

在 PCB 设计中，为了设计方便，用户有时会将多个库中元器件封装集中到一个库中来，如果一个一个重新设计将耗费大量时间，在实际应用中可以直接将其他库中已有的封装复制到当前库中。

微课 5.6
元器件封装复制
与编辑

下面以复制集成元器件库 Miscellaneous Devices. IntLib 中的贴片电感封装"INDC0603L"、贴片电阻封装"RESC1005L"和贴片电容封装"CAPC1608L"为例介绍从其他库中复制封装的方法。

1）打开要复制的元器件库。执行菜单"文件"→"打开"命令，在系统安装目录的"Library"文件夹下选中"Miscellaneous Devices. IntLib"打开集成元器件库，弹出"解压源文件或安装"对话框，单击"解压源文件"按钮打开元器件库。

2）选择要复制的封装库。单击元器件库管理器窗口下方的"Projects"标签，显示当前打开的文件，选中 PCB 封装库 Miscellaneous Devices. PcbLib，然后单击"PCB Library"标签，显示当前库中的所有封装。

3）选中要复制的封装。按住〈Ctrl〉键，在元器件库管理器窗口的"Footprint"区单击依次选中封装"CAPC1608L""INDC0603L"和"RESC1005L"。

4）复制封装。选中封装后，在其上右击，弹出一个菜单，选择"Copy"命令，复制上述封装。

5）粘贴封装。单击元器件库管理器窗口下方的"Projects"标签，选中前面设计的元器件库 PcbLib. PcbLib，然后单击"PCB Library"标签，在"Footprint"区右击，弹出一个菜单，选择"Paste 3 Components"命令，将上述 3 个封装粘贴到当前库中。

6）保存元器件库完成设计。

5.2.7　元器件封装的编辑

元器件封装的编辑，就是对已有元器件封装的属性进行修改，使之符合实际要求。

1. 设置底层放置的贴片元器件

在双面板以上的 PCB 设计中，有时需要在底层放置贴片元器件，而在元器件封装库中贴片元器件默认的焊盘层为 Top Layer，丝印层为 Top overlay，显然与底层放置的不符，此时可以通过编辑元器件封装，将焊盘所在层设置为 Bottom Layer，丝印层将自动转换到 Bottom Overlay。

在 PCB 设计窗口中双击要编辑的元器件封装，弹出图 5-43 所示的"元件属性"对话框，在"Properties"区中设置"Layer"为"Bottom Layer"，设置完毕后关闭对话框，系统将自动将元器件的丝印层切换到 Bottom Overlay。

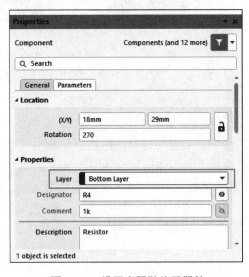

图 5-43　设置底层贴片元器件

2. 直接在 PCB 图中修改元器件封装的焊盘编号

在 PCB 设计中如果某些元器件的原理图中的引脚号和印制板中的焊盘编号不同，在加载网络表时，这些元器件的网络飞线会丢失或出错，实际设计中可以通过直接编辑焊盘属性的方式，修改焊盘的编号来达到与引脚匹配的目的。

编辑元器件封装的焊盘可以直接双击要修改编号的元器件焊盘，在弹出的焊盘属性对话框中直接修改焊盘编号"Designator"。

修改焊盘编号后要重新加载网络表，这样才能将丢失的网络飞线重新连上。

任务 5.3　创建元器件的 3D 模型

鉴于现在所使用的元器件的密度和复杂度，PCB 设计人员必须考虑元器件间隙之外的其他设计需求，必须考虑元器件高度的限制和多个元器件空间叠放情况，此外，还应能将最终的 PCB 转换为机械 CAD 可用的文件类型，以便用虚拟的产品装配技术全面验证元器件封装是否合格，这已逐

微课 5.7
元器件 3D 模型
创建

渐成为一种趋势。Altium Designer 的 3D 模型可视化功能就是为这些不同的需求而研发的，其模型一般建立在机械层（Mechanical Layer）上。

5.3.1 创建简单 3D 模型

采用交互式方式创建封装的 3D 模型，一般只适用于比较简单的规则的 3D 模型创建。

1. 贴片晶体管封装 SOT-89 的 3D 模型设计

SOT-89 封装的 3D 模型创建过程如图 5-44 所示。

  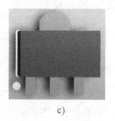

a)   b)   c)

图 5-44   SOT-89 的 3D 模型创建过程图

a）SOT-89 原封装   b）创建 3D 模型的 SOT-89   c）SOT-89 的 3D 模型图

1）进入 PCB 元器件库编辑器，选中前述设计的封装 SOT-89。

2）放置 3D 元件体。将工作层切换到 Mechanical 13，执行菜单"放置"→"3D 元件体"命令，沿着元件的丝网边框绘制一个闭合的矩形，放置完毕后右击退出，此时元件封装上添加了元件体信息，如图 5-44b 所示。

3）设置元件体的高度。系统默认元件体的高度为 0.254 mm，参考图 5-38 可以看出 SOT-89 的高度为 1.6 mm，双击元件体，弹出"元件体属性"对话框，如图 5-45 所示，选中"3D Model Type"区的"Extruded"选项卡，将"Overall Height"设置为 1.6 mm，关闭对话框完成设置。

4）观察 3D 效果。按下〈3〉键，观察 3D 模型是否合理，如图 5-44c 所示，如有问题返回修改，直至符合要求。

5）保存元器件封装的参数设置，完成设计。

图 5-45   设置元件体高度

2. 贴片电阻 1608 的 3D 封装设计

1）进入 PCB 元器件库编辑器，如图 5-46a 所示，设计贴片电阻 1608，要求贴片焊盘尺寸 0.9 mm×0.7 mm，焊盘中心间距 1.6 mm，边框离焊盘边沿 0.2 mm。

2）放置引脚的 3D 元件体。将工作层切换到 Mechanical 13，执行菜单"放置"→"3D 元件体"命令，如图 5-46b 所示，在两个贴片焊盘上各绘制一个闭合的矩形，放置完毕后右击退出。

3）放置器件中心的 3D 元件体。执行菜单"放置"→"3D 元件体"命令，如图 5-46c 所示，在两个贴片焊盘的中间绘制一个闭合的矩形，放置完毕后右击退出。

4）按键盘上的〈3〉键显示元器件的 3D 模型，如图 5-46d 所示。

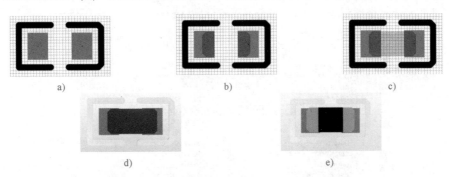

a) b) c)

d) e)

图 5-46　贴片电阻 1608 的 3D 模型创建过程图
a）1608 原封装　b）创建引脚 3D 模型　c）创建元件中心 3D 模型
d）元件体 3D 模型图　e）设置后的元器件 3D 模型图

5）设置元件体的高度和颜色。双击元器件中心的 3D 元件体，弹出"元件体属性"对话框，如图 5-47 所示，选中"3D Model Type"区的"Extruded"选项卡，将"Overall Height"设置为 0.8 mm；在"Display"区单击"Override Color"后的色块，将其颜色设置为黑色，关闭对话框完成设置。

6）同样方法设置两个焊盘上的 3D 元件体的"Overall Height"为 0.8 mm，"Override Color"后的色块为灰色，以便区分引脚与元件体。关闭对话框完成设置，此时显示的 3D 模型如图 5-46e，至此元器件 3D 模型设计完毕。

7）保存元器件封装参数设置，完成设计。

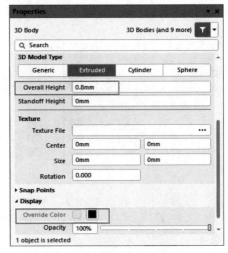

图 5-47　设置元件体高度和颜色

5.3.2　3D STEP 模型导入

对于一些复杂元器件的 3D 模型，可以利用第三方设计软件进行创建或者通过第三方网站下载资源，保存格式为 STEP 的文件之后，利用模型导入方式进行 3D 元件体的放置。下面以为双列直插式封装 DIP16 导入 3D STEP 模型为例介绍导入方法。

1）进入 PCB 元器件库编辑器，选中前述设计的封装 DIP16。

2）执行菜单"放置"→"3D Body"命令，弹出图 5-48 所示的"Choose Model"（选择模型）对话框，选中导入的 3D STEP 模型，如图中的 DIP16. STEP，单击"打开"按钮导入模型，如图 5-49 所示。

3）显示 3D 模型。导入 3D 模型后系统显示的是 2D 状态，单击键盘上的按键〈3〉，屏幕显示 3D 模型，如图 5-49b 所示，可以看出 3D 模型未与元器件重合，需进行调整。

4）调整 3D 模型。双击 3D 元件体，弹出图 5-50 所示的"3D 元件体属性"对话框，设置"Rotation X°"为 90，即在 X 方向旋转 90°；"Rotation Z°"为 90，即在 Z 方向旋转 90°；

"Override Color" 后的色块为黑色，即元件体为黑色。设置完毕关闭对话框。

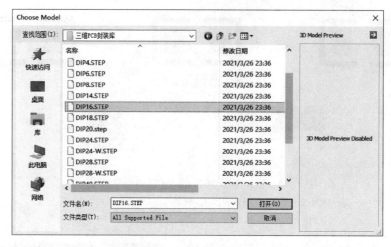

图 5-48　导入 3D STEP 模型

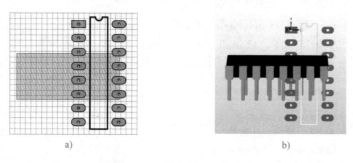

a)　　　　　　　　　b)

图 5-49　导入的 3D 模型

a) 2D 状态的 3D 模型　b) 3D 状态的 3D 模型

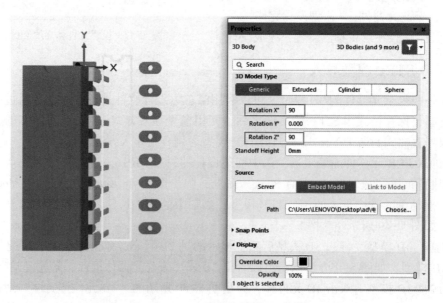

图 5-50　"3D 元件体属性" 对话框

5）微调 3D 模型位置。按下键盘上的〈2〉键返回 2D 状态，用鼠标左键按住 3D 元件体，微调其位置，使其对称放置在焊盘上，按下键盘上的〈3〉键查看 3D 模型，反复调整直至 3D 模型体准确定位为止。完成设计的 3D 元件如图 5-51 所示。

6）保存当前元器件封装参数设置。

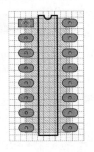

图 5-51　完成设计的 3D 元件

技能实训 7　元器件封装设计

1. 实训目的

1）掌握 PCB 元器件库编辑器的基本操作。

2）掌握使用 PCB 元器件库编辑器绘制元器件封装。

3）掌握游标卡尺的使用。

2. 实训内容

1）执行菜单"文件"→"新的"→"库"→"PCB 元件库"命令，建立封装库 PcbLib1. PcbLib。

2）选中默认新建的封装，执行菜单"工具"→"元件属性"命令，在弹出的对话框中将封装名修改 VR。

3）执行菜单"视图"→"切换单位"命令，将单位制设置为公制。

4）按下快捷键〈Ctrl+G〉，在弹出的"栅格编辑器"对话框中设置"步进 X"为 1 mm；设置"精细"和"粗糙"均为"lines"；设置"倍增"为"5×栅格步进值"。

5）利用手工绘制方法设计电位器封装图，封装名为 VR，具体尺寸采用游标卡尺实测，参考点设置在引脚 1，如图 5-52 所示。

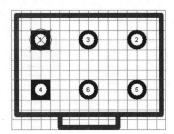

图 5-52　双联电位器封装设计

6）利用手工绘制方法设计立式电阻封装图，封装名为 AXIAL-0.1，设计过程如图 5-37 所示。

设计要求：采用通孔式设计，焊盘间距 160 mil，焊盘形状与尺寸为圆形 60 mil，焊盘孔径 30 mil，参考点设置在焊盘 1。

7）采用"元器件向导"设计引脚 8 贴片 IC 封装 SOP8。封装如图 5-53 所示，具体参数为：焊盘大小 100 mil×50 mil，相邻焊盘间距为 100 mil，两排焊盘间的间距为 300 mil，线宽设置为 10 mil，封装名设置为 SOP8。

8）采用"IPC 封装向导"设计图 5-38 所示的贴片晶体管封装 SOT-89。

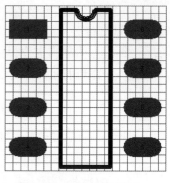

图 5-53　贴片封装 SOP8

9）执行菜单"放置"→"3D 元件体"命令，创建图 5-52 所示双联电位器的 3D 模型。

10）参考图 5-46 设计贴片电阻 1608 的封装和 3D 模型。具体参数为：贴片焊盘尺寸 0.9 mm×0.7 mm，焊盘中心间距 1.6 mm，边框离焊盘边沿 0.2 mm；3D 模型中，元件体的 "Overall Height" 均设置为 0.8 mm，两个焊盘上的元件体 "Override Color" 后的色块设置为灰色，封装中心的元件体 "Override Color" 后的色块设置为黑色，参考点设置在引脚 1。

11）将元器件库另存为 Newlib. PcbLib。

12）新建一个 PCB 文件，将 Newlib. PcbLib 设置为当前库，分别放置前面设计的 5 个元器件，观察参考点是否符合设计要求，并观察 3D 效果。

3. 思考题

1）设计印制板元器件封装时，封装的外框应放置在哪一层，为什么？

2）如何设置元器件封装的参考点？

思考与练习

1. PCB 元器件封装有哪两类？它们是由哪两部分组成的？其各部分的体现形式是怎样的？

2. 制作一个小型电磁继电器的封装，尺寸利用游标卡尺实际测量。

3. 利用"元器件向导"设计一个 DIP68 的集成电路封装。

4. 利用"IPC 封装向导"设计图 5-36 所示的 SO20 封装。

5. 设计如图 5-54 所示的元器件封装 PLCC32，并绘制 3D 模型。

6. 设计如图 5-55 所示的元器件封装 DB9RA/F，并绘制 3D 模型。

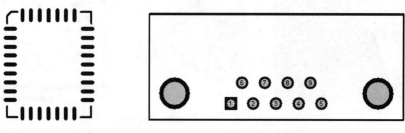

图 5-54　PLCC32　　　　　　　　图 5-55　DB9RA/F

项目 6　低频矩形 PCB 设计——电子镇流器

知识与能力目标

1）了解 PCB 布局、布线的一般原则
2）熟练掌握元器件封装设计方法
3）熟练掌握加载网络表和元器件封装的方法
4）掌握 PCB 布局、交互式布线及铺铜的设计方法

素养目标

1）培养学生认真负责的工作态度和安全意识
2）培育学生精益求精、勇于创新的精神

本项以电子镇流器为例介绍低频矩形 PCB 的设计方法，项目采用先设计原理图，然后调用网络表加载元器件封装和网络到 PCB，最后通过手工布局和交互式布线来完成设计。

任务 6.1　了解 PCB 布局、布线的一般原则

前述的 PCB 设计只是从布通导线的思路去完成整个设计，而在实际设计中 PCB 布局和布线时必须遵循一定的规则，以保证设计出的 PCB 符合机械和电气性能等方面的要求。

6.1.1　印制板布局基本原则

在 PCB 设计中应当从机械结构、散热、电磁干扰及布线的方便性等方面综合考虑元器件布局。元器件布局是将元器件在一定面积的印制板上合理地排放，它是设计 PCB 的第一步。布局是印制板设计中最耗费精力的工作，往往要经过若干次布局比较，才能得到一个比较满意的布局结果。印制线路板的布局是决定印制板设计是否成功和是否满足使用要求的最重要的环节之一。

微课 6.1
印制板布局基本
原则

一个好的布局，首先要满足电路的设计性能，其次要满足安装空间的限制，在没有尺寸限制时，要使布局尽量紧凑，减小 PCB 尺寸，以降低生产成本。

为了设计出质量好、造价低、加工周期短的印制板，印制板布局应遵循下列的基本原则。

1. 元器件排列规则

1）遵循先难后易，先大后小的原则，首先布置电路的主要集成块和晶体管的位置。

2）在通常条件下，所有元器件均应布置在印制板的同一面上，只有在顶层元器件过密时，才将一些高度有限且发热量小的元器件，如贴片电阻、贴片电容、贴片 IC 等放在底层，如图 6-1 所示。

3）在保证电气性能的前提下，元器件应放置在栅格上且相互平行或垂直排列，以求整齐、美观，一般情况下不允许元器件重叠，元器件排列要紧凑，输入和输出元器件尽量远离。

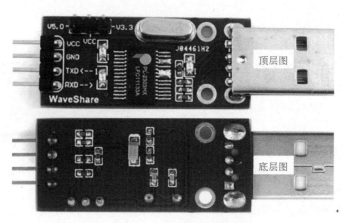

图 6-1　元器件排列图

4）同类型的元器件在 X 或 Y 方向上应尽量一致；同一类型的有极性分立元器件也要尽量在 X 或 Y 方向上一致，以便于生产和调试，具有相同结构的电路应尽可能采取对称布局。

5）集成电路的去耦电容应尽量靠近芯片的电源脚，以高频最靠近为原则，使之与电源和地之间形成回路最短。旁路电容应均匀分布在集成电路周围。

6）元器件布局时，使用同一种电源的元器件应考虑尽量放在一起，以便进行电源分割。

7）某些元器件或导线之间可能存在较高的电位差，应加大它们之间的距离，以免因放电、击穿引起意外短路。带高压的元器件应尽量布置在调试时手不易触及的地方。

8）位于板边缘的元器件，一般离板边缘至少两个板厚。

9）对于 4 个引脚以上的元器件，不允许进行翻转操作，否则将导致该元器件装插时引脚号不能对应。

10）双列直插式元器件相邻的距离要大于 2 mm，BGA 与相邻元器件距离大于 5 mm，阻容等贴片小元器件元件相邻距离大于 0.7 mm，贴片元器件焊盘外侧与相邻通孔式元器件焊盘外侧要大于 2 mm，压接元器件周围 5 mm 不可以放置插装元器件，焊接面周围 5 mm 内不可以放置贴片元器件。

11）元器件在整个板面上分布均匀、疏密一致、重心平衡。

2. 按照信号走向布局原则

1）通常按照信号的流程逐个安排各个功能电路单元的位置，以每个功能电路的核心元器件为中心，围绕它进行布局，尽量减小和缩短元器件之间的引线。

2）元器件的布局应便于信号流通，使信号尽可能保持一致的方向。多数情况下，信号的流向安排为从左到右或从上到下，与输入、输出端直接相连的元器件应当放在靠近输入、输出接插件或连接器的附近。

3. 防止电磁干扰

1）对辐射电磁场较强的元器件，以及对电磁感应较灵敏的元器件，应加大它们相互之间的距离或加以屏蔽，元器件放置的方向应与相邻的印制导线交叉。

2）尽量避免高低电压元器件相互混杂、强弱信号的元器件交错布局。

3）对于会产生磁场的元器件，如变压器、扬声器、电感线圈等，布局时应注意减少磁力线对印制导线的切割，相邻元器件的磁场方向应相互垂直，减少彼此间的耦合。

4）对干扰源进行屏蔽，屏蔽罩应良好接地。

5）在高频下工作的电路，要考虑元器件之间分布参数的影响。

6）对于存在大电流的元器件，一般在布局时靠近电源的输入端，要与小电流电路分开，并加上去耦电路。

4. 抑制热干扰

1）对于发热的元器件，应优先安排在利于散热的位置，一般布置在 PCB 的边缘，必要时可以单独设置散热器或小风扇，以降低温度，减少对邻近元器件的影响。

2）一些功耗大的集成块、大或中功率管、电阻等元器件，要布置在容易散热的地方，并与其他元器件隔开一定距离。

3）热敏元器件应紧贴被测元器件并远离高温区域，以免受到其他发热元器件影响，引起误动作。

4）双面放置元器件时，底层一般不放置发热元器件。

5. 可调元器件、接口电路的布局

对于电位器、可变电容器、可调电感线圈或微动开关等可调元器件的布局应考虑整机的结构要求，若是机外调节，其位置要与调节旋钮在外壳面板上的位置相适应；若是机内调节，则应放置在印制板上便于调节的地方。接口电路应置于板的边缘并与外壳面板上的位置对应，如图 6-2 所示。

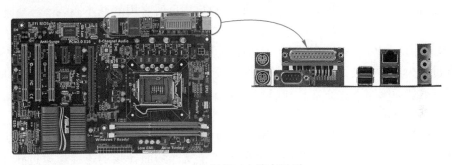

图 6-2 主板接口电路布局图

6. 提高机械强度

1）要注意整个 PCB 重心的平衡与稳定，重而大的元器件尽量安置在印制板上靠近固定端的位置，并降低重心，以提高机械强度和耐振、耐冲击能力，减少印制板的负荷和变形。

2）重 15 g 以上的元器件，不能只靠焊盘来固定，应当使用支架或卡子加以固定。

3）为了便于缩小体积或提高机械强度，可设置"辅助底板"，将一些笨重的元器件，如变压器、继电器等安装在辅助底板上，并利用附件将其固定。

4）板的最佳形状是矩形，板面尺寸大于 200 mm×150 mm 时，要考虑板所受的机械强度，可以使用机械边框加固。

5）要在印制板上留出固定支架、定位螺孔和连接插座所用的位置，在布置接插件时，应留有一定的空间使得安装后的插座能方便地与插头连接而不至于影响其他部分。如图 6-3

所示为单片机开发板实物图。

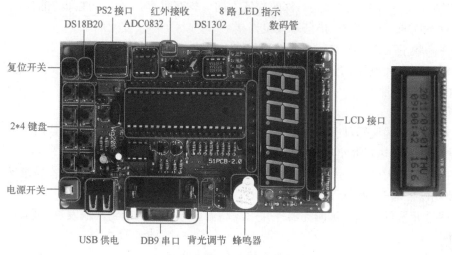

图 6-3　单片机开发板实物图

6.1.2　印制板布线基本原则

　　布线和布局是密切相关的两项工作，布线受布局、板层、电路结构、电气性能要求等多种因素影响，布线结果直接影响电路板性能。进行布线时要综合考虑各种因素，才能设计出高质量的 PCB，目前常用的基本布线方法如下。

微课 6.2
印制板布线基本
原则

　　1）直接布线。传统的印制板布线方法起源于早期的单面印制线路板的布线。其过程为：先把最关键的一根或几根导线从始点到终点直接布设好，然后把其他次要的导线绕过这些导线布下，通常是利用元器件跨越导线来提高布线效率，布设不通的线可以通过顶层短路线解决，如图 6-4 所示。

　　2）X-Y 坐标布线。是指布设在印制板一面的所有导线都与印制线路板水平边沿平行，而布设在相邻一面的所有导线都与前一面的导线正交，两面导线的连接通过过孔（金属化孔）实现，如图 6-5 所示。

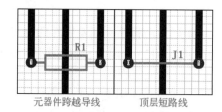

图 6-4　单面板布线处理方法

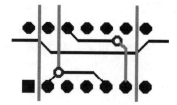

图 6-5　双面板布线

　　为了获得符合设计要求的 PCB，在进行 PCB 布线时一般要遵循以下基本原则。

1. 布线板层选用

　　印制板布线可以采用单面、双面或多层，一般应首选单面，其次是双面，在仍不能满足设计要求时才考虑选用多层。

2. 印制导线宽度原则

1）印制导线的最小宽度主要由导线与绝缘基板间的黏附强度和流过它们的电流值决定。当铜箔厚度为 0.05 mm、宽度为 1~1.5 mm 时，通过 2 A 电流，温升不高于 3℃，因此一般选用导线宽度在 1.5 mm 左右完全可以满足要求，对于集成电路，尤其数字电路通常选 0.2~0.3 mm 就足够。当然只要密度允许，还是尽可能用宽线，尤其是电源和地线。

2）印制导线的电感量与其长度成正比，与其宽度成反比，因而短而宽的导线对抑制干扰是有利的。

3）印制导线的线宽一般要小于与之相连焊盘的直径。

3. 印制导线的间距原则

导线的最小间距主要由最坏情况下的线间绝缘电阻和击穿电压决定。导线越短、间距越大，绝缘电阻就越大。当导线间距 1.5 mm 时，其绝缘电阻超过 20 MΩ，允许电压为 300 V；间距 1 mm 时，允许电压 200 V，一般选用间距 1~1.5 mm 完全可以满足要求。对集成电路，尤其数字电路，只要工艺允许可使间距很小。

4. 布线优先级原则

1）密度疏松原则：从印制板上连接关系简单的器件着手布线，从连线最疏松的区域开始布线。

2）核心优先原则：例如 D 对 DR、RAM 等核心部分应优先布线，对类似信号传输线应提供专层、电源、地回路，对其他次要信号要顾全整体，不能与关键信号相抵触。

3）关键信号线优先原则：电源、模拟小信号、高速信号、时钟信号和同步信号等关键信号优先布线。

5. 信号线走线一般原则

1）输入、输出端的导线应尽量避免相邻平行，平行信号线之间要尽量留有较大的间隔，最好加线间地线，起到屏蔽的作用。

2）印制板两面的导线应采用互相垂直、斜交或弯曲走线，尽量避免相互平行，以减少寄生耦合。

3）信号线高、低电平悬殊时，要加大导线的间距；在布线密度比较低时，可加粗导线，信号线的间距也可以适当加大。

4）尽量为时钟信号、高频信号、敏感信号等关键信号提供专门的布线层，并保证其最小的回路面积。应采取手工预布线、屏蔽和加大安全间距等方法，保证信号质量。

6. 重要线路布线原则

重要线路包括时钟、复位及弱信号线等。

1）用地线将时钟区圈起来，时钟线尽量短；石英晶体振荡器外壳要接地；石英晶体下面及对噪声敏感的元器件下面不要走线。

2）时钟、总线、片选信号要远离 I/O 线和接插件，时钟发生器尽量靠近使用该时钟的元器件。

3）时钟信号线最容易产生电磁辐射干扰，走线时应与地线回路靠近，时钟线垂直于 I/O 线时比平行 I/O 线时的干扰小。

4）弱信号电路、低频电路周围不要形成电流环路。

5）模拟电压输入线、参考电压端一定要尽量远离数字电路信号线，特别是时钟信号线。

7. 地线布设原则

1）一般将公共地线布置在印制板的边缘，便于印制板安装在机架上，也便于与机架地相连接。印制地线与印制板的边缘应留有一定的距离（不小于板厚），这不仅便于安装导轨和进行机械加工，而且还提高了绝缘性能。

2）在印制电路板上应尽可能多地保留铜箔做地线，这样传输特性和屏蔽作用将得到改善，并且起到减少分布电容的作用。地线（公共线）不能设计成闭合回路，在低频电路中一般采用单点接地；在高频电路中应就近接地，而且要采用大面积接地方式。

3）印制板上若装有大电流器件，如继电器、扬声器等，它们的地线最好要分开独立走，以减少地线上的噪声。

4）模拟电路与数字电路的电源、地线应分开排布，这样可以减小模拟电路与数字电路之间的相互干扰。为避免数字电路部分电流通过地线对模拟电路产生干扰，通常采用地线割裂法使各自地线自成回路，然后再分别接到公共的一点地上。如图 6-6 所示，模拟地平面和数字地平面是两个相互独立的地平面，以保证信号的完整性，只在电源入口处通过一个 $0\,\Omega$ 电阻或小电感连接，然后再与公共地相连。

5）环路最小规则，即信号线与地线回路构成的环面积要尽可能小，环面积越小，对外的辐射越少，接收外界的干扰也越小，如图 6-7 所示。针对这一规则，在地平面分割时，要考虑到地平面与重要信号走线的分布；在双层板设计中，在为电源留下足够空间的情况下，一般将余下的部分用参考地填充，且增加一些必要的过孔，将双面信号有效连接起来，对一些关键信号尽量采用地线隔离。

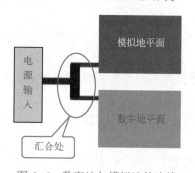

图 6-6　数字地与模拟地的连接

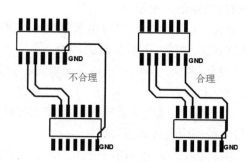

图 6-7　环路最小规则

8. 信号屏蔽原则

1）印制板上的元器件若要加屏蔽时，可以在元器件外面套上一个屏蔽罩，在底板的另一面对应于元器件的位置再罩上一个扁形屏蔽罩（或屏蔽金属板），将这两个屏蔽罩在电气上连接起来并接地，这样就构成了一个近似于完整的屏蔽盒，屏蔽罩屏蔽方法如图 6-8 所示。

2）印制导线如果需要进行屏蔽，在要求不高时，可采用印制导线屏蔽。对于多层板，一般通过电源层和地线层的使用，既解决电源线和地线的布线问题，又可

图 6-8　屏蔽罩屏蔽

以对信号线进行屏蔽，如图 6-9 所示。

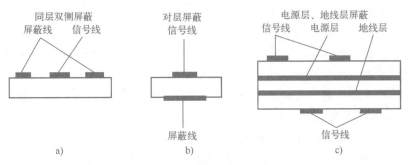

图 6-9　印制导线屏蔽方法

a）单面板　b）双面板　c）多层板

3）对于一些比较重要的信号，如时钟信号、同步信号，或频率特别高的信号，应该考虑采用包络线或铺铜的屏蔽方式，即将所布的线上下左右用地线隔离，而且还要考虑如何让屏蔽地与实际地平面有效结合，如图 6-10 所示。

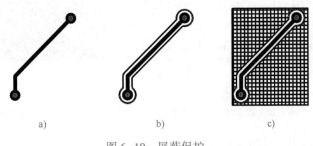

图 6-10　屏蔽保护

a）无屏蔽　b）包络线屏蔽　c）铺铜屏蔽

9. 走线长度控制规则

走线长度控制规则即短线规则，在设计时应该让布线长度尽量短，以减少走线长度带来的干扰问题，如图 6-11 所示。

特别是一些重要信号线，如时钟线，将其振荡器就近放在离器件边。对驱动多个器件的情况，应根据具体情况决定采用何种网络拓扑结构。

10. 倒角规则

PCB 设计中应避免产生锐角或直角，锐角或直角走线易产生不必要的辐射，同时工艺性能也不好。线与线的夹角一般应≥135°，如图 6-12 所示。

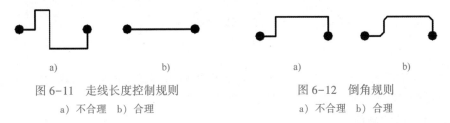

图 6-11　走线长度控制规则　　　图 6-12　倒角规则

a）不合理　b）合理　　　　　a）不合理　b）合理

11. 去耦电容配置原则

配置去耦电容可以抑制因负载变化而产生的噪声，是印制电路板可靠性设计的一种常规做法，配置原则如下。

1）电源输入端跨接一个 10～100 μF 的电解电容，如果印制电路板的位置允许，采用 100 μF 以上的电解电容的抗干扰效果会更好。

2）为每个集成电路芯片配置一个 0.01 μF 的陶瓷电容。如遇到印制电路板空间小而装不下时，可每 4～10 个芯片配置一个 1～10 μF 钽电解电容。

3）对于抗噪声能力弱、关断时电流变化大的器件和 ROM、RAM 等存储型器件，应在芯片的电源线和地线间直接接入去耦电容。

4）去耦电容的引线不能过长，特别是高频旁路电容。

去耦电容的布局及电源的布线方式将直接影响到整个系统的稳定性，有时甚至关系到设计的成败，一般要合理配置，如图 6-13 所示。

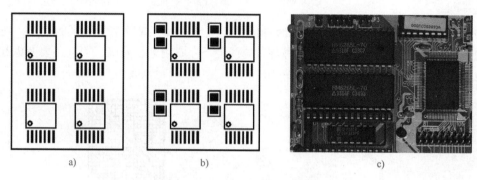

a)　　　　　　b)　　　　　　c)

图 6-13　去耦电容配置原则

a）未配置去耦电容　b）配置去耦电容　c）配置去耦电容的实物 PCB

12. 元器件布局分区/分层规则

1）为了防止不同工作频率的模块之间的互相干扰，同时尽量缩短高频部分的布线长度，通常将高频部分设在靠近接口部分以减少布线长度，如图 6-14 所示。当然这样的布局也要考虑到低频信号可能受到的干扰，同时还要考虑到高/低频部分地平面的分割问题，通常采用将二者的地分割，再在接口处单点相接。

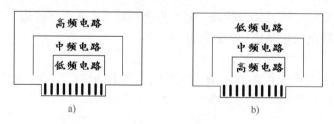

a)　　　　　　　　　　b)

图 6-14　元器件布局分区

a）不合理　b）合理

2）对于模数混合电路，在多层板设计中可以将模拟与数字电路分别布置在印制板的两面，分别使用不同的层布线，中间用地层隔离的方式。

13. 孤立铜区控制规则

孤立铜区也叫铜岛，它的出现，将带来一些不可预知的问题，因此通常将孤立铜区接地或删除，有助于改善信号质量，如图 6-15 所示。在实际的制作中，PCB 厂家将一些板的空置部分增加了一些铜箔，这主要是为了方便印制板加工，同时对防止印制板翘曲也有一定的作用。

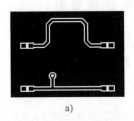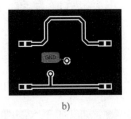

图 6-15　孤铜处理

a）不合理　b）合理

14. 大面积铜箔使用原则

在 PCB 设计中，在没有布线的区域最好有一个大的接地面来覆盖，以此提供屏蔽和增加去耦能力。

发热元器件周围或大电流通过的引线应尽量避免使用大面积铜箔，否则长时间受热时，易发生铜箔膨胀和脱落现象。如果必须使用大面积铜箔，最好采用栅格状，这样有利于铜箔与基板间黏合剂因受热产生的挥发性气体排出，如图 6-16 所示，大面积铜箔上的焊盘连接如图 6-17 所示。

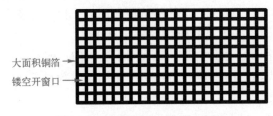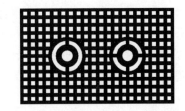

图 6-16　大面积铜箔镂空示意图　　　　图 6-17　大面积铜箔上的焊盘处理

15. 高频电路布线一般原则

1）高频电路中，集成块应就近安装退耦电容，一方面保证电源线不受其他信号干扰，另一方面可将本地产生的干扰就地滤除，防止了干扰通过各种途径（空间或电源线）传播。

2）高频电路布线的引线最好采用直线，如果需要转折，采用 135°折线或圆弧转折，这样可以减少高频信号对外的辐射和相互间的耦合。引脚间的引线越短越好，引线层间的过孔越少越好。

16. 金手指（Gold Finger 或 Edge Connector）布线

对外连接采用接插形式的印制板，为便于安装往往将输入、输出、馈电线和地线等均平行安排在板子的一边，如图 6-18 示，引脚 1、5、11 接地；引脚 2、10 接电源；引脚 4 输出；引脚 6 输入。为减小导线间的寄生耦合，布线时应使输入线与输出线远离，并且输入电路的其他引线应与输出电路的其他引线分别布于两边，输入与输出之间用地线隔开。此外，输入线与电源线之间的距离要远一些，间距不应小于 1 mm。

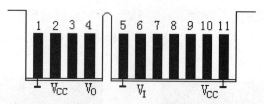

图 6-18　印制板对外连接的布线方式

使用大面积铜箔的金手指实物 PCB 如图 6-19 所示。

金手指

图 6-19　使用大面积铜箔的实物 PCB

17. 印制导线走向与形状

除地线外，同一印制板上导线的宽度尽量保持一致；印制导线的走线应平直，不应出现急剧的拐弯或尖角，直角和锐角在高频电路和布线密度高的情况下会影响电气性能，所有弯曲与过渡部分一般用圆弧连接，其半径不得小于 2 mm；应尽量避免印制导线出现分支，如果必须分支，分支处最好圆滑过渡；从两个焊盘间穿过的导线尽量均匀分布。

图 6-20 所示为印制板走线的示例，其中图 6-20a 中 3 条走线间距不均匀；图 6-20b 中走线出现锐角；图 6-20c 和图 6-20d 中走线转弯不合理；图 6-20e 中印制导线尺寸比焊盘直径大。

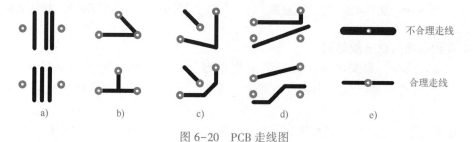

图 6-20　PCB 走线图

任务 6.2　了解电子镇流器及设计前准备

电子镇流器是采用电子技术驱动电光源，使之产生所需照明的电子设备。现代荧光灯越来越多的使用电子镇流器，轻便小巧，甚至可以将电子镇流器与灯管等集成在一起，同时，电子镇流器通常可以兼具辉光启动器功能，故又可省去单独的辉光启动器。

电子镇流器还可以具有更多功能，比如可以通过提高电流频率或者改变电流波形

（如变成方波）来改善或消除荧光灯的闪烁现象，也可通过电源逆变使得荧光灯使用直流
电源。

6.2.1 产品介绍

电子镇流器的外观和 PCB 实物如图 6-21 所示，电路原理图如图 6-22
所示。

现代日光灯越来越多的使用电子镇流器，轻便小巧，甚至可以将电子
镇流器与灯管等集成在一起，如日常广泛使用的节能灯。其电路工作原理
如下。

微课 6.3
电子镇流器产品
介绍

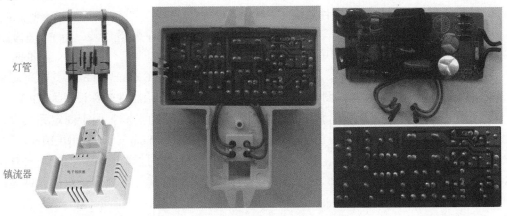

灯管

镇流器

图 6-21 电子镇流器外观和 PCB 图

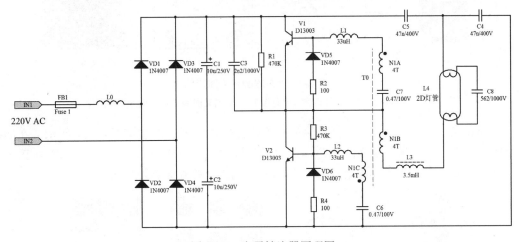

图 6-22 电子镇流器原理图

VD1~VD4、C1、C2 组成桥式整流滤波电路，完成 AC→DC 转换。

V1、V2、L1、L2、磁芯变压器 N1、扼流圈 L3、灯管 L4、C4、C5、C8 组成自激振荡电
路，完成 DC→AC 转换，点亮灯管，其中 C5 为启动电容、C8 为谐振电容。

R1、R3、C3 组成启动电路，用于电路通电起振，否则无法形成自激振荡。

电容 C8 用于启动灯管：灯管需要瞬时高压才能启动点亮，在电路加电初始阶段，扼流

圈 L3、灯管的灯丝、启动电容 C5、谐振电容 C8 与开关管组成谐振，产生高频高压，将灯管击穿发光。

VD5、VD6 为保护二极管，分别保护晶体管 V1、V2。

电子镇流器的 PCB 设计需先绘制原理图并设置元器件封装，然后加载网络表，调用元器件封装和连线信息，最后进行布局、布线，以提高设计效率。

6.2.2 设计前准备

设计前的准备工作主要完成原理图设计，完成特殊封装的设计并在原理图种设置好对应的元器件封装。

微课 6.4
电子镇流器设计
前准备

1. 绘制原理图元器件及元器件封装

1）2D 灯管。元器件图形如图 6-22 的 L4 所示，该元器件无须封装，在 PCB 中留 4 个焊盘进行连接即可，元器件名称设置为 DG。

2）扼流圈 L3。元器件实物、原理图元器件图形及封装如图 6-23 所示，其原理图元器件图形可以先复制电感的元器件图形，再增加虚线进行绘制，元器件名称设置为 ELQ。

扼流圈磁芯为 EI 型，其中引脚 1、2 接线圈，引脚 3、4 为空脚，用于固定元器件。扼流圈的封装名 CHOKE，图形如图 6-23c 所示，焊盘水平间距 15 mm，垂直间距 10 mm，焊盘直径 3 mm，外框 23 mm×16 mm，上排焊盘编号为 1、3，对应下排焊盘编号为 2、4。3D 图形执行菜单"放置"→"3D 元件体"命令，沿元件封装外框绘制封闭矩形，双击元件体，在弹出的对话框中设置"Overall Height"为 15 mm。

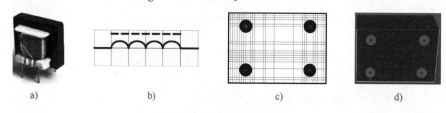

图 6-23　扼流圈相关图形

a）元器件实物　b）原理图元器件图形　c）封装图形　d）封装 3D 图形

3）高频振荡线圈 N1。元器件实物、原理图元器件图形及封装如图 6-24 所示，在同一个磁环上并绕 3 个线圈，元器件上要标示线圈的同名瑞，元器件有 6 个引脚，其中引脚 1、3、5 为同名瑞，该元器件中有 3 套相同的功能单元，元器件名称设置为 GPZD。

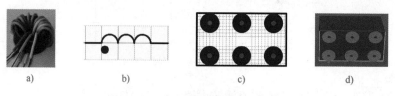

图 6-24　高频振荡线圈相关图形

a）元器件实物　b）原理图元器件（3 套功能单元）图形　c）封装图形　d）封装 3D 图形

高频振荡线圈的封装名 HFOC，图形如图 6-24c 所示。相邻焊盘水平中心间距为 5 mm，垂直中心间距为 5 mm，焊盘直径为 3 mm，元器件外框为 14 mm×8 mm，上排焊盘编号依次为 1、3、5，对应下排焊盘编号为 2、4、6，3D 图形执行菜单"放置"→"3D 元件体"命令，沿元器件封装外框绘制封闭矩形，双击元件体，在弹出的对话框中设置"Overall Height"为8 mm。

4）电感 L0 的封装。封装名 INDC，图形如图6-25所示。焊盘水平间距为10 mm，垂直间距为8 mm，焊盘直径为3 mm，外框为14.5 mm×14 mm，上排焊盘编号均为1，下排焊盘编号均为2。3D 图形执行菜单"放置"→"3D 元件体"命令，沿元器件封装外框绘制封闭矩形，双击元件体，在弹出的对话框中设置"Overall Height"为8 mm。

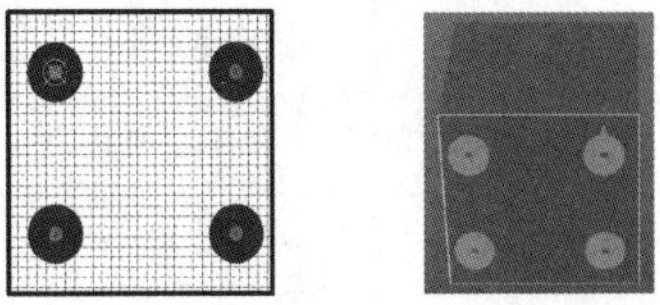

图6-25　电感 L0 的封装

5）涤纶电容 C8 的封装。封装名为 RAD-0.6，图形如图6-26所示。焊盘间距为15 mm，外框为18 mm×5 mm，焊盘直径为3 mm，焊盘编号依次为1、2。3D 图形执行菜单"放置"→"3D 元件体"命令，沿元器件封装外框绘制封闭矩形，双击元件体，在弹出的对话框中设置"Overall Height"为10 mm。

6）电解电容 C1、C2 的封装。封装名为 RB.2/.4，图形如图6-27所示。外框圆直径为400 mil，焊盘间距为200 mil，焊盘直径为120 mil，将焊盘2作为负极并打上横线作为指示。3D 图形执行菜单"放置"→"3D 元件体"命令，沿元器件封装外框绘制封闭矩形，双击元件体，在弹出的对话框中选中"3D Model Type"区的"Cylinder"（圆柱体）选项卡，将"Height"（高度）设置10 mm，将"Radius"（半径）设置5 mm。

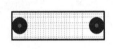

图6-26　涤纶电容 C8 的封装　　　　图6-27　电解电容的封装

7）晶体管 V1、V2 的封装。封装名为 SFM-T3/A，图形如图6-28所示。封装图形从 Miscellaneous Devices.IntLib 库中复制晶体管封装 SFM-T3/A4.7 V 进行修改。晶体管 V1、V2 在原理图中使用的元器件是 NPN，其引脚顺序为 1C、2B、3E，而实际元器件的引脚顺序为 BCE，因此应将封装 SFM-T3/A4.7 V 的焊盘编号顺序改为2、1、3，并将封装名改为 SFM-T3/A。

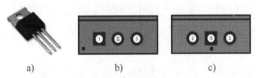

a)　　　　　　　b)　　　　　　　c)

图6-28　晶体管的封装

a）元器件实物　b）封装 SFM-T3/A4.7 V　c）修改后的封装

2. 原理图设计

根据图6-22绘制电路原理图，设置好封装，元器件的参数如表6-1所示，原理图设计完毕后进行编译检查并修改错误。

本例中元器件封装在元器件库 Miscellaneous Devices.IntLib 和自制的封装库中，设置封装前必须将它们加载为当前库，设置元器件封装可以通过浏览元器件方式进行，也可在添加封装时直接输入元器件封装名。

表 6-1　电子镇流器元器件参数表

元器件类型	元器件标号	库元器件名	元器件所在库	元器件封装
1/8 W 电阻	R2、R4	Res2	Miscellaneous Devices. IntLib	AXIAL-0. 4
1/4 W 电阻	R1、R3	Res2	Miscellaneous Devices. IntLib	AXIAL-0. 5
熔丝	FB1	FUSE1	Miscellaneous Devices. IntLib	AXIAL-0. 4
电解电容	C1、C2	Cap Pol2	Miscellaneous Devices. IntLib	RB. 2/. 4（自制）
涤纶电容	C3、C6、C7	Cap	Miscellaneous Devices. IntLib	RAD-0. 2
涤纶电容	C4、C5	Cap	Miscellaneous Devices. IntLib	RAD-0. 3
涤纶电容	C8	Cap	Miscellaneous Devices. IntLib	RAD-0. 6（自制）
色码电感	L1、L2	Inductor	Miscellaneous Devices. IntLib	AXIAL-0. 4
晶体管	V1、V2	NPN	自制库	SFM-T3/A（自制）
整流二极管	VD1-VD6	Diode 1N4007	Miscellaneous Devices. IntLib	DIO10. 46-5. 3 mm×2. 8 mm
电感	L0	Inductor	Miscellaneous Devices. IntLib	INDC（自制）
高频振荡线圈	N1	GPZD（自制）	自制库	HFOC（自制）
扼流圈	L3	ELQ（自制）	自制库	CHOKE（自制）
2D 灯管	L4	DG（自制）	自制库	无（用焊盘代）

6.2.3　设计 PCB 时考虑的因素

电子镇流器的 PCB 采用矩形板，电路的工作电流较小，晶体管 V1、V2 无须加装散热器。设计时考虑的主要因素如下。

1）与外壳配套，PCB 采用矩形单面板，尺寸为 83 mm×40 mm。

2）布局时元器件离板边沿至少 2 mm。

3）整流滤波电路集中布局在板的左侧，在其附近设置交流电源接线端，为电源接线端预留两个焊盘，并设置好网络。

4）振荡管布局在板的右侧，振荡电路围绕振荡线圈和晶体管进行布局。

5）扼流圈位于板的中下方，在板的中上方配合外壳为灯管接线端预留 4 个焊盘，并设置好网络。

6）扼流圈 L3 磁芯为 EI 型，有 4 个引脚，其中引脚 1、2 接线圈，引脚 3、4 为空脚，用于固定元器件。

7）高频振荡线圈 N1 是 3 只线圈并绕，注意同名端的连接。

8）布局调整时应尽量减少网络飞线的交叉。

9）布线采用交互式布线方式，整流滤波电路和灯管连接线宽为 2 mm，其他为 1 mm。

10）连线转弯采用 45°或圆弧进行。

11）在空间允许的条件下使用铺铜加宽电源线和地线，以提高电流承受能力和稳定性。

任务 6.3　加载网络信息及手工布局

6.3.1　从原理图加载网络表和元器件封装到 PCB

1. 规划 PCB

1）执行菜单"文件"→"新的"→"PCB"命令，新建 PCB，执行菜单"文件"→"另存为"命令将该 PCB 文件保存为"电子镇流器 . PcbDoc"。

2）执行菜单"视图"→"切换单位"命令，设置单位制为公制。

3）按下快捷键〈Ctrl+G〉，设置"步进 X"为 0.5 mm；设置"精细"和"粗糙"均为"lines"；设置"倍增"为"10×栅格步进值"。

4）执行菜单"编辑"→"原点"→"设置"命令，定义相对坐标原点。

5）单击工作区下方的标签，将当前工作层设置为 Keep out Layer，执行菜单"放置"→"Keep out"→"线径"命令进行边框绘制，从坐标原点开始绘制一个 83 mm×40 mm 的闭合边框，以此边框作为电路板的尺寸，如图 6-29 所示。此后元器件布局和布线都要在此框内进行。

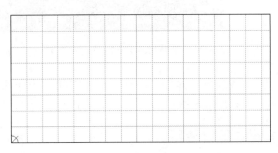

图 6-29　规划 83 mm×40 mm 的印制板

6）按住鼠标左键拉框选中所用边框，执行菜单"设计"→"板子形状"→"按照选择对象定义"命令，按边框大小重新定义板外形。

2. 从原理图加载网络表和元器件封装到 PCB

1）打开设计好的原理图文件"电子镇流器 . SchDoc"，执行菜单"工程"→"Compile Document 电子镇流器 . SchDoc"命令，对原理图文件进行编译，根据"Messages"窗口中的错误报告进行相应的修改，对布线无影响的警告可以忽略。

2）设置 Miscellaneous Devices. IntLib 和自制的封装库 PCBLIB1. PCBLIB 为当前库。

3）在原理图编辑器中，执行菜单"设计"→"Update PCB Document 电子镇流器 . PCBDOC"命令，弹出"工程变更指令"对话框，显示本次更新的对象和内容，单击"验证变更"按钮，系统将自动检查各项变化是否正确有效，所有正确的更新对象，在检查栏内显示"√"符号，不正确的显示"×"符号。

4）单击"执行变更"按钮，系统将接受工程变化，将元器件封装和网络表添加到 PCB 编辑器中，并在"工程变更指令"对话框显示当前的错误信息，如图 6-30 所示。图中有 6 处与 L4 有关的错误信息，如"Footprint Not Found"，对应元器件是 L4，原因是 L4（2D 灯管）在原理图中没有设置封装，此错误可以忽略，在 PCB 设计时增加 4 个焊盘用于连接灯管。

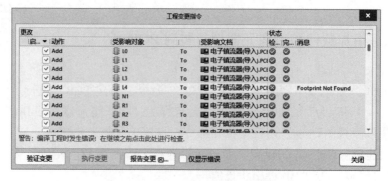

图 6-30 "工程变更指令"对话框

单击"关闭"按钮关闭对话框，加载元器件封装后的 PCB 如图 6-31 所示。

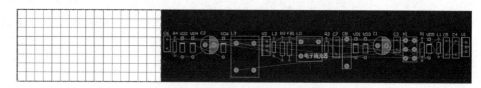

图 6-31 加载元器件封装后的 PCB

从图 6-31 中可以看出，系统自动建立了一个 Room 空间"电子镇流器"，同时加载的元器件封装放置在规划好的 PCB 边界之外，因此还必须进行元器件布局。

6.3.2 PCB 设计中常用快捷键使用

在 PCB 设计中，系统提供有若干快捷键可以提高设计效率，常用的有以下几个。

1）〈Ctrl〉+鼠标滚轮：连续放大或缩小工作区窗口。

2）〈Shift〉+鼠标滚轮：左右移动工作区窗口。

3）鼠标滚轮：上下移动工作区窗口。

4）〈Alt+∗〉，∗代表主菜单后的字母（如放置（P））：打开相应主菜单，如〈Alt+P〉为打开"放置"主菜单。

5）〈2〉和〈3〉键：按键盘上的〈3〉键显示 3D 模型，按键盘上的〈2〉键显示 2D 模型。

6.3.3 电子镇流器 PCB 手工布局

图 6-31 中，元器件分散在边框之外的，显然不符合要求，此时可以通过 Room 空间布局方式将元器件移动到规划的边框中，然后通过手工调整的方式将元器件移动到适当的位置。

1. 通过 Room 空间移动元器件

用鼠标左键按住"电子镇流器"Room 空间，将 Room 空间移动到电气边框内。

执行菜单"工具"→"器件摆放"→"按照 Room 排列"命令，移动光标至 Room 空间内单击，元器件将自动按类型整齐排列在 Room 空间内，右击结束操作，此时屏幕上会有一些画面残缺，放大或缩小屏幕可以刷新画面。

2. 手工布局调整

元器件 Room 空间排列后，单击选中 Room 空间，按键盘的〈Delete〉键将其删除。

手工布局就是通过移动和旋转元器件，根据信号流程和元器件布局基本原则将元器件移动到合适的位置，同时尽量减少元器件间网络飞线交叉。

用鼠标左键按住元器件不放，拖动光标可以移动元器件，在移动过程中按下〈Space〉键可以旋转元器件，一般在布局时不进行元器件的翻转，以免造成引脚无法对应。

手工布局调整后的 PCB 如图 6-32 所示，图中在机械层上放置 3D 元件体的封装具有 3D 模型（如 C1、C2 等），没有放置 3D 元件体的封装只有 2D 模型。

图中手工添加了 6 个独立焊盘，左侧两个用于连接电源输入，上方 4 个用于连接灯管。

布局结束，执行菜单"视图"→"切换到 3 维模式"命令，屏幕显示该 PCB 的 3D 模型，如图 6-33 所示，从中观察布局是否合理。

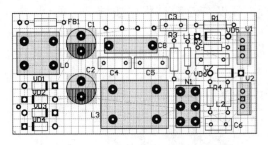

图 6-32　完成手工布局的 PCB 图

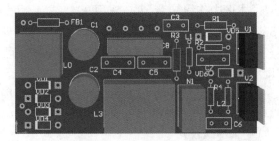

图 6-33　PCB 布局 3D 图

任务 6.4　电子镇流器 PCB 手工布线

6.4.1　焊盘调整

1. 设置连接交流电源及灯管的焊盘网络

本例中为连接交流电源和灯管设置了 6 个独立焊盘，为顺利进行连接，必须将焊盘的网络设置成与之相连的元器件焊盘的网络。由于用户绘制原理图的方式不同，元器件的网络可能不同，网路的设置必须根据实际原理图进行。

本例中连接交流电源的两个焊盘网络分别为 NetFB1_1 和 NetVD3_1，连接灯管的 4 个焊盘网络依次为 NetC8_1、NetC4_2、NetC8_2、NetL3_2。

2. 编辑焊盘尺寸

图 6-32 中焊盘的尺寸大小不一，需要进行调整。

如果调整的焊盘数量比较少，可以双击焊盘，在弹出的对话框中直接修改焊盘的"X/Y"后的数值即可；如果需要修改的焊盘数量比较多，则可以通过全局修改的方式进行。

本例中将焊盘的"X/Y"均修改为 2.5 mm，晶体管焊盘可调整为椭圆焊盘，修改焊盘后可能会出现间距过小的错误报告，且元器件将高亮显示，此时可微调元器件位置以消除错误报告。

6.4.2　手工布线及调整

1. **手工布线**

手工布线前应再次检查元器件之间的网络飞线是否正确，并已经为独立焊盘添加网络。本例中还需为 L0 和 L3 的另外两个空的引脚添加网络，其网络与同排的焊盘网络相同。

执行菜单"设计"→"规则"命令，弹出"PCB 规则及约束编辑器"对话框，选中"Routing"选项下的"Width"设置线宽限制规则，设置布线最小宽度为 1 mm、最大宽度为2 mm、首选宽度为 1 mm。

将工作层切换到 Bottom Layer，执行菜单"放置"→"走线"命令进行交互式布线，根据网络飞线进行连线，线路连通后，该焊盘上的飞线将消失，连线宽度根据线所属网络进行选择，整流滤波电路和灯管连接电路线宽为 2 mm，其他为 1 mm。

在连线过程中，有时连线无法连接到焊盘中心，可以将捕获栅格减小到 0.25 mm。

本例中连线转弯要求采用 135° 或圆弧进行，可以在连线过程中按键盘上的〈Shift+Space〉键进行切换。

在布线过程中可能出现元器件之间的间隙不足，无法穿过所需的连线，此时可以适当微调元器件的位置以满足要求。

完成手工布线的 PCB 如图 6-34 所示，图中比较粗的连线上显示当前连线的网络，若要查看细线上的网络，可以按键盘上的〈Page Up〉键放大屏幕即可在连线上显示网络信息。

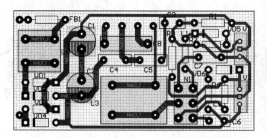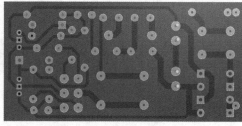

图 6-34　完成手工布线后的 PCB 及其 3D 图

2. **设置 3D 效果图**

执行菜单"视图"→"工具栏"→"PCB 标准"命令，显示 PCB 标准工具栏，在该工具栏最右侧有两个下拉列表框，分别进行 PCB 视图配置和 3D 视图设置，如图 6-35 所示。

PCB 视图配置下拉列表框可以更改 3D 效果图颜色，主要有标准 2D、透明 2D、3D 黑、3D 蓝、3D 棕、3D 深绿、3D 浅绿等。

3D 视图设置下拉列表框可以 3D 板图的显示效果，主要有顶层 3D、底层 3D、正面 3D、背面 3D、左侧 3D、右侧 3D、无透视 3D 等。

3. **连线宽度的调整**

图 6-34 中整流滤波电路和灯管连接电路使用 2 mm 的连线，其他采用 1 mm 的连线。

一般在 PCB 设计中，对于地线和大电流线路要加粗一些，另外在空间允许的情况下也可以加粗连线。线宽调整的方法为双击连线，在弹出的对话框中修改"Width"中的

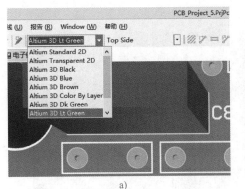　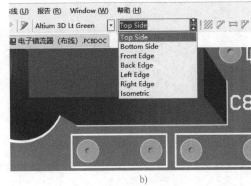

图 6-35　设置 3D 效果

a) PCB 视图配置　b) 3D 视图设置

数值。

4. 调整丝网文字

PCB 布线完毕，要调整好丝网层的文字，以保证 PCB 的可读性，一般要求丝网层文字的大小、方向要一致，不能放置在元器件框内或压在焊盘上。

在设计中，可能出现字符偏大，不易调整的问题，此时可以双击该字符，在弹出的对话框中减小 "Text Height" 中的数值。

🎓 **经验之谈**

1）由于用户绘制原理图的方式不同，造成元器件的网络可能不同，在设置独立焊盘的网络时，必须根据设计中实际使用的电路原理图进行。

2）一般焊盘的网络不能随意修改，否则将与原理图不匹配，造成连线错误。

3）4 个引脚以上的双列焊盘的封装不能进行 X 或 Y 方向的翻转操作，以免造成引脚顺序与实物不一致。

6.4.3　采用多窗口显示模式进行布线

在 PCB 设计中，为保证设计的准确性，经常要返回原理图查看元器件的连接关系，实际操作中可以使用 Altium Designer 19 多窗口显示模式来提高设计效率，为保证联动性，原理图文件和 PCB 文件必须在同一个项目工程文件中。

微课 6.7
多窗口显示
模式布线

执行菜单 "Window" → "垂直平铺" 命令，系统将打开的原理图和 PCB 文件分别放置到 Altium Designer 19 界面的左右两侧，如图 6-36 所示。

执行菜单 "工具" → "交叉选择模式" 命令打开交叉选择模式，这时选中左侧原理图中的部分元器件，右侧的 PCB 中相应的元器件也被选中，这种方式比较方便进行布局布线。

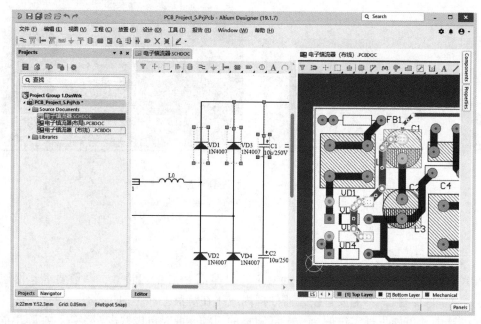

图6-36 多窗口显示模式

任务 6.5 铺铜设计

在 PCB 设计中，有时需要用到大面积铜箔，如果是规则的矩形，可以通过执行菜单"放置"→"填充"命令实现。如果是不规则的铜箔，则执行菜单"放置"→"铺铜"命令实现。

微课 6.8
铺铜设计

1. 设置铺铜的显示效果

在 Altium Designer 19 中，放置铺铜后可能出现空心铺铜或铺铜的颜色偏浅，可以通过适当的设置来解决这些问题。

1）空心铺铜

出现空心铺铜的原因主要是系统默认没有自动更新铺铜，可以执行菜单"工具"→"优先选项"命令，弹出"优选项"对话框，在"铺铜重建"区选中"铺铜修改后自动重铺"和"在编辑过后重新铺铜"复选框完成相关设置，如图6-37所示。

2）铺铜颜色偏浅

单击工作区右下角"Panels"标签，弹出一个菜单，选中"View Configuration"（视图配置）子菜单，如图6-38所示，在对话框中设置"Polygons"可见，"Transparency"（透明性）为0%，这时铺铜显示正常。

2. 放置铺铜

下面以放置网络 NetC2_2 上的铺铜为例介绍铺铜的使用方法。

将工作层切换到 Bottom Layer，执行菜单"放置"→"铺铜"命令，按〈Tab〉键，弹出图6-39所示的"铺铜设置"对话框，在其中可以设置铺铜的参数。

图 6-37　铺铜重建设置

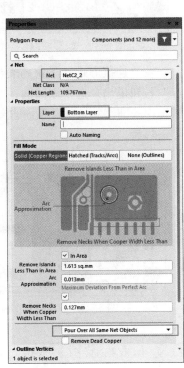

图 6-38　"View Configuration" 对话框　　　　图 6-39　"铺铜设置" 对话框

　　本例中放置底层实心铺铜，铺铜参数设置为：选中 "Solid（Copper Regions）"，工作层 "Layer" 设置为 "Bottom Layer"，铺铜连接的网络 "Net" 设置为 "NetC2_2"，连接方式设置为 "Pour Over All Same Net Objects"（铺盖所有相同网络的目标）。

　　设置完毕，关闭对话框，单击工作区中心的 ⑪ 按钮，进入放置铺铜状态，拖动光标到适当的位置，单击确定铺铜的第一个顶点位置，然后根据需要移动并单击绘制一个封闭的铺铜空间，铺铜放置完毕在空白处右击退出绘制状态，铺铜放置的效果如图6-40所示。

从图中看出铺铜与焊盘的连接是通过十字线实现的，本例中希望铺铜是直接铺盖焊盘的，所以还需要进行铺铜规则设置。

3. 设置铺铜连接方式

执行菜单"设计"→"规则"命令，弹出"PCB规则及约束编辑器"对话框，选中"Plane"选项下的"Polygon Connect"进入铺铜规则设置状态，如图6-41所示。

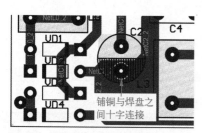

图6-40 放置铺铜

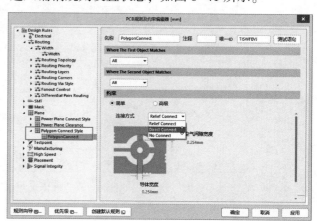

图6-41 铺铜连接方式设置

在"连接方式"下拉列表框中选中"Direct Connect"选项设置为直接连接，单击"确定"按钮退出。选中该铺铜，右击，在弹出的菜单中选中"铺铜操作"子菜单，选中"重铺选中的铺铜"选项，系统自动更新铺铜，结果如图6-42所示，从图中可以看出铺铜直接铺盖焊盘。

根据需要放置其他铺铜，最终完成设计的电子镇流器PCB如图6-43所示。

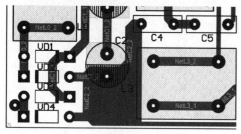

图6-42 直接连接的铺铜

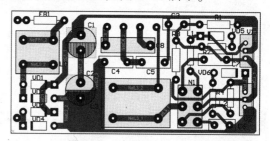

图6-43 完成设计的PCB

任务6.6 设置露铜

铜箔上的露铜一般是为了在过锡时能上锡，增大铜箔厚度，增大带电流的能力，通常应用于电流比较大的场合。

本例中针对图6-43上方的NetC1_1网络设置露铜，主要是为了过锡时能上锡从而增大带电流的能力。

选中要设置为露铜的连线，将其复制并粘贴到相应位置，双击该连线，将其工作层设置

微课6.9
露铜设置

为底层阻焊层（Bottom Solder）完成露铜设置，这样在制板时该区域不会铺盖阻焊漆，而是露出铜箔，如图6-44所示。

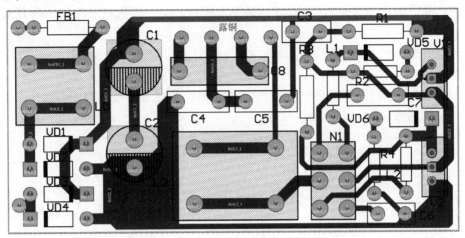

图6-44 设置露铜

至此电子整流器 PCB 设计完毕。

技能实训8 电子镇流器 PCB 设计

1. 实训目的

1）了解电子镇流器电路的工作原理。

2）了解低频板的布局布线规则。

3）掌握 PCB 交互式布线方法。

4）掌握铺铜、露铜设置方法。

2. 实训内容

1）事先准备好图6-22所示的电子镇流器原理图文件，并熟悉电路原理，观察电子镇流器实物。

2）新建 PCB 工程文件"电子镇流器.PrjPcb"，新建 PCB 文件"电子镇流器.PcbDoc"，新建 PCB 库文件"PcbLib1.PcbLib"，参考图6-23~图6-28设计元器件封装。

3）载入 Miscellaneous Device.IntLIB 和自制的 PcbLib1.PcBLib 元器件库。

4）编辑原理图文件，根据表6-1重新设置好元器件的封装。

5）设置单位制为公制；设置"步进 X"为 0.5 mm；设置"精细"和"粗糙"均为"lines"；设置"倍增"为"10×栅格步进值"。

6）参考图6-29，在 Keep out Layer 绘制一个 83 mm×40 mm 的闭合边框，以此边框作为电路板的尺寸。

7）打开电子镇流器原理图文件，执行菜单"设计"→"Update PCB Document 电子镇流器.PcbDoc"命令，加载网络表和元器件封装，根据提示信息修改错误，单击"执行变更"按钮，将元器件封装和网络表添加到 PCB 编辑器中。

8）执行菜单"工具"→"器件摆放"→"按照 Room 排列"命令进行元器件布局，并参考图6-32进行手工布局调整，尽量减少飞线交叉。

9）参考图 6-32，在对应位置为交流电源的输入和灯管的连接添加 6 个焊盘，并根据原理图中的对应关系设置好网络。

10）设置交互式布线参数，布线线宽最小宽度为 1 mm、最大宽度为 2 mm、首选宽度为 1 mm。

11）编辑焊盘尺寸，晶体管焊盘的（X/Y）分别设置为 2.5 mm 和 2 mm，其他焊盘（X/Y）均设置为 2.5 mm。

12）参考图 6-34 进行交互式布线，整流滤波电路和灯管连接电路中布线线宽为 2 mm，其他为 1 mm，转弯采用 135°方式进行。

13）参考图 6-43 设置铺铜。

14）参考图 6-44 设置露铜。

15）调整丝网层的文字。

16）保存 PCB 文件和工程文件。

3. 思考题

1）如何从原理图中载入网络表和元器件封装？

2）如何设置交互式布线的线宽？布线过程中如何调整布线线宽？

3）如何改变焊盘的尺寸和网络？

4）如何放置铺铜并设置参数？

5）露铜有何作用？如何设置露铜？

思考与练习

1. PCB 布局应遵循哪些原则？

2. PCB 布线应遵循哪些原则？

3. 如何放置接地实心铺铜并设置为直接连接？

4. 如何设置露铜？

5. 根据图 6-45 所示的存储器电路设计单面印制板。

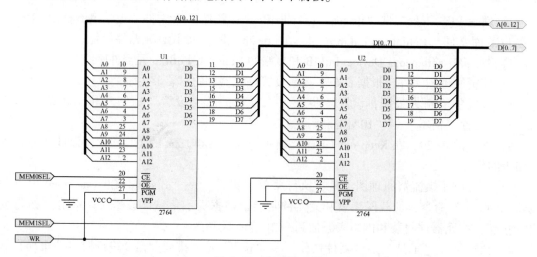

图 6-45　存储器电路

6. 根据图 6-46 所示的稳压电源电路设计单面印制板，设计要求：采用单面 PCB，板的尺寸为 80 mm×60 mm，线宽 1.5 mm。

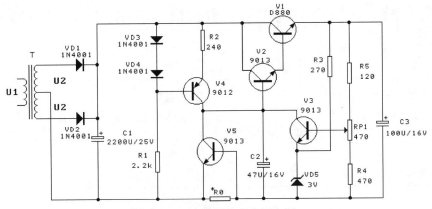

图 6-46 串联调整型稳压电源

7. 根据图 6-47 所示的声光控开关电路设计单面 PCB，PCB 参考图如图 6-48 所示。设计要求：PCB 的尺寸为 4.5 mm×6 mm，电路板对角线上有两个直径 3 mm 的圆形安装孔，板的上方有两个直径 7 mm 的电源接线柱；整流电路和可控硅控制电路中，线宽选用 1.2 mm，地线线宽 1.5~2 mm，其他线路线宽 0.8~1.0 mm；电源接线铜柱的布线采用铺铜。

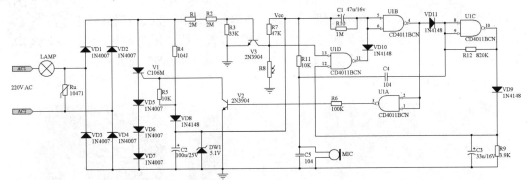

图 6-47 声光控开关原理图

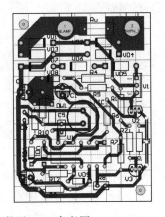

图 6-48 声光控开关实物及 PCB 参考图

项目 7　高散热圆形 PCB 设计——LED 灯

知识与能力目标

1）认知铝基电路板
2）认知通孔式元件和贴片元件混合的单面板电路
3）掌握交互式布局方法

素养目标

1）培养学生的国家使命感和民族自豪感
2）科技强国，引导学生文化自信、爱国情怀和节能意识

任务 7.1　了解 LED 灯

7.1.1　产品介绍

LED 灯由 LED 驱动控制电路板和 LED 灯板两部分集成在一起，安装在灯头上。考虑 LED 灯的散热因素和灯头结构，LED 灯板采用圆形易散热的铝基板；考虑空间因素，控制板采用通孔式元件和贴片元件相结合的方式，图 7-1 所示为 LED 灯实物图。

微课 7.1
LED 灯产品介绍

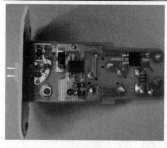
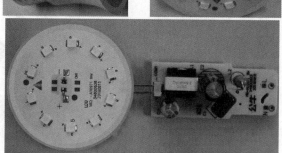

图 7-1　LED 灯实物图

LED 灯驱动电路采用非隔离型恒流驱动，一般工作电压在 90~265 V 之间，采用专用的 LED 恒流驱动芯片，芯片内部集成高压金属氧化物半导体场效晶体管（MOSFET），工作电流超低，恒流控制，并具有 LED 短路保护、芯片过热保护等功能，电路原理图如图 7-2 所示。

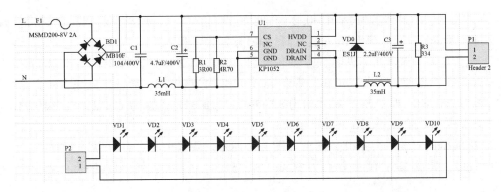

图 7-2　LED 灯电路原理图

其中 BD1 为桥式整流，C1、C2、L1 组成 π 型滤波，完成 AC→DC 转换；U1 为非隔离恒流降压型芯片 KP1052，VD0、L2、C3 连接 U1 的引脚 1 和引脚 4，构成降压式变换电路，为 LED 供电；R1、R2 连接 U1 的引脚 7，进行电流取样，改变电阻阻值，可以改变输出电流大小，从而控制 LED 的亮度。

7.1.2　设计前准备

LED 灯的印制板面积很小，且需要装入灯头中，元器件封装采用贴片式和通孔式混合，个别元器件在原理图库中不存在，需重新设计元器件的原理图图形，元器件的封装要根据实际需求重新定义。

微课 7.2
LED 灯设计前准备

1. 原理图元器件设计

在原理图中，KP1052 需要自行设计，元器件图形参考图 7-2 中的 U1。

2. 元器件封装设计

1）贴片电阻的封装名为 R1206，利用 Miscellaneous Devices. IntLib 中的 C1206 进行修改，尺寸不变，修改后封装如图 7-3 所示。

2）芯片 KP1052 的封装名为 SOP7，利用 Miscellaneous Devices. IntLib 中的 SO8_M 进行修改，尺寸不变，引脚少一个，修改后封装如图 7-4 所示。

3）扼流圈的封装名为 EE10，图形如图 7-5 所示。扼流圈磁芯外形为 EI 型，其中引脚 1、2 用于连接线圈，引脚 0 为空脚，用于固定元器件。焊盘 1、2 之间的中心间距为 4 mm，两个焊盘 0 之间的中心间距为 8 mm，下方焊盘 0、2 之间的中心间距为 8.5 mm，焊盘 X/Y 尺寸均为 1.5 mm，封装的外框尺寸为 11 mm×11 mm。

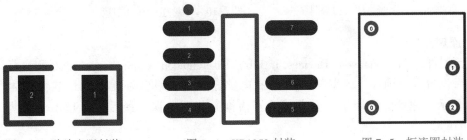

图 7-3　贴片电阻封装　　　图 7-4　KP1052 封装　　　图 7-5　扼流圈封装

4）立式电感的封装名为 INDU-0.2，图形如图 7-6 所示。焊盘中心间距 200 mil，焊盘 X/Y 尺寸均为 80 mil，形状为 Round，焊盘编号分别为 1 和 2。

5）电解电容封装图形有两种，封装名分别为 RB.1/.2 和封装名 RB.2/.4，前者外框圆直径为 200 mil、焊盘间距为 100 mil、焊盘 X/Y 尺寸均为 80 mil，后者外框圆直径为 400 mil、焊盘间距为 200 mil、焊盘 X/Y 尺寸均为 80 mil。焊盘编号均分别为 1 和 2，将焊盘 2 作为负极并打上横线作为指示，如图 7-7 所示。

6）整流桥的封装名为 MBF，图形如图 7-8 所示。焊盘中心左右间距为 250 mil，上下间距为 100 mil，焊盘 X/Y 尺寸分别为 60 mil 和 35 mil，形状为 Rectangular，外框的相距为 200 mil。

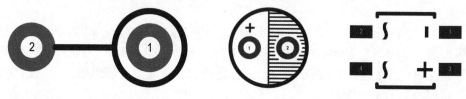

图 7-6　立式电感封装　　　图 7-7　电解电容封装　　图 7-8　整流桥封装

7）弯脚插针（引脚 2）的封装名为 HDR2.54-WI-2P，实物和封装如图 7-9 所示，它有两个定位孔和两个引脚，两个定位孔仅用于固定，可以使用焊盘来实现，焊盘中心间距为 2.54 mm，其焊盘直径和孔径大小均设置为 0.8 mm，即整个焊盘均为通孔，形状为 Round；两个引脚采用通孔式焊盘，焊盘中心间距为 2.54 mm，焊盘 X/Y 尺寸均为 1.5 mm，其中焊盘 1 形状为 Rectangular；定位孔和焊盘之间的中心间距为 2 mm。

8）灯盘连接器（引脚 2）的封装名 HDR2.54-CI-2P，采用贴片式封装，其实物和封装如图 7-10 所示，连接器中间开孔，便于插针插入，在 "Top　Overlay" 绘制一个圆圈来表示开孔，开孔半径为 30 mil，开孔间距为 100 mil，贴片焊盘中心间距为 280 mil，其焊盘 X/Y 尺寸均为 60 mil，形状为 Rectangular；外框尺寸为 200 mil×100 mil。

图 7-9　弯脚插针（引脚 2）实物与封装　　　图 7-10　灯盘连接器（引脚 2）实物与封装

3. 原理图设计

将元器件库 Miscellaneous Devices.IntLib、Miscellaneous Connectors.IntLib 和自行设计的元器件库设置为当前库，根据图 7-2 绘制电路原理图，设置好元器件封装，具体参数如表 7-1 所示，原理图设计完毕后进行编译检查并修改错误，最后将原理图另存为 "LED 灯.SCHDOC"。

表 7-1　LED 灯元器件参数表

元器件类型	元器件标号	库元器件名	元器件所在库	元器件封装
熔丝电阻	F1	Fuse 2	Miscellaneous Devices. IntLib	1812
整流桥	BD1	Bridge1	Miscellaneous Devices. IntLib	MBF
涤纶电容	C1	Cap	Miscellaneous Devices. IntLib	RAD-0.2
电解电容	C2	Cap Pol2	Miscellaneous Devices. IntLib	RB.2/.4（自制）
电解电容	C3	Cap Pol2	Miscellaneous Devices. IntLib	RB.1/.2（自制）
贴片电阻	R1~R3	RES2	Miscellaneous Devices. IntLib	R1206（自制）
芯片 KP1052	U1	KP1052	自制库	SOP7（自制）
贴片二极管	VD0	Diode	Miscellaneous Devices. IntLib	3.5×2.8×1.9
贴片发光二极管	VD1~VD10	LED3	Miscellaneous Devices. IntLib	3.5×2.8×1.9
立式电感	L1	Inductor	Miscellaneous Devices. IntLib	INDU-0.2（自制）
扼流圈	L2	Inductor Iron	Miscellaneous Devices. IntLib	EE10（自制）
弯脚排针（引脚2）	P1	Header 2	Miscellaneous Connectors. IntLib	HDR2.54-WI-2P（自制）
灯盘连接器（引脚2）	P2	Header 2	Miscellaneous Connectors. IntLib	HDR2.54-CI-2P2（自制）

7.1.3　设计 PCB 时考虑的因素

LED 灯的 PCB 分为两块：LED 灯盘电路板和 LED 驱动电路板，LED 灯盘电路板考虑 LED 散热问题，采用铝基板，LED 驱动电路板采用单面板，设计时考虑的主要因素如下。

1）LED 灯盘电路板和驱动板之间的连接使用插针和连接器，要考虑插针和插座位置，两者均位于板的中间位置，连接器在 LED 灯板上，插针采用弯脚结构。

2）LED 灯盘电路板的外形为圆形，半径为 23 mm。在灯盘电路板圆心的左右两边，距离圆心 1.27 mm 处，各放置一个半径为 0.7 mm 的圆孔，使得灯盘连接器开孔能正常使用，方便弯角插针和灯盘连接器的接插连接。

3）LED 灯盘电路板为铝基板，是为了提高散热效果，也方便 PCB 加工，因此电路连接时进行大面积铺铜。

4）LED 驱动电路板位于灯头内，驱动电路板的结构为方形，且两头不一样大，其形状和尺寸如图 7-11 所示，通孔式元器件置于顶层，贴片式元器件置于底层。

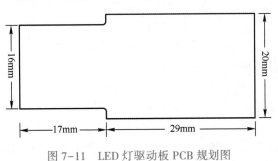

图 7-11　LED 灯驱动板 PCB 规划图

5）LED 驱动电路板电源接线端和灯板接线端分别布于 PCB 的两侧，为电源接线端预留两个焊盘，整流滤波电路集中布局于电源接线端附近。

6）扼流圈磁芯为 EI 型，有 4 个引脚，其中引脚 1、2 接线圈，两个引脚 0 为空脚，用于固定元器件。

7）LED 驱动电路板的灯板接线端采用弯脚插针结构，安放在侧边中间位置，降压变换电路布局在灯板接线端附近。

8）布线采用手工布线方式进行，线宽为 1.5 mm。

任务 7.2　LED 灯 PCB 设计

7.2.1　从原理图加载网络表和元器件封装到 PCB

1. 规划 PCB

采用公制规划 LED 灯电路板，其中 LED 灯盘电路板的 PCB 尺寸为半径 23 mm，LED 驱动电路的尺寸参考图 7-11。

1）新建 PCB 文件"LED 灯 . PCBDOC"，切换单位制为公制；设置捕获栅格为 0.1 mm。

2）规划 LED 灯盘电路板。将当前工作层设置为 Keep Out Layer，执行菜单"放置"→"Keep Out"→"圆"命令，以参考点为圆心，在 Keep Out Layer 层绘制一个半径为 23 mm 的圆作为 LED 灯盘电路板的电气轮廓；执行菜单"放置"→"Keep Out"→"圆"命令，在 Keep Out Layer 层的灯盘圆心的左右两侧距离圆心 1.27 mm 处；分别放置一个半径为 0.7 mm 的圆用于定位插座插针的开孔位置。

3）规划 LED 驱动电路板。执行菜单"放置"→"Keep Out"→"线径"命令，参考图 7-11 的形状和尺寸规划 LED 驱动电路板轮廓，规划好的 LED 灯电路板如图 7-12 所示。最后保存 PCB 文件。

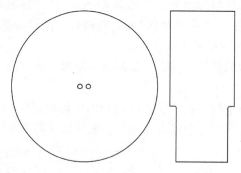

图 7-12　LED 灯电路板 PCB 规划图

2. LED 灯盘电路板预布局

（1）预布局

LED 灯盘电路板上的 10 个发光二极管在灯板上圆形排列，需进行预布局操作。

手工放置贴片发光二极管 LED3 的封装（3.5×2.8×1.9），双击该元件设置其标号为 VD1；选中 VD1，执行菜单"编辑"→"剪切"命令，单

微课 7.3
LED 灯预布局

击 VD1 将其剪切；执行菜单"编辑"→"特殊粘贴"命令，弹出"选择性粘贴"对话框，单击"粘贴阵列"按钮进行阵列粘贴，弹出"设置粘贴阵列"对话框，本例中"阵列类型"选择"圆形"，"对象数量"设置为"10"，"间距"设置为 36，如图 7-13 所示。

设置完毕单击"确定"按钮，屏幕弹出十字标志，在灯盘轮廓的圆心处单击确定阵列粘贴的圆心，距离圆心正上方 18 mm 位置再次单击确定阵列粘贴的半径并完成圆形阵列粘贴，完成预布局的灯盘电路板如图 7-14 所示。

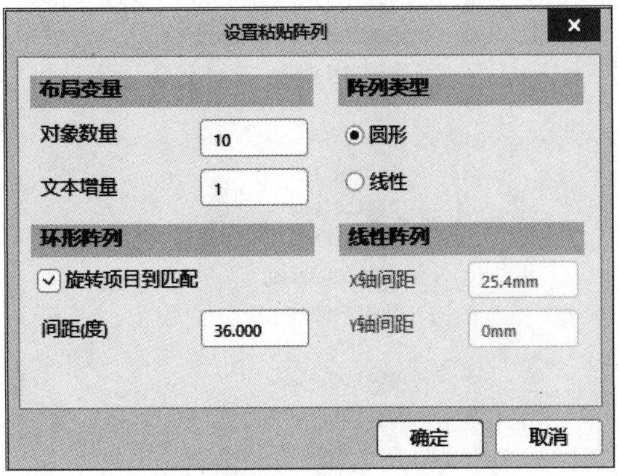

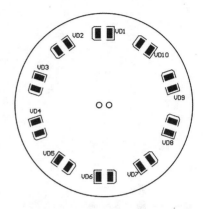

图 7-13 设置粘贴阵列

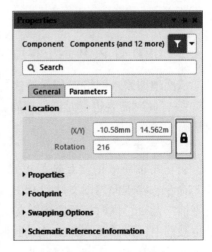

图 7-14 完成预布局的灯盘电路板图

（2）锁定预布局

按住〈Shift〉键，依次单击元件 VD1 ~ VD10，选中所有要进行锁定的发光二极管，单击屏幕右侧的"Properties"标签，弹出"Properties"设置对话框，选择"General"选项卡，在下方的"Location"区中，单击"Rotation"后的"🔓"，当其形状变成"🔒"时表示处于锁定状态，如图 7-15 所示，这样在后续进行自动布局时这些元器件不会被移动。

3. 从原理图加载网络表和封装到 PCB

对原理图文件进行编译，检查并修改错误。在原理图编辑器中执行菜单"设计"→"Update PCB Document LED 灯 . PCBDOC"命令，在弹出的"Component Links"对话框中选择"Automatically Create Component Links"选项，在弹出的"Information"对

图 7-15 设置锁定状态

话框中单击"OK"按钮，系统自动加载网络表和封装，如图 7-16 所示。

根据错误报告返回原理图，修改相应错误并保存，再次执行菜单"设计"→"Update PCB Document LED 灯 . PCBDOC"命令，加载网络表和封装，当无原则性错误后，单击"执行变更"按钮，将元器件封装和网络表添加到 PCB 中。

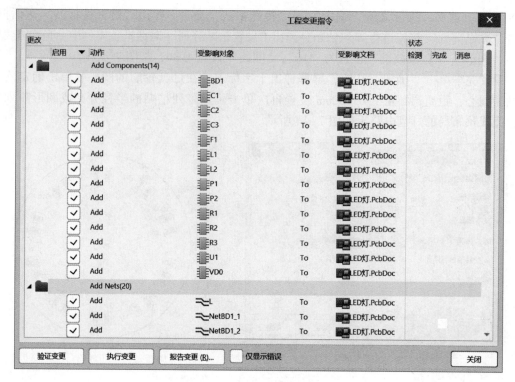

图 7-16　加载网络表和封装

7.2.2　LED 灯 PCB 手工布局

从原理图载入网络表和元器件封装后，元器件封装全部在 Room 空间内排列，此时需要进行元器件布局，布局采用交互式布局和手工布局相结合进行。

微课 7.4
LED 灯手工布局

1. 交互式布局

交互式布局采用交互选择模式，执行菜单"工具"→"交叉选择模式"命令，实现原理图文件和 PCB 文件中元器件的交互选择。执行菜单"Window"→"垂直平铺"命令，同时显示原理图文件和 PCB 文件。选中原理图的元器件，PCB 中对应的封装也被选中，同样选中 PCB 中的封装，也可以选中原理图的元器件。图 7-17 所示为选中原理图元件后 PCB 交互选择的结果，用光标直接拖动被选中的封装，可以进行快速布局。

2. 设置元器件旋转角度

本项目中，由于空间限制，元器件 C1 的放置不能采用横平竖直的方式，需调整为适当的角度。

元器件默认旋转角度为 90°，为实现其他角度旋转，必须先进行旋转角度设置。执行菜单"工具"→"优先选项"命令弹出"优选项"对话框，选中"General"选项，将"其他"区中的"旋转步进"栏设置为 5，即每次旋转 5°。

3. 底层贴片元器件布局

本项目中 LED 驱动电路板采用单面板设计，既有贴片元器件也有通孔式元器件，其中

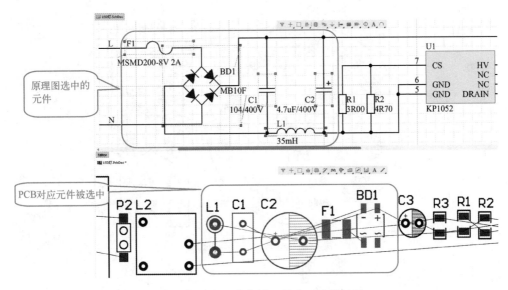

图 7-17　"交互式布局"的交互选择结果

通孔式元器件放置在顶层，而贴片元器件需布置在底层。

选中所有的贴片元件封装，将其"Layer"（工作层）更改为"Bottom Layer"。调整后底层元器件布局图如图 7-18 所示，底层的 3D 图形如图 7-19 所示。

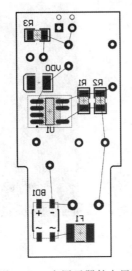

图 7-18　底层元器件布局图

图 7-19　底层 3D 图形

4. 元器件手工布局调整

用鼠标左键按住元器件不放，拖动鼠标可以移动元器件，在移动过程中按下〈Space〉键可以按每次 5°旋转元器件。若要改成 90°旋转，可重新设置"旋转步进"为 90。

本例中 PCB 较小，直插式元器件的焊盘对底层贴片元件有影响，在布局中不能出现通孔式元件与贴片元件重叠现象。适当调整元器件间的间距，避免出现违反 PCB 的最小间距规则。

手工布局调整后的 PCB 如图 7-20 所示。

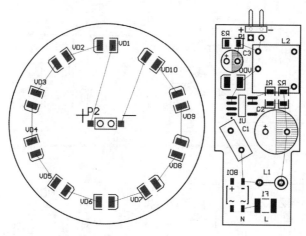

图 7-20　完成手工布局的 PCB

5. 3D 显示布局情况

执行菜单"视图"→"切换到 3 维模式"命令，系统显示该板的 3D 图，如图 7-21 和图 7-22 所示，执行菜单"视图"→"翻转板子"命令，可以查看底层的 3D 图，如图 7-19 所示。从中可以观察底层元件布局是否合理，注意观察元器件是否存在重叠放置问题，标号是否存在被元件体覆盖的问题，如有上述问题，按键盘上〈2〉键返回 2D 状态进行调整。

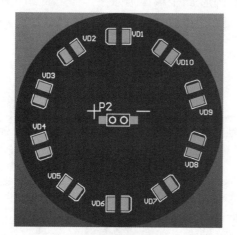

图 7-21　LED 灯盘电路板 3D 图形　　　　图 7-22　LED 驱动电路板 3D 图形

7.2.3　LED 灯 PCB 手工布线

1. 布线规则设置

执行菜单"设计"→"规则"命令，弹出"PCB 规则及约束编辑器"对话框，选中"Routing"选项下的"Width"设置线宽限制规则，设置最小宽度为 1 mm、最大宽度和首选尺寸为 1.5 mm，适用对象为"All"。

选中"Plane"选项下的"Polygon Connect Style"，设置铺铜连接方式为"Direct Connect"，适用对象为"All"。

微课 7.5
LED 灯手工布线

2. 手工布线

1）交互式布线。将工作层切换到 Bottom Layer，执行菜单"放置"→"走线"命令，根据网络飞线进行连线，线路连通后，该线上的飞线将消失，连线宽度根据线所属网络进行选择。连线转弯要求采用 45°或圆弧进行，可以在连线过程中按〈Shift+Space〉键进行切换。

2）放置铺铜。本例中部分线路采用铺铜来完成布线，执行菜单"放置"→"铺铜"命令，按〈Tab〉键，弹出"Properties"对话框，设置"Layer"（工作层）为"Top Layer"，设置"Net"（网络）为相应的连接网络，完成铺铜属性设置后单击"⬛"按钮确认，单击开始放置铺铜，放置过程中同时按〈Shift+Space〉键可以选择铺铜的旋转方式，放置完毕右击退出。

本项目中 LED 灯盘电路板的铺铜层为"Top Layer"，LED 驱动电路板的铺铜层为"Bottom Layer"。若对铺铜进行了调整，调整后需执行菜单"工具"→"铺铜"→"重铺修改过的铺铜"命令完成铺铜修改。

本项目 LED 灯盘电路板的多个区域铺铜基本相似，可以采用阵列粘贴的形式完成。

首先如图 7-23 所示设计一个局部区域的铺铜，然后复制该区域的铺铜，执行菜单"编辑"→"特殊粘贴"命令进行圆形阵列粘贴，"对象数量"设置为 10，"间距"设置为 36，粘贴完成后修改所有铺铜的"Net"（网络）为对应的连接网络，并删除 LED 灯输入输出区域的铺铜，调整后的 PCB 如图 7-24 所示，最后对输入/输出区域重新铺设导线和铺铜，设计完成的 LED 灯盘电路板 PCB 如图 7-25 所示。

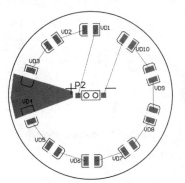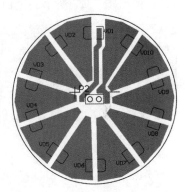

图 7-23　铺设一个区域的铺铜　　图 7-24　粘贴调整后的铺铜　　图 7-25　LED 灯盘电路板完成图

3）独立焊盘布线。本例中连接灯头电源端的两个焊盘需要手工设置网络，根据电路原理图和布局图设置好该两个焊盘的网络，然后进行布线。

4）修改焊盘尺寸。将 LED 驱动电路板上除电容 C1 外的其他元器件的焊盘 X/Y 尺寸均修改为 1.5 mm。

5）在布线过程中可以微调元器件的布局，并可以通过借用 L2 的空引脚 0 来过渡连线，使用时必须设置好网络。

6）PCB 布线完毕，调整好丝网层的文字，以保证 PCB 的可读性，一般要求丝网的大小、方向要一致，不能放置在元器件框内或压在焊盘上。本例中丝网的高度调整为 1 mm，宽度为 0.2 mm。

至此, PCB 手工布线结束, 最终的 PCB 如图 7-26 所示。

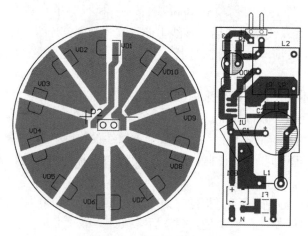

图 7-26 布线结束的 PCB

7.2.4 生成 PCB 的元器件报表

在 PCB 设计结束后, 用户可以方便地生成 PCB 中用到的元器件清单报表。

在当前 PCB 设计图的状态下, 执行菜单 "报告" → "Bill of Materials" 命令, 弹出图 7-27 所示的 "PCB 文档元器件报表" 对话框。

微课 7.6
生成 PCB 元器件报表

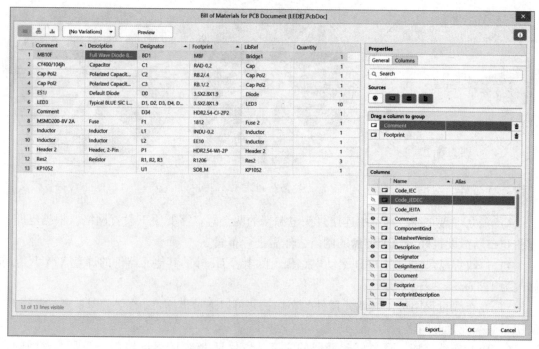

图 7-27 生成 PCB 的元器件报表

在该对话框中，用户可以在右侧"Properties"中"Columns"中选择要输出的内容，并显示在左侧的报告文件中。单击"Export"（输出）按钮，可以导出报表文档，系统默认以电子表格形式导出。

> **🎓 经验之谈**
>
> 1. LED 灯盘电路板是圆形，在铺铜铺设时，为方便进行铺铜规划，转角模式建议使用任意转角方式进行铺设。
> 2. LED 灯盘电路板采用阵列粘贴进行铺设，为方便后期进行的圆形阵列粘贴，第一个区域铺铜建议优先选择水平方向。
> 3. 采用交互式布局可以直观地观察元器件的连接关系，有利于提高布局的效率。

技能实训 9　LED 灯 PCB 设计

1. 实训目的

1）了解 LED 灯电路工作原理。

2）掌握圆形阵列粘贴布局方法。

3）掌握交互式布局方法。

4）进一步掌握 PCB 的手工布线方法。

5）掌握元器件报表的生成方法。

2. 实训内容

1）事先准备好图 7-2 所示的 LED 灯原理图文件，并熟悉电路原理，观察 LED 灯实物。

2）进入 PCB 编辑器，新建 PCB 文件"LED 灯 . PCBDOC"，新建元器件库文件"LED 灯 . PcbLib"，参考图 7-3~图 7-10 设计元器件的封装。

3）载入 Miscellaneous Device. IntLIB、Miscellaneous Connectors. IntLib 和自制的 LED 灯 . PcbLib 元器件库。

4）编辑原理图文件，根据表 7-1 重新设置好元器件的封装。

5）设置单位制为公制，设置捕获栅格尺寸为 0.1 mm。

6）规划 LED 灯盘 PCB。将当前工作层设置为 Keep Out Layer，执行菜单"放置"→"Keep Out"→"圆"命令，以坐标原点为圆心放置一个半径为 23 mm 的圆，在圆心的左右两侧距离圆心 1.27 mm 处，各放置一个半径为 0.7 mm 的圆。

7）规划 LED 驱动电路 PCB。执行"放置"→"Keep Out"→"线径"命令，参考图 7-11 形状和尺寸绘制 LED 驱动电路板轮廓。

8）规划完成的 LED 灯 PCB 如图 7-12 所示，保存该 PCB 文件。

9）参考图 7-14 进行 LED 灯盘 PCB 预布局。手工放置元器件 LED3 的封装（3.5×2.8×1.9），剪切该元器件，进行圆形阵列粘贴，让 LED3 封装以灯板中心为圆心，在 1.8 mm 的半径上粘贴对应的 10 个封装，最后将粘贴好的 10 个封装设置为锁定状态完成预布局。

10）打开 LED 灯原理图文件，执行菜单"设计"→"Update PCB Document LED 灯 . PCBDOC"命令加载网络表和元器件封装，根据提示信息修改错误。

11）执行菜单"工具"→"交叉选择模式"命令进行元器件布局。

12）执行菜单"工具"→"优先选项"命令，设置旋转步进为每次旋转 5°，调整电容 C1 位置，并参考图 7-20 进行手工布局调整，尽量减少飞线交叉。

13）执行菜单"视图"→"切换到三维模式"命令，查看 3D 视图，观察布局是否合理。

14）LED 灯盘 PCB 布线。参考图 7-23~图 7-25，采用阵列粘贴的方式完成 LED 灯盘 PCB 布线。

15）参考图 7-26 进行交互式布线，布线线宽为 1.5 mm，转弯采用 135°方式或圆弧方式进行，布线结束调整元器件丝网层的文字。

16）参考图 7-26 放置 LED 驱动板铺铜，将相应铺铜的网络设置为对应网络。

17）执行菜单"报告"→"Bill of Materials"命令，生成元器件报表，输出电子表格形式的报告文档。

18）保存 PCB 文件和工程文件。

3. 思考题

1）如何设定元器件的旋转角度？

2）如何进行交互式布局的设置？

3）如何进行圆形阵列粘贴？

4）如何生成元器件报表？

思考与练习

1. 如何实现 15 个元器件的圆形阵列粘贴？

2. 完成预布局后，如何从原理图中加载网络表和其他元器件封装到 PCB？

3. 如何锁定预布局的元器件？

4. 根据图 7-28 所示的节能灯电路设计单面 PCB，PCB 参考图如图 7-29 所示。设计要求如下。

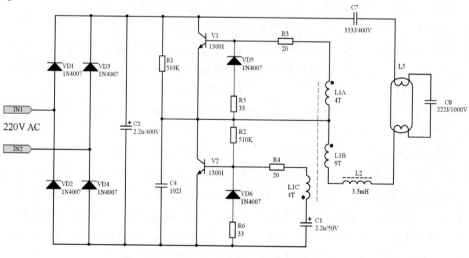

图 7-28 节能灯原理图

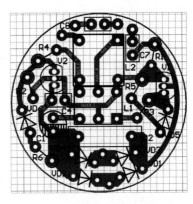

图 7-29　节能灯外观和 PCB 图

1）PCB 的尺寸为 660 mil 的圆形，板的边缘采用圆弧布线，以匹配圆形 PCB。

2）电源接线端和灯管接线端分别布于 PCB 的两侧，为电源接线端预留两个焊盘，为灯管接线端预留 4 个焊盘。

3）刚性器件、不能弯曲的高元器件布设于板的中央，以满足 PCB 的空间要求。

4）电解电容 C2 因为板子小将其封装定义为 RAD-0.4，安装该元器件时将其抬高，利用空间来补充板面积的不足，注意在引脚上加套管。

5）高频磁环 L1 是 3 只线圈并绕，要注意同名端的连接。扼流圈磁芯为 EI 型，有 4 个引脚，其中引脚 1、2 接线圈，引脚 3、4 为空脚，用于固定元器件。

6）布线采用手工布线方式进行，线宽为 40 mil。在空间允许的条件下尽量使用铺铜，以提高电流承受能力和稳定性。

项目 8　双面 PCB 设计——STM32 功能板

任务 8.1　了解 STM32 功能板

8.1.1　产品介绍

STM32 功能板是学习 STM32 的入门工具，也可以作为开发产品的基础模块，开发板实物图如图 8-1 所示。

微课 8.1
STM32 功能板
产品介绍

图 8-1　STM32 功能板实物图

STM32 功能板电路原理图如图 8-2 所示，开发板选用的 MCU 为 STM32F103RBT6，包含模块有 STM32 最小系统、I/O 接口电路、BOOT 启动模式选择、JTAG 接口、Mini USB 接口、5 V 转 3.3 V 电源电路、串口通信、电源开关、3.3 V 和 PD2 的指示灯等。

8.1.2　设计前准备

STM32 功能板元器件主要采用贴片式，个别元器件在原理图库中不存在，需重新设计元器件的原理图图形和封装，并为元器件重新定义封装。

微课 8.2
STM32 功能板
设计前准备

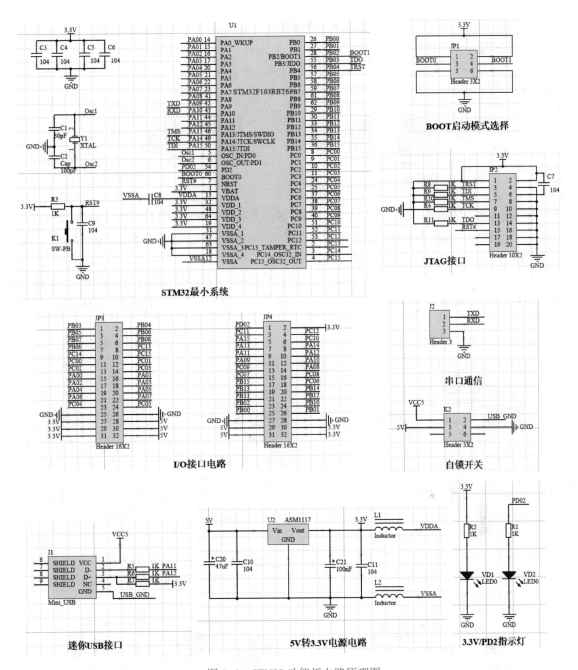

图 8-2　STM32 功能板电路原理图

1. 绘制原理图元器件

在原理图中，STM32F103RBT6 和迷你 USB 需要自行设计，元器件图形参考图 8-2 的 U1 和 J1。

2. 元器件封装设计

本项目中，元器件封装采用手工设计，3D 模型采用"放置"→"3D 元件体"设计。

1）贴片电阻、电容、电感等元器件使用同一个封装，封装名为 0805，图形如图 8-3 所示。焊盘中心间距为 2.4 mm，焊盘 X/Y 尺寸分别为 1.5 mm 和 1.3 mm，形状为 Rectangular，焊盘编号分别为 1 和 2。

贴片 LED 封装与之相似，为了区分 LED 的正负极，将外框一侧改为竖线表示负极，并更改封装名为 0805D，如图 8-4 所示。

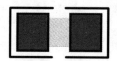

图 8-3　封装 0805

图 8-4　封装 0805D

2）贴片按键的封装，封装名为 TD-19XA，图形如图 8-5 所示。外框尺寸 6.1 mm×3.7 mm，焊盘中心间距为 8 mm，焊盘的 X/Y 尺寸分别为 3 mm 和 1 mm，形状为 Rectangular，焊盘编号分别为 1 和 2。

3）电解电容的封装，封装名为 RB.1/.2，如图 8-6 所示。外框圆直径 200 mil，焊盘间距为 100 mil，焊盘 X/Y 尺寸均为 80 mil，焊盘编号分别为 1 和 2，将焊盘 2 作为负极并打上斜线作为指示。

4）8M 晶振的封装，封装名为 XTAL8M，图形如图 8-7 所示。焊盘中心间距为 200 mil，焊盘 X/Y 尺寸均为 60 mil，形状为 Round，外形圆弧半径 90 mil。

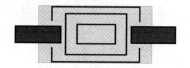

图 8-5　贴片按键的封装

图 8-6　电解电容的封装

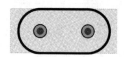

图 8-7　8M 晶振的封装

5）自锁按键开关的封装，封装名 SPST-23，如图 8-8 所示。左右焊盘中心间距 2 mm，上下焊盘中心间距为 4.5 mm，焊盘的 X/Y 尺寸均为 1.5 mm，Hole Size（孔径）为 1.3 mm，两排焊盘编号设置分别为 1、3、5 与 2、4、6。

6）迷你 USB 的封装，封装名为 Mini_USB，如图 8-9 所示，它有 9 个贴片引脚，其中边缘四个仅用于固定器件外壳，另有两个突起用于固定，设计封装时 9 个贴片引脚采用贴片式焊盘，两个突起处采用通孔式焊盘设计定位孔。

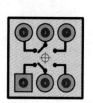

图 8-8　自锁按键开关实物与封装

图 8-9　迷你 USB 实物与封装

USB 封装外框尺寸为 9 mm×9.6 mm；固定外壳的贴片焊盘 X/Y 尺寸为 1.8 mm/1.6 mm，层为 Top Layer、形状为 Rectangular；其他贴片焊盘 X/Y 尺寸为 0.4 mm/2.4 mm、层为 Top Layer、形状为 Rectangular；定位孔 X/Y 尺寸为 1 mm/1 mm、孔径为 1 mm。焊盘 1~5 中相邻焊盘的中心间距为 0.8 mm；焊盘 7 与焊盘 8（焊盘 6 与焊盘 9）中心间距为 5.4 mm；焊盘 7

与焊盘 1 (焊盘 6 与焊盘 5) 水平方向的中心间距为 2.9 mm, 垂直方向的中心间距为 0.8 mm; 右侧焊盘 0 与焊盘 1 (左侧焊盘 0 与焊盘 5) 的水平方向中心间距为 0.6 mm, 垂直方向中心间距为 3.6 mm; 定位孔中心间距 4.4 mm。

　　7) STM32F103RBT6 封装图形, 封装名为 LQFP-64N, 如图 8-10 所示, 详细参数如表 8-1 所示。

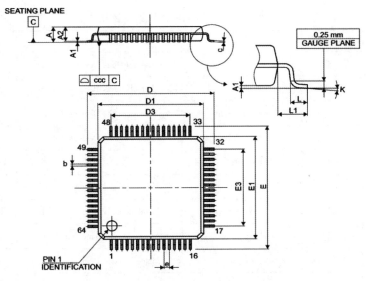

图 8-10　STM32F103RBT6 封装参数图

表 8-1　STM32F103RBT6 封装参数表

标 记 符	公制/mm			英制/in		
	最小值	典型值	最大值	最小值	典型值	最大值
A	—	—	1.600	—	—	0.0630
A1	0.050	—	0.150	0.0020	—	0.0059
A2	1.350	1.400	1.450	0.0531	0.0551	0.0571
b	0.170	0.220	0.270	0.0067	0.0087	0.0106
c	0.090	—	0.200	0.0035	—	0.0079
D	—	12.000	—	—	0.4724	—
D1	—	10.000	—	—	0.3937	—
D3	—	7.500	—	—	0.2953	—
E	—	12.000	—	—	0.4724	—
E1	—	10.000	—	—	0.3937	—
E3	—	7.500	—	—	0.2953	—
e	—	0.500	—	—	0.0197	—
K	0°	3.5°	7°	0°	3.5°	7°
L	0.450	0.600	0.750	0.0177	0.0236	0.0295
L1	—	1.000	—	—	0.0394	—
ccc	—	—	0.080	—	—	0.0031

3. 原理图设计

将元器件库 Miscellaneous Devices. IntLib、Miscellaneous Connectors. IntLib 和自行设计的元器件库设置为当前库，根据图 8-2 绘制电路原理图，参考表 8-2 设置好元器件的封装，原理图设计完毕后进行编译检查并修改错误，最后将原理图另存为"STM32 功能板. SCHDOC"。

表 8-2　STM32 功能板元器件参数表

元器件类型	元器件标号	库元器件名	元器件所在库	元器件封装
贴片电容	C1~C11	Cap	Miscellaneous Devices. IntLib	0805（自制）
贴片电阻	R1~R11	RES2	Miscellaneous Devices. IntLib	0805（自制）
贴片电感	L1、L2	Inductor Iron	Miscellaneous Devices. IntLib	0805（自制）
电解电容	C20、C21	Cap Pol2	Miscellaneous Devices. IntLib	RB. 1/. 2（自制）
STM32F103RBT6	U1	STM32F103RBT6（自制）	自制库	LQFP-64N（自制）
ASM1117	U2	Volt Reg	Miscellaneous Devices. IntLib	SOT223
贴片按键开关	K1	SW-PB	Miscellaneous Devices. IntLib	TD-19XA（自制）
自锁按键开关	K2	Header 3×2	Miscellaneous Connectors. IntLib	SPST-23（自制）
贴片发光二极管	VD1、VD2	LED0	Miscellaneous Devices. IntLib	0805D（自制）
3×2 插座	JP1	Header 3×2	Miscellaneous Connectors. IntLib	HDR2×3
10×2 插座	JP2	Header 10×2	Miscellaneous Connectors. IntLib	HDR2×10
16×2 插座	JP3、JP4	Header 16×2	Miscellaneous Connectors. IntLib	HDR2×16
迷你 USB 接口	J1	MINI USB	自制库	Miniu_USB（自制）
1×3 插座	J2	Header 3	Miscellaneous Connectors. IntLib	HDR1×3
8 MHz 晶振	Y1	XTAL	Miscellaneous Devices. IntLib	XTAL8M（自制）

8.1.3　设计 PCB 时考虑的因素

STM32 功能板 PCB 采用双面板设计，设计时考虑的主要因素如下。

1）开发板 PCB 的电气轮廓为 1755 mil×2755 mil。

2）在开发板的 4 个角落，距离边沿 100 mil 的位置，各放置一个直径为 120 mil 的螺纹孔。

3）JTAG 插座、迷你 USB 接口、I/O 接口靠板的边沿布局。

4）MCU 的电源滤波电容就近放置在电源引脚附近。

5）时钟晶振电路和复位电路尽量接近 MCU 芯片的相关引脚。

6）在空间允许的条件下，加宽地线和电源线。

7）为保证印制导线的强度，为焊盘和过孔添加泪滴。

任务 8.2　STM32 功能板 PCB 布局

8.2.1　从原理图加载网络表和元器件封装到 PCB

1. 规划 PCB

采用英制规划尺寸，执行菜单"放置"→"Keep Out"→"线径"命令在 Keep Out Layer 层绘制 1755 mil×2755 mil 的电气轮廓。在 4 个角落距离边沿 100 mil 的位置，各放置一个直径为 120 mil 的螺纹孔。

2. 设置元器件库

本项目中元器件在 Miscellaneous Devices. IntLib、Miscellaneous Connectors. IntLib 和自制的元器件封装库 STM32 功能板 . PCBLIB 中，将它们设置为当前库。

3. 从原理图加载网络表和元器件封装到 PCB

对原理图文件进行编译，检查并修改错误。执行菜单"设计"→"Update PCB Document STM32 功能板 . PCBDOC"命令加载网络表和元器件封装，当无原则性错误后，单击"执行变更"按钮将元器件封装和网络表添加到 PCB 编辑器中。

8.2.2　PCB 模块化布局及手工调整

从原理图载入网络表和元器件封装后，封装排列在电气边界之外，本例中采用模块化布局和手工布局相结合的方式进行元器件布局。

微课 8.3
PCB 模块化布局

1. 模块化布局

面对如今集成度越来越高、系统越来越复杂的电子产品，对于 PCB 布局应该具有模块化的思维，即无论是在硬件原理图的设计还是在 PCB 布线中均使用模块化、结构化的设计方法。作为硬件设计人员，在了解系统整体架构的前提下，首先应该在原理图和 PCB 布线设计中自觉融合模块化的设计思想，结合 PCB 的实际情况，规划好对 PCB 进行布局的基本思路。

为了方便元器件的找寻，需要把原理图与 PCB 对应起来，使两者之间能相互映射，简称交互。利用交互式布局可以比较快速地定位元件，从而缩短设计时间，提高工作效率。为了达到原理图和 PCB 两两交互，需要在原理图编辑界面和 PCB 设计交互界面中都执行菜单命令"工具"→"交叉选择模式"，激活交叉选择模式，这样在原理图上选中某个元件后，PCB 上相对应的元件会同步被选中；反之，在 PCB 上选中某个元件后，原理图上相对应的元件也会被选中。

如图 8-2 所示，本项目所有单元电路都按模块进行划分，为了更好更快完成电路的布局，可以先进行模块化预布局，具体步骤如下。

1）打开工程文件中相关的原理图文件和 PCB 文件，执行菜单"Window"→"水平平铺"命令平铺两个文件窗口，以便后期观察。

2）在原理图编辑器中执行菜单"工具"→"交叉选择模式"命令开启交叉选择模式，光标拉框选中某个单元模块电路，对应 PCB 中的相关元器件也被选中。

3）进入 STM32 功能板 . PCBDOC，执行菜单"工具"→"器件摆放"→"在矩形区域摆列"命令，在拟放置元器件的位置单击确定放置的起点，移动光标到一定位置再次单击确定放置的终点，这样相应的器件将移动到该矩形区域中，完成相应模块的预布局工作。

4）同样方法对其他模块的元器件进行模块化布局，模块化预布局后的 PCB 如图 8-11 所示。

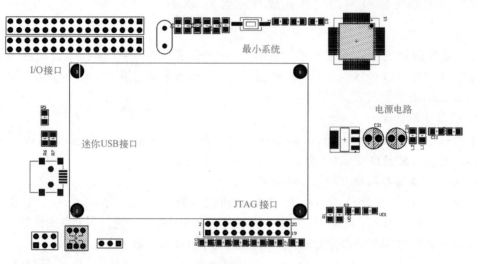

图 8-11 "模块化布局"的 PCB

2. 预布局调整

模块化预布局后还要进行手工预布局调整。

手工预布局针对一些特殊元器件进行预布局，本项目中要考虑 JTAG 插座、迷你 USB 接口、I/O 接口靠近板的边沿布局，MCU 居中，同时在 Top Overlay 对 I/O 接口相应引脚通过放置字符串的方式进行标记，方便后期使用，预布局完成的 PCB 如图 8-12 所示。

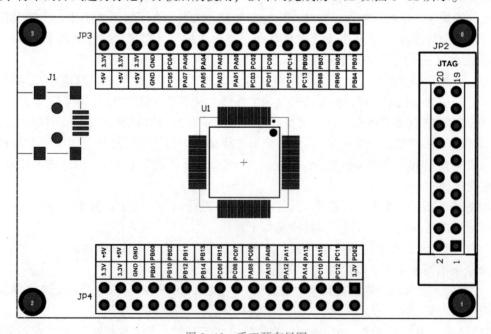

图 8-12 手工预布局图

预布局完成后一般将布局好的元器件锁定，具体方法为：双击该元器件，在弹出的"Properties"对话框中单击"Location"区的"Rotation"后的🔓，当其变为🔒时元器件被锁定，这样在后续布局时这些元器件不可移动。

3. 手工布局调整

根据电路的功能模块，通过移动元器件、旋转元器件等方法合理地调整其他元器件的位置完成元器件布局调整，尽量减少网络飞线的交叉。

对于处于锁定状态的元器件必须在"Properties"对话框中去除锁定状态后才能移动。

8.2.3 网络类的创建与使用

网络类就是指把一些网络分在一个类别里。如某些网络都具有一些特性需要进行特定的规则限制，比如电源、差分、等长等，就把这些网络放置在同一个类里面，一次性对这个类进行规则设置，既便于操作，又便于电路理解。

微课 8.4
网络类的创建
与应用

1. 建立网络类优化布局

执行菜单"设计"→"类"命令，弹出"对象类浏览器"对话框，可以对电路的类进行管理，如图 8-13 所示。

图 8-13 网络类管理界面

右击网络类名称，弹出一个子菜单，可以进行网络类的添加、删除和重命名操作，如图 8-14 所示。

添加或修改好网络类的名称后，可以对该类网络成员进行添加▶或移除◀操作，如图 8-15 所示。

图 8-14 添加类

本例的电源类网络涉及的器件较多，MCU 的 I/O 口数量较多，设计中增加 POWER 和 I/O 两个类，把所有电源和地的网络3.3V、5V、VCC5、VDDA、VSSA、GND、USB-GND，归为POWER类；所有的I/O的网络PA、PB、PC，归为I/O类。

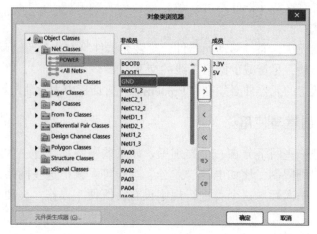

图8-15 添加类的网络成员

网络类设置完毕，可以在PCB选项卡中观察相关信息。单击该选项卡左下角的"PCB"选项卡，选择"Nets"，此时工作区面板上将显示所有网络类、网络类对应的网络、网络对应的节点信息及PCB预览图等，如图8-16所示；选中网络类（如Power），选择对应网络（如VSSA），节点区将显示所有与之相关的节点，工作区中将显示PCB的局部细节。

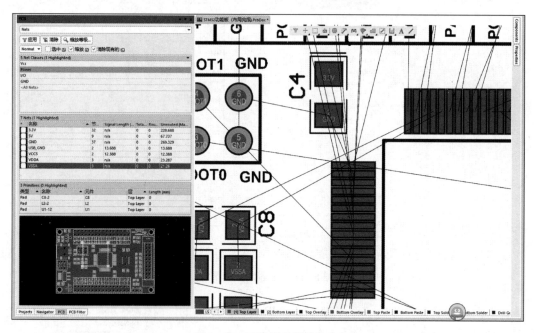

图8-16 网络类的具体信息

2. 隐藏网络类

在设计中，为了方便元器件局部调整，一般可以选择隐藏部分网络类。右击要隐藏的类，屏幕弹出一个子菜单，选择"连接"子菜单，弹出二级子菜单，如图8-17所示，可以在其中选择对网络类进行显示或隐藏。一般在布局中可以分批隐藏一些类的网络飞线，这样可以减少飞线过多对布局操作的影响。

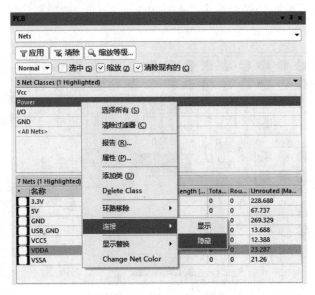

图 8-17　显示或隐藏类

本例中首先进行 POWER 类布局调整，故将 I/O 类隐藏，这样该类网络相关的飞线都不显示，如图 8-18。

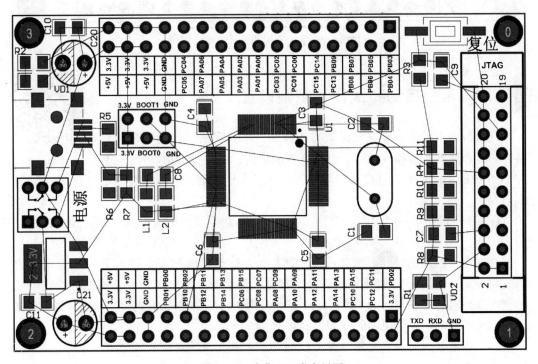

图 8-18　隐藏 I/O 类布局图

布局调整结束，选中所有元器件，执行菜单"编辑"→"对齐"→"对齐到栅格上"命令，将元器件移动到网格上以提高布线效率，最后将 I/O 类设置为显示状态，显示所有网络并进行布局微调。所有布局调整结束，删除 ROOM 空间，布局调整结束的 PCB 如图 8-19 所示。

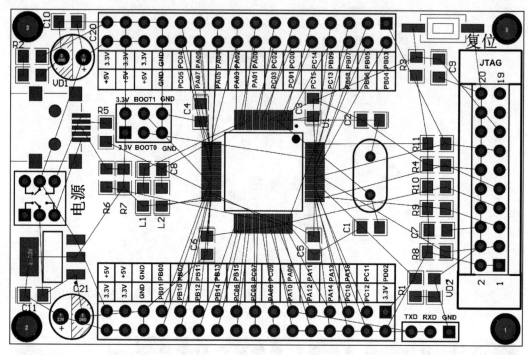

图 8-19　手工布局调整后的布局图

任务 8.3　常用自动布线设计规则设置

微课 8.5
自动布线规则
设置

在进行自动布线前，首先要设置布线规则，布线规则设置的合理性将直接影响到布线的质量和成功率。设计规则制定后，系统将自动监视 PCB，检查 PCB 中的图件是否符合设计规则，若违反了设计规则，将以高亮显示违规内容。

执行菜单"设计"→"规则"命令，弹出"PCB 规则及约束编辑器"对话框，如图 8-20 所示。

PCB 规则及约束编辑器界面分成左右两栏，左边是树形列表，列出了 PCB 规则和约束的构成和分支，提供有 10 种不同的设计规则类，每个设计规则类还有不同的分类规则，单击各个规则类前的▶符号，可以列表展开查看该规则类中的各个子规则，单击◢符号则收起展开的列表；右边是各类规则的详细内容。

本例中要设置的规则主要集中在"Electrical"（电气设计规则）类别和"Routing"（布线设计规则）类别中。

1. 电气设计规则（Electrical）

电气设计规则是 PCB 布线过程中所遵循的电气方面的规则，主要用于 DRC 电气校验。在"PCB 规则及约束编辑器"的规则列表栏中单击"Electrical"选项，该项下的所有电气设计规则将列表展开，电气设计规则如图 8-21 所示，包含了 5 个子规则，图中选中的是安全间距规则（Clearance）。

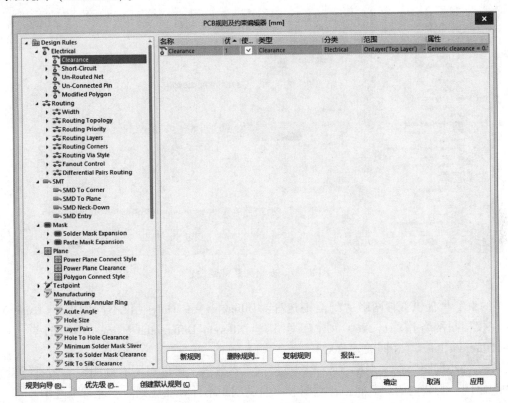

图 8-20 "PCB 规则及约束编辑器"对话框

（1）Clearance（安全间距规则）

安全间距规则用于设置 PCB 上不同网络的导线、焊盘、过孔及铺铜等导电图形之间的最小间距。通常情况下安全间距越大越好，但是太大的安全间距会造成电路布局不够紧凑，增加 PCB 的尺寸，提高制板成本。

单击图中的"Clearance"规则前的▶符号，系统默认一个名称为"Clearance"的子规则，单击该规则名称，编辑区右侧区域将显示该规则的属性设置信息，如图 8-21 所示。

图中系统默认的安全间距为 0.254 mm（10 mil），用户可以根据实际需要自行设置安全间距，安全间距通常设置为 0.127~0.508 mm（5~20 mil）。

在"Where The First Object Matches"（第一个匹配对象的位置）区中，可以设置规则适用的对象范围："All"，包括所有的网络和工作层；"Net"，可在其后的下拉列表框中选择适用的网络；"Net Class"，可在其后的下拉列表框中选择适用的网络类；"Layer"，可在其后的下拉列表框中选择适用的工作层；"Net 和 Layer"，可在其后的下拉列表框中选择适用的网络和工作层；"Custom Query"，可以自定义适配项。

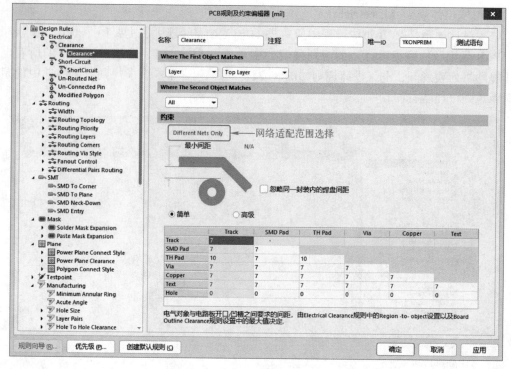

图 8-21　安全间距规则设置

　　"约束"区提供五种网络适配范围选择：Different Nets Only（仅不同网络）、Same Nets Only（仅相同网络）、Any Nets（所有网络）、Different Differential Pairs（不同的差分对）、Same Different Pairs（相同的差分对）。

　　在"最小间距"的文本框（N/A）直接输入参数值，可以对所有的间距参数进行设置。选中忽略同一封装内的焊盘间距，则封装本身的间距不计算在规则内，通常不选中。

　　Altium Designer 19 提供"简单""高级"两种方式进行两个对象间的间距设置。"简单"规则的对象共 7 种：Track（走线）、SMD Pad（贴片焊盘）、TH Pad（通孔焊盘）、Via（过孔）、Copper（铜皮）、Text（文字）、Hole（钻孔）。"高级"和"简单"基本相同，只是增加了 4 个对象：Arc（圆弧）、Fill（填充）、Poly（铺铜）、Region（区域）。

　　图 8-22 所示为安全间距设置的实例，图中设置通孔焊盘和连线之间的间距为 10 mil，通孔焊盘和通孔焊盘间距为 10 mil，设置时只需在两个对象的交叉处单击后直接键入相应的数值即可。

	Track	SMD Pad	TH Pad	Via	Copper	Text
Track	7					
SMD Pad	7	7				
TH Pad	10	7	10			
Via	7	7	7	7		
Copper	7	7	7	7	7	
Text	7	7	7	7	7	7
Hole	0	0	0	0	0	0

图 8-22　两个对象间距设置

设定安全间距一般依赖于布线经验，最小间距的设置会影响到印制导线走向，用户应根据实际情况调节。在板的密度不高的情况下，最小间距可设置大一些。

（2）Short-Circuit（短路约束规则）

短路约束规则用于设置 PCB 上的导线等对象是否允许短路。单击图 8-20 中的"Short-Circuit"规则，系统默认一个名称为"Short Circuit"的子规则，单击该规则名称，编辑区右侧区域将显示该规则的属性设置信息，如图 8-23 所示。

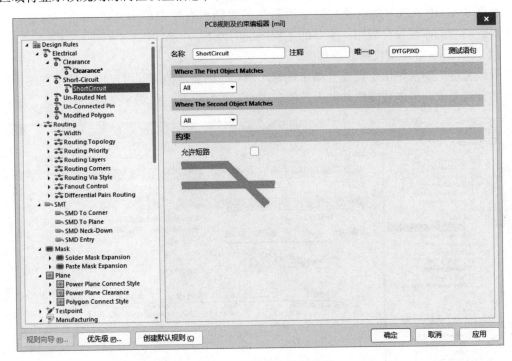

图 8-23　短路约束规则设置

从图中可以看出系统默认的短路约束规则是不允许短路。但在一些特殊的电路中，如带有模拟地和数字地的模数混合电路，在设计时，虽然这两个地是属于不同网络的，但在电路设计完成之前，设计者必须将这两个地在某一点连接起来，这就需要允许短路存在。为此可以针对两个地线网络单独设置一个允许短路的规则，在"Where The First Object Matches"和"Where The Second Object Matches"区的"网络"中分别选中 DGND（数字地）和 AGND（模拟地），然后选中"允许短电流"复选框即可。

一般情况下短路约束规则设置为不允许短路。

（3）Un-Routed Net（未布线网络规则）

未布线网络规则用于检查指定范围内的网络是否已布线，对于未布线的网络，使其仍保持飞线。一般使用系统默认的规则，即适用于整个网络。

（4）Un-Connected Pin（未连接引脚规则）

未连接引脚规则用于检查指定范围内的元器件封装引脚是否均已连接到网络，对于未连接的引脚给予警告提示，显示为高亮状态，系统默认状态为不使用该规则。

（5）Modified Polygon（多边形铺铜调整）

多边形铺铜调整规则用于检查被调整后的多边形铺铜是否进行重铺，执行"工具"→"铺铜"→"重铺修改过的铺铜"命令，可以进行铺铜调整后的自动更新。

由于系统设置了自动DRC检查，当出现违反上述规则的情况时，违反规则的对象将高亮显示。

2. 布线设计规则（Routing）

在图8-20中"PCB规则及约束编辑器"的规则列表栏中单击"Routing"选项，系统列表展开所有的布线设计规则，主要的子规则说明如下。

（1）Width（导线宽度限制规则）

导线宽度限制规则用于设置自动布线时印制导线的宽度范围，可以定义最小宽度、最大宽度和首选宽度，单击宽度栏并键入数值即可对其进行设置，如图8-24所示。

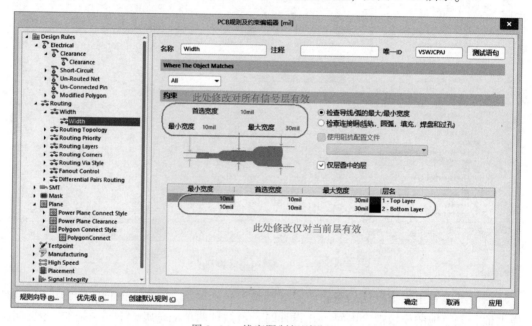

图8-24　线宽限制规则设置

图中的"Where The Object Matches"（匹配对象的位置）区中可以设置规则适用的范围；"约束"区用于设置布线线宽的大小范围，该区的设置分为对全部信号层有效和指定层有效。

在实际应用中，通常会针对不同的网络设置不同的线宽限制规则，特别是电源和地线网络的线宽，此时可以建立新的线宽限制规则。下面以新增线宽为30mil的GND网络限制规则为例介绍设置方法。

右击"Width"子规则，系统将自动弹出一个菜单，如图8-25所示，选中"新规则"子菜单，系统将自动增加一个线宽限

图8-25　新建规则

制规则"Width_1"，在图 8-24 的"名称"栏中将"Width_1"更改为"GND"，在"Where The Object Matches"区的下拉列表框选中"Net"，在其后的下拉列表框中选中网络"GND"，在"约束"区设置最小宽度、最大宽度和首选宽度均为 30 mil，参数设置完毕后单击"应用"按钮完成设置，如图 8-26 所示。

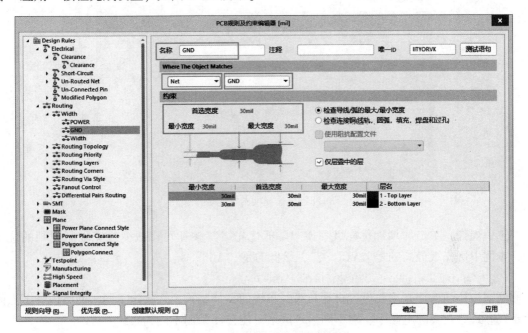

图 8-26　设置地线线宽限制规则

　　若要删除规则，可右击要删除的规则，选择子菜单"删除规则"命令将该规则删除。
　　一个电路中可以针对不同的网络设定不同的线宽限制规则，对于电源和地设置的线宽一般较粗，图 8-27 所示为电路的布线线宽限制规则，其中 GND 的线宽为 30 mil，VCC 类的线宽为 30 mil，其他信号线的线宽为最小 10 mil、首选 10 mil、最大 30 mil。

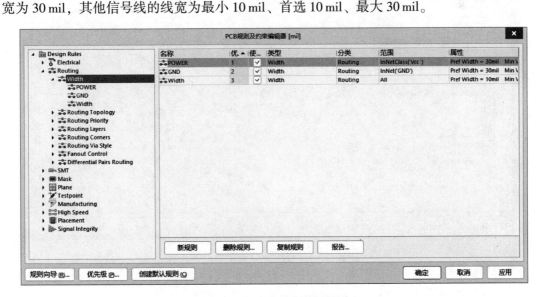

图 8-27　多个线宽限制规则

由于设置了多个不同的线宽限制规则，必须设定它们的优先级，以保证布线的正常进行。单击图 8-27 中左下角 "优先级" 按钮，屏幕弹出 "编辑规则优先级" 菜单，如图 8-28 所示。

图 8-28　设计规则的优先级设置

选中规则，单击 "增加优先级" 或 "降低优先级" 按钮可以改变线宽限制规则的优先级，本例中优先级最高的是 "VCC 类"，最低的是 "All"。

（2）Routing Topology（网络拓扑结构规则）

网络拓扑结构规则主要设置自动布线时布线的拓扑结构，它决定了同一网络内各节点间的走线方式。在实际电路中，对不同信号网络可能需要采用不同的布线方式。

网络拓扑结构规则如图 8-29 所示，图中的 "Where The Object Matches" 区中可以设置规则适用的范围，"约束" 区的 "拓扑" 下拉列表框用于设置拓扑逻辑结构，一共有 7 种拓扑逻辑结构供选择，7 种拓扑逻辑结构如图 8-30 所示。

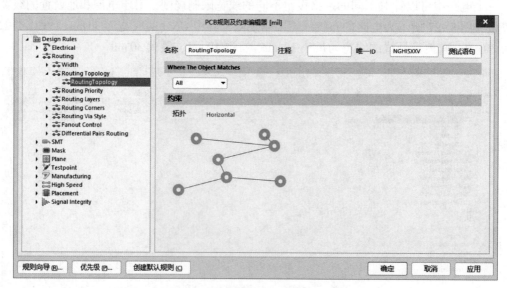

图 8-29　网络拓扑结构规则设置

系统默认的布线拓扑结构规则为 "Shortest"（最短距离连接）。

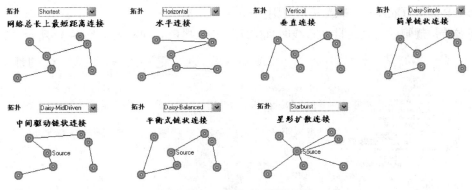

图 8-30　7 种拓扑逻辑结构

（3）Routing Priority（布线优先级）

布线优先级规则用于设置某个对象的布线优先级，在自动布线过程中，具有较高布线优先级的网络会被优先布线，布线优先级规则的"Where The Object Matches"区中可以设置规则适用的范围，"约束"区的"布线优先级"可以是 0~100 之间的数字，数值越大，优先级越高。

（4）Routing Layers（布线层规则）

布线层规则主要用于设置自动布线时所使用的工作层面，系统默认采用双面布线，即选中顶层（Top Layer）和底层（Bottom Layer），如图 8-31 所示。

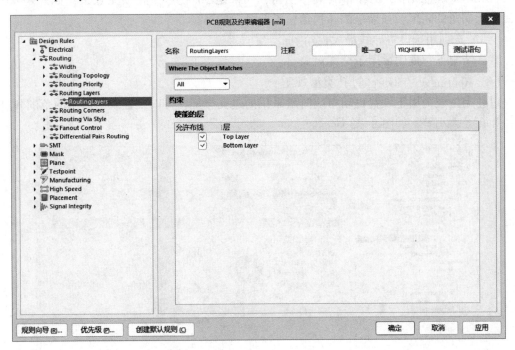

图 8-31　布线层设置

如果要设置成单面布线，则在图 8-31 中只选中 Bottom Layer 作为布线板层，这样所有的印制导线都只能在底层进行布线。

（5）Routing Corners（布线转角规则）

布线转角规则主要是在自动布线时规定印制导线拐弯的方式，如图 8-32 所示。

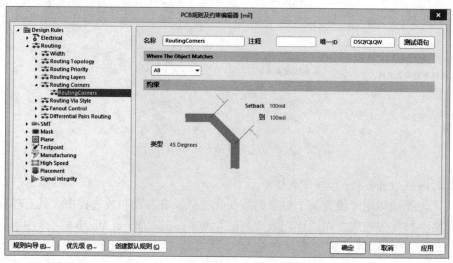

图 8-32　布线转角规则设置

在"约束"区内的"类型"下拉列表框用于选择导线拐弯的方式，有 3 种拐弯方式供选择，即 90°拐弯（90 Degrees）、45°拐弯和圆弧拐弯（Rounded）。

"Setback"选项用于设置导线最小拐角，如果是 90°拐弯，此项无意义；如果是 45°拐弯，表示拐角的高度；如果是圆弧拐角，表示圆弧的半径。

"到"选项用于设置导线最大拐角。

默认情况下，规则适用于全部对象。

（6）Routing Via Style（过孔类型规则）

过孔类型规则用于设置自动布线时所采用的过孔类型，可以设置规则适用的范围和过孔直径和孔径大小等，如图 8-33 所示。

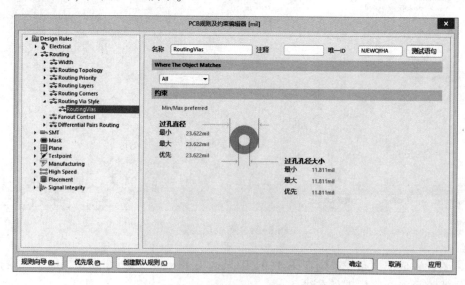

图 8-33　过孔类型规则设置

过孔通常在设计双面以上的板中使用，设计单面板时无须设置过孔类型规则。

3. 本项目中自动布线规则设置

本项目中的布线规则设置的具体内容如下。

安全间距规则设置：全部对象为 7 mil；短路约束规则：不允许短路；布线转角规则：45°；导线宽度全局限制规则：最小为 10 mil，最大为 30 mil，首选 10 mil；VCC 类和 GND 网络导线宽度规则：最小为 30 mil，最大为 30 mil，首选为 30 mil；布线层规则：选中 Bottom Layer 和 Top Layer 进行双面布线；过孔类型规则：过孔直径为 0.6 mm，过孔孔径为 0.3 mm；其他规则选择默认。

任务 8.4　STM32 功能板 PCB 布线

8.4.1　元器件预布线

在设计中，一般自动布线之前需要对某些重要的网络进行预布线，然后再通过自动布线完成剩下的布线工作。

微课 8.6
元器件预布线

1. 预布线的常用菜单命令

预布线可以通过执行菜单"布线"→"自动布线"下的子菜单来实现，也可以通过交互式布线方式进行。

（1）指定网络自动布线

执行菜单"布线"→"自动布线"→"网络"命令，将光标移到需要布线的网络上，单击，该网络立即被自动布线。

（2）指定网络类自动布线

执行菜单"布线"→"自动布线"→"网络类"命令，在弹出窗口中选择对应的网络类，单击确定，则该类所有网络立即被自动布线。

（3）指定飞线自动布线

执行菜单"布线"→"自动布线"→"连接"命令，将光标移到需要布线的某条飞线上，单击，则该飞线所连接焊盘立即被自动布线。

（4）指定元器件自动布线

执行菜单"布线"→"自动布线"→"元件"命令，将光标移到需要布线的元器件上，单击，则与该元器件的焊盘相连的所有飞线立即被自动布线。

（5）指定区域自动布线

执行菜单"布线"→"自动布线"→"区域"命令，用光标拉出一个区域，程序自动完成指定区域内的布线，凡是全部或部分在指定区域内的飞线都将被自动布线。

2. 手动预布线

本项目中 MCU 的 I/O 口需要进行手工预布线，I/O 口在顶层进行布线，布线采用交互式布线和交互式总线布线相结合的方式进行，线宽为 10 mil，双面的线通过过孔连接。

1）执行菜单"布线"→"交互式布线"命令，给 I/O 端口绘制一组短线，如图 8-34 所示。

2）用鼠标拉框选中该组 I/O 端口连线，如图 8-35 所示。

3）执行菜单"布线"→"交互式总线布线"命令，进行总线布线，如图 8-36 所示。

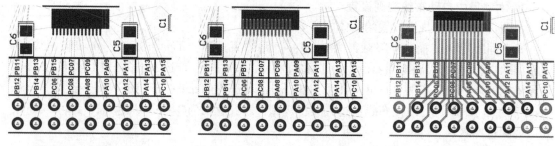

图 8-34　布置短连线　　　　　图 8-35　选中连线　　　　　图 8-36　总线布线

4）通过交互式布线适当调整布线，完成所有 I/O 口的手工预布线，I/O 口手工预布线的 PCB 如图 8-37 所示。

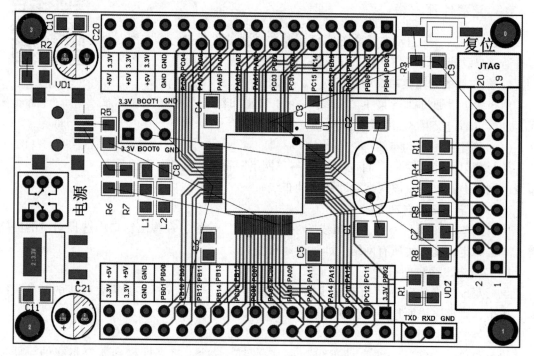

图 8-37　I/O 口手工预布线的 PCB

3. MCU 自动预布线

执行菜单"布线"→"自动布线"→"网络"命令，针对 MCU 中除了电源和地线以外的网络进行自动预布线，MCU 自动预布线后的 PCB 如图 8-38 所示。

4. 锁定预布线

针对已经进行的预布线，如果要在自动布线时保留这些预布线，可以在自动布线器选项中设置锁定所有预布线。

执行菜单"布线"→"自动布线"→"设置"命令，弹出"Situs 布线策略"对话框，选中对话框下方的"锁定已有布线"复选框，锁定全部预布线，单击"OK"按钮完成设置。

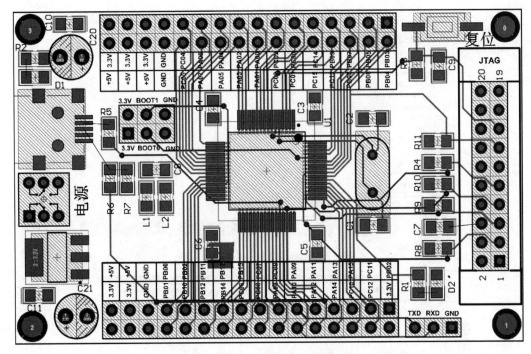

图 8-38 MCU 自动预布线的 PCB

8.4.2 自动布线

预布线和布线规则设置完毕，就可以利用 Altium Designer 19 提供的自动布线功能进行自动布线。

在 PCB 编辑器中，执行菜单"布线"→"自动布线"→"全部"命令，弹出"Situs 布线策略"对话框，如图 8-39 所示。

微课 8.7
自动布线

1. 查看已设置的布线设计规则

图 8-39 中的"布线设置报告"区中显示的是当前已设置的布线设计规则，用光标拖动该区右侧的拖动条可以查看布线设计规则，若要修改规则，可单击下方的"编辑规则"按钮，弹出"PCB 规则及约束编辑器"对话框，可在其中修改设计规则。

2. 设置布线层的走线方式

单击图 8-39 中的"编辑层走线方向"按钮，弹出图 8-40 所示的"层说明"对话框，可以设置布线层的走线方向，系统默认为双面布线，顶层走水平线，底层走垂直线。

单击"当前设定"区下的"Vertical"，在下拉列表框中选择布线层的走线方式，如图 8-41 所示。

图 8-41 中下拉列表框中内容说明如下。

- Not Used：不使用本层；
- Horizontal：本层水平布线；
- Vertical：本层垂直布线；
- Any：本层任意方向布线；
- 1~5 O″Clock：1~5 点钟方向布线；
- 45 Up：向上 45°方向布线；
- 45 Down：向下 45°方向布线；
- Fan Out：散开方式布线；
- Automatic：自动设置。

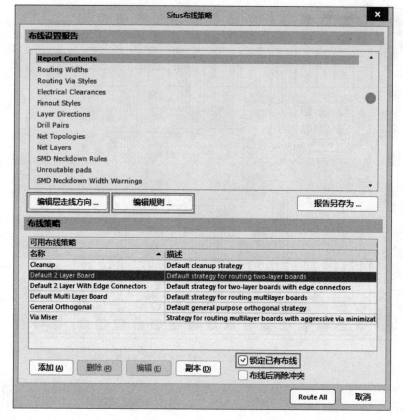

图 8-39 "Situs 布线策略"对话框

图 8-40 "层说明"对话框

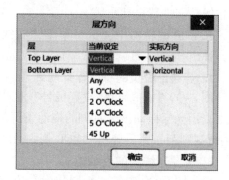

图 8-41 选择布线层走线方式

布线时应根据实际要求设置布线层的走线方式,如采用单面布线,设置 Bottom Layer 为 Any(底层任意方向布线)、其他层 Not Used(不使用);采用双面布线时,设置 Top Layer 为 Horizontal(水平布线),Bottom Layer 层为 Vertical(垂直布线),其他层 Not Used(不使用)。

一般在两层以上的 PCB 布线中,布线层的走线方式可以选择 Automatic,系统会自动设置相邻层采用正交方式走线。

3. 布线策略

在图 8-39 中，系统自动设置了 6 个布线策略，具体如下。

- Cleanup：默认的自动清除策略，布线后将自动清除不必要的连线。
- Default 2 Layer Board：默认的双面板布线策略。
- Default 2 Layer With Edge Connectors：默认的带边沿接插的双面板布线策略。
- Default Multi Layer Board：默认的多层板布线策略。
- General Orthogonal：默认的正交策略。
- Via Miser：多层板布线最少过孔策略。

用户如果要追加布线策略，可单击图中的"添加"按钮进行设置，主要有以下几项。

- Memory：适用于存储器元器件的布线。
- Fan Out Signal/Fan out to Plane：扇出策略，适用于 SMD 焊盘的布线。
- Layers Pattern：智能性决定采用何种拓扑算法用于布线，以确保布线成功率。
- Main/Completion：采用推挤布线方式。

用户可以根据需要自行添加布线策略，在实际自动布线时，为了确保布线的成功率，可以多次调整布线策略，以达到最佳效果。

4. 锁定预布线

为了保留前面进行的预布线，在自动布线之前应勾选图 8-39 中的"锁定已有布线"前的复选框锁定预布线。

5. 自动布线

单击图 8-39 中的"Route All"按钮对整个电路板进行自动布线，弹出"Messages"窗口显示当前布线进程，如图 8-42 所示。

Class		Document	Source	Message	Time	Da...	No.
Situs Event		STM32功能板	Situs	Starting Completion	16:35:01	2021	13
Routing Status		STM32功能板	Situs	94 of 105 connections routed (89.52%) in 14 Seconds	16:35:05	2021	14
Situs Event		STM32功能板	Situs	Completed Completion in 4 Seconds	16:35:05	2021	15
Situs Event		STM32功能板	Situs	Starting Straighten	16:35:05	2021	16
Routing Status		STM32功能板	Situs	94 of 105 connections routed (89.52%) in 15 Seconds	16:35:06	2021	17
Situs Event		STM32功能板	Situs	Completed Straighten in 0 Seconds	16:35:06	2021	18
Routing Status		STM32功能板	Situs	94 of 105 connections routed (89.52%) in 15 Seconds	16:35:06	2021	19
Situs Event		STM32功能板	Situs	Routing finished with 0 contentions(s). Failed to complete 11 connection(s)	16:35:06	2021	20

图 8-42　自动布线信息

一般自动布线的效果不能完全满足用户的要求，用户可以先观察布线中存在的问题，然后撤销布线，调整元器件栅格，适当微调元器件的位置，再次进行自动布线，直到达到比较满意的效果。

8.4.3　PCB 布线手工调整

Altium Designer 19 自动布线的布通率较高，但由于自动布线采用拓扑规则，有些地方不可避免会出现一些机械性的布线，影响了电路板的性能。

1. 观察窗口的使用

自动布线完毕需检查布线的效果，放大工作区后可以在工作区左侧的

微课 8.8
手工布线调整

监视器中拖动观察窗来查看局部电路，便于找到问题进行修改，如图 8-43 所示。

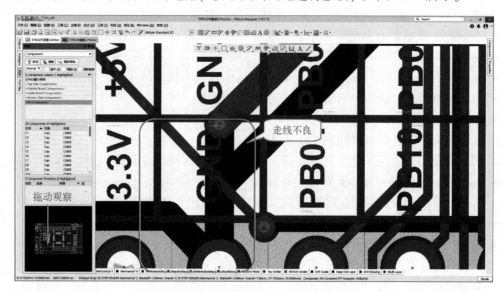

图 8-43　通过观察窗口查看局部 PCB

一般为保证观察时的准确性，把 PCB 放大显示效果更好。

2. 拆除布线

调整布线常常需要拆除以前的布线，PCB 编辑器中提供自动拆线功能和撤销功能，当用户对自动布线的结果不满意时，可以使用该工具拆除电路板图上的铜膜线而只剩下网络飞线。

（1）撤销操作

PCB 编辑器中提供撤销功能，单击主工具栏图标，可以撤销本次操作。通过撤销操作，用户可以根据布线的实际情况考虑是否保留当前的内容，如果要恢复前次的操作，可以单击主工具栏图标。

（2）自动拆线

该功能可以拆除自动布线后的铜膜线，将布线后的铜膜线恢复为网络飞线，这样便于用户进行调整，它是自动布线的逆过程。

自动拆线的菜单命令在执行"布线"→"取消布线"命令后得到的子菜单中，主要命令如下。

- 全部：拆除电路板图上所有的铜膜线。
- 网络：拆除指定网络的铜膜线。
- 连接：拆除指定的两个焊盘之间的铜膜线。
- 器件：拆除指定元器件所有焊盘所连接的铜膜线。
- Room：拆除指定 Room 空间内元器件连接的铜膜线。

3. 环路移除布线

在自动布线结束后，常有部分连线不够理想，若连线较长，全部删除后重新布线比较麻烦，此时可以采用 Altium Designer 19 提供的环路移除布线功能，对线路进行局部调整。

进入交互式布线状态，选择要重新布线的两个点，单击重新进行布线，布线结束后右击，原有的线路将会被移除，留下新的线路。

4. 手工布线调整

执行菜单"布线"→"取消布线"→"器件"命令，拆除需要调整的元器件上的连线；减小元器件网格，适当微调元器件位置，并对拆除的连线重新进行布线。

对于某些只要局部调整的连线，可将工作层切换到连线所在层，删除对应连线后再重新进行布设。

在连线过程中按小键盘上的〈∗〉键可以在当前位置上自动添加过孔，并切换到另一层。

手工布线调整后的 PCB 如图 8-44 所示。

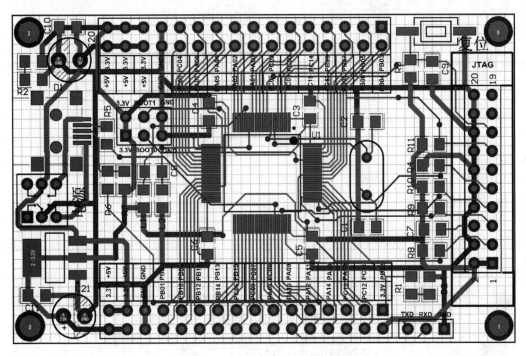

图 8-44　手工布线调整后的 PCB

8.4.4　泪滴设置

所谓泪滴，就是在印制导线与焊盘或过孔相连时，为了增强连接的牢固性，在连接处逐渐加大印制导线宽度，于是印制导线在接近焊盘或过孔时，线宽逐渐放大，形状就像一个泪珠，如图 8-45 所示。

添加泪滴时要求焊盘要比线宽大，一般在印制导线比较细时可以添加泪滴。

微课 8.9
设置泪滴和散热
露铜

设置泪滴的步骤如下。

1）选取要设置泪滴的焊盘或过孔。

2）执行菜单"工具"→"泪滴"命令，弹出"泪滴选项"对话框，如图 8-46 所示，具体设置如下。

"工作模式"区：用于选择添加泪滴或删除泪滴。

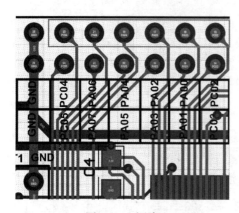

图 8-45 泪滴

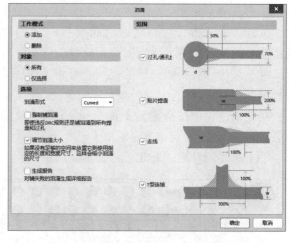

图 8-46 泪滴设置对话框

"对象"区：用于选择作用的对象，分为所有对象或者仅选择的对象。

"选项"区："泪滴形式"栏用于设置泪滴的式样，可选择"Curved"（弧型）或"Line"（线型）。

"范围"区：用于设置泪滴作用的范围，有"过孔/通孔""贴片焊盘""走线"及"T型连接"4个选项，根据需要勾选各选项前的复选框，则该选项被选中。

本例中"工作模式"选择"添加"；"对象"选择"所有"；"泪滴形式"选择"Curved"；"范围"区全部选中。参数设置完毕，单击"确定"按钮，系统自动添加泪滴，添加泪滴后的 PCB 如图 8-47 所示。

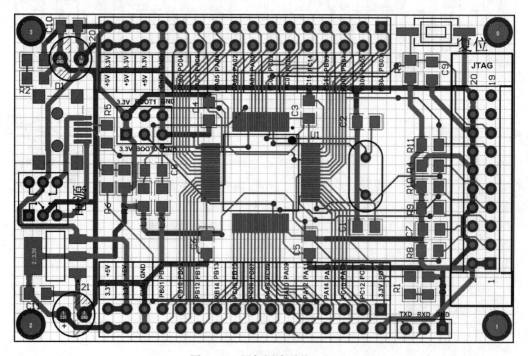

图 8-47 添加泪滴后的 PCB

8.4.5 露铜设置

铜箔露铜一般是为了在过锡时能上锡，增大铜箔厚度可增大带电流的能力，或者用于连接贴片元器件的散热引脚，通常应用于电流比较大或散热较大的场合。

本例中为保证三端稳压芯片 ASM117 有效散热，在芯片的底部放置大面积铺铜来增加芯片的散热效果，具体步骤如下。

1）设置铺铜连接方式。执行菜单"设计"→"规则"命令，设置铺铜与焊盘之间的连接采用直接连接方式。

2）放置顶层铺铜。执行菜单"放置"→"铺铜"命令，按〈Tab〉键，弹出"Properties"对话框，设置连接网络为"3.3 V"，层为"Top Layer"，单击屏幕上的 ❚❚ 按钮确定完成设置，单击放置顶层矩形铺铜，放置完毕右击可退出，如图 8-48 所示。

3）放置底层铺铜。复制该铺铜，在相同的位置粘贴铺铜，双击该铺铜将其工作层设置为 Bottom Layer 完成底层铺铜放置，如图 8-49 所示。

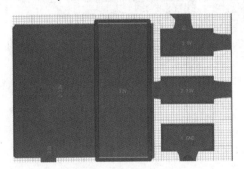
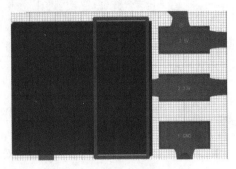

图 8-48　顶层铺铜　　　　　　　　　　图 8-49　底层铺铜

4）设置露铜。再次复制该铺铜，并在相同位置粘贴铺铜，双击该铺铜将其工作层设置为"Top Solder"（顶层阻焊层），完成顶层露铜工作，这样在制板时该区域不会被阻焊剂铺盖，而是露出铜箔，设置露铜后的 PCB 如图 8-50 所示。

5）放置散热用过孔。执行菜单"放置"→"过孔"命令，在适当的位置放置过孔，让两层铺铜有效连通，提高散热效果，如图 8-51 所示。

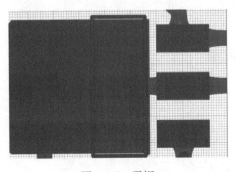
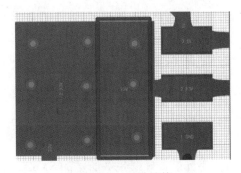

图 8-50　露铜　　　　　　　　　　　　图 8-51　过孔连接

至此 STM32 功能板 PCB 设计完毕，最终的 PCB 设计图如图 8-52 所示。

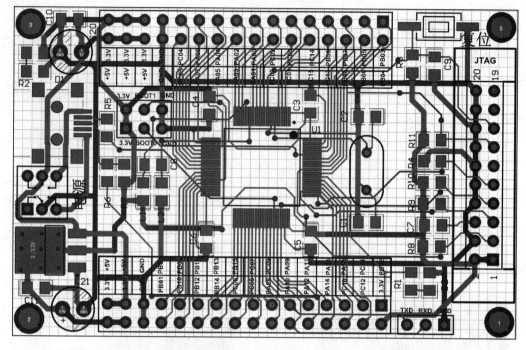

图 8-52 完成设计的 STM32 功能板 PCB

👨‍🎓 **经验之谈**

1. 各种网络尽量归类分好，便于布局和布线操作。

2. 布局一般按模块进行布局，布局时尽量关闭不相关网络飞线，减少干扰。

3. 布线时，电源先经过滤波电容再进入 MCU 芯片电源引脚，可以更好保障芯片的工作稳定性。

技能实训 10 　STM32 功能板 PCB 设计

1. 实训目的

1）掌握双面 PCB 布局布线的基本原则。

2）掌握 PCB 自动布局、自动布线规则的设置。

3）掌握预布局、预布线的方法。

4）掌握露铜的使用。

5）掌握泪滴的使用。

2. 实训内容

1）事先准备好图 8-2 所示的 STM32 功能板原理图文件，并熟悉电路原理。

2）进入 PCB 编辑器，新建 PCB 文件"STM32 功能板 . PCBDOC"，新建元器件库"STM32 功能板 . PcbLib"，参考图 8-3~图 8-10 设计贴片电容、贴片电阻、贴片电感、贴片二极管、贴片按键、电解电容、8 MHz 晶振、自锁按键开关、迷你 USB 接口和芯片

STM32F103RBT6 的封装。

3）载入 Miscellaneous Device. IntLIB、Miscellaneous Connectors. IntLib 和自制的 STM32 功能板 . PcBLib 元器件库。

4）编辑原理图文件，根据表 8-2 重新设置好元器件的封装。

5）切换单位制为英制，设置"步进值"为 5 mil，显示"粗糙"和"精细"均为 Line，"倍增"为 10 倍。

6）规划 PCB 电气轮廓为 1755 mil×2755 mil，在 4 个角落距离边沿 100 mil 的位置，各放置一个直接为 120 mil 的螺纹孔。

7）打开 STM32 功能板原理图文件，执行菜单"设计"→"Update PCB Document STM32 功能板 . PCBDOC"命令，加载网络表和元器件封装，根据提示信息修改错误。

8）进入 STM32 功能板 . SCHDOC 文件，选择一个功能模块的元件，进入 STM32 功能板 . PCBDOC 文件，执行菜单"工具"→"器件摆放"→"在矩形区域排列"命令，单击选中一个矩形区域，进行对应模块元器件自动布局，参考图 8-11 完成初步模块布局。

9）针对 JTAG 插座、迷你 USB 接口、I/O 接口、MCU，参考图 8-12 进行手工预布局，并在 Top Overlay 对 I/O 接口相应引脚通过放置字符串的方式进行标记。

10）创建类，完成 POWER 类、I/O 类的设置，隐藏 I/O 类，参考图 8-18 对 POWER 类进行布局调整。

11）显示所有网络，根据布局原则参考图 8-19，按模块完成其他器件的布局手工调整。

12）创建 VCC 类（3.3 V、5 V、VCC5），执行菜单"设计"→"规则"命令，设置布线规则为：安全间距规则设置：全部对象为 7 mil；短路约束规则：不允许短路；布线转角规则：45°；全局导线宽度限制规则：最小为 10 mil，最大为 30 mil，优选为 10 mil；VCC 类、GND 网络规则：最小为 10 mil，最大为 30 mil，优选为 30 mil；布线层规则：选中 Bottom Layer 和 Top Layer 进行双面布线；过孔类型规则：过孔尺寸为 0.6 mm，过孔直径为 0.3 mm；其他规则为默认。

13）参考图 8-37、图 8-38 分别对 I/O 口、MCU 进行预布线。

14）执行菜单"布线"→"自动布线"→"全部"命令，选中"锁定已有布线"复选框，单击"Route All"按钮对整个电路板进行自动布线，并参考图 8-44 进行手工布线调整。

15）执行菜单"工具"→"滴泪"命令，参考图 8-47 完成泪滴添加。

16）参考图 8-48~图 8-51 放置双面铺铜，并设置露铜。

17）执行菜单"视图"→"切换到 3D 模式"命令，预览 3D PCB。

18）保存文件。

3. 思考题

1）如何使用总线布线？

2）如何设置元器件布线规则？

3）如何添加线性泪滴？

4）如何设置散热用露铜？

思考与练习

1. 简述印制板自动布线的流程。
2. 如何进行元器件模块布局？
3. 为什么在自动布线前要锁定预布线？如何锁定预布线？
4. 如何设置线宽限制规则？
5. 如何在同一种设计规则下设定多个限制规则？
6. 如何在电路中添加泪滴？
7. 露铜有何作用？如何在电路中设置露铜？
8. 设计图 8-53 所示的流水灯电路 PCB，采用双面 PCB 设计。

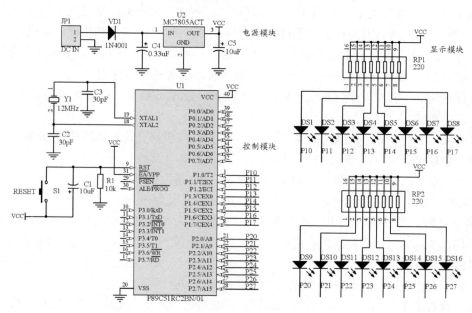

图 8-53　流水灯电路原理图

设计要求：采用个圆形 PCB，PCB 的机械轮廓半径为 51 mm，电气轮廓为 50 mm，禁止布线层距离板边沿 1 mm；注意电源插座和复位按钮的位置，并放置 3 个固定安装孔；三端稳压块靠近电源插座，采用卧式放置，为提高散热效果，在顶层对应散热片的位置预留大面积露铜；晶振靠近连接的 IC 引脚放置，采用对层屏蔽法，在顶层放置接地铺铜进行屏蔽；由于 16 个发光二极管采用圆形排列，采用预布局的方式，通过阵列式粘贴，先放置 16 个发光二极管，再载入其他元器件；地线网络线宽为 0.75 mm，电源网络线宽为 0.65 mm，其他网络线宽为 0.5 mm。

项目 9   双面贴片 PCB——USB 转串口连接器

知识与能力目标

1）熟练掌握双面板的设计方法
2）熟练掌握贴片元器件的使用
3）掌握元器件双面贴放的方法
4）掌握设计规则检查的方法

素养目标

1）融合国家标准和行业规范，培养学生的标准意识、规范意识和科学精神
2）培养学生认真负责的工作态度和安全意识

本项目通过 USB 转串口连接器介绍元器件双面贴片 PCB 的设计方法，掌握贴片元器件的使用及元器件双面贴片 PCB 的设计方法。

任务 9.1   了解 USB 转串口连接器产品及设计准备

9.1.1   产品介绍

USB 转串口连接器用于 MCU 与 PC 进行通信，采用专用接口转换芯片 PL-2303HX，该芯片提供一个 RS-232 全双工异步串行通信装置与 USB 接口进行连接。

微课 9.1
USB 转串口连接器产品介绍

USB 转串口连接器实物如图 9-1 所示，电路如图 9-2 所示，PL-2303HX 将从 DM、DP 端接收数据，经过内部处理后，从 TXD、RDX 端按照串行通信的格式传输出去。P1 为串行数据输出接口，采用 4 芯杜邦连接线对外连接；J1 为用户板供电选择，将 U1 的引脚 4 VDD_325 接 5 V，模块为用户板提供 5 V 供电，接 3.3 V 则模块为用户板提供 3.3 V 供电；VD1 ~ VD3 为 3 个 LED，分别为 POWER LED、RXD LED 和 TXD LED；Y1、C1、C2 为 U1 外接的晶振电路；USB 为 USB 接口，从 D-、D+传输数据；C3 ~ C6 为滤波电容，其中 C3 为 VCC5V 滤波，C4 和 C5 为 VCC3.3V 滤波，C6 为 VCC 滤波。

图 9-1   USB 转串口连接器实物样图

9.1.2   设计前准备

1. 绘制原理图元器件

电路中的接口转换芯片 PL2303HX 在元器件库中没有，需自行设计，其封装设置为

SSOP28_L，元器件外形及引脚功能参见图 9-2。

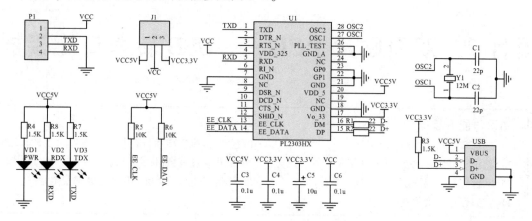

图 9-2　USB 转串口连接器原理图

2. 元器件封装设计

1）12 MHz 晶振的封装，封装名为 XTAL12M，图形如图 9-3 所示。焊盘中心间距为 200 mil，焊盘尺寸为 60 mil，圆弧半径为 60 mil。3D 模型执行菜单"放置"→"3D 元件体"命令可直接生成。

2）沉板式贴片 USB 接口的封装，封装名为 USB，沉板式贴片 USB 接口实物图和封装图如图 9-4 所示。它有 4 个贴片引脚，两个外壳屏蔽固定脚，另有两个突起用于固定，设计封装时 4 个贴片引脚采用贴片式焊盘，两个外壳固定脚采用通孔式焊盘，两个突起对应处设置 1 mm 的定位孔。其外框尺寸为 16 mm×12 mm；贴片焊盘 X 为 2.5 mm、Y 为 1.2 mm、层为 Top Layer；通孔式焊盘 X 为 3.8 mm、Y 为 3 mm、孔径为 2.3 mm；定位孔采用焊盘方式设计，X 为 1 mm 、Y 为 1 mm、孔径为 1 mm；贴片焊盘 1 边上打上小圆点，用于指示其为焊盘 1，焊盘 1、2 及焊盘 3、4 中心间距为 2.5 mm，焊盘 2、3 中心间距为 2 mm；通孔焊盘 5、6 中心间距为 12 mm；定位孔中心间距为 4 mm。

微课 9.2
USB 转串口连
接器设计前准备

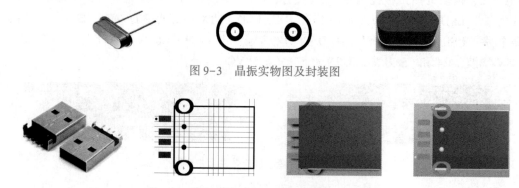

图 9-3　晶振实物图及封装图

图 9-4　沉板式贴片 USB 接口实物图及封装图

3）3D 封装图通过执行菜单"放置"→"3D 元件体"命令进行设计，两侧焊盘中心位置各放置一个 2 mm 长的矩形块作为 3D 引脚，设置"Board Side"为 Bottom，"Overall

Height"为 2 mm,"Display"的"Override Color"的色块为黄色;中间元件体按丝网大小放置,设置"Board Side"为 TOP,"Overall Height"为 4 mm,"Override Color"的色块为灰色;中间两个定位孔的"3D Model Type"选择"Sphere",设置"Board Side"为 Bottom,"Radius"为 0.5 mm,"Override Color"的色块为黄色。

3. 原理图设计

根据图 9-2 绘制电路原理图,元器件的参数如表 9-1 所示,设计完毕进行编译检查,最后将文件保存为"USB 转串口连接器.SchDoc"。

表 9-1　USB 转串口连接器元器件参数表

元器件类别	元器件标号	库元器件名	元器件所在库	元器件封装
贴片电解电容	C5	Cap Pol2	Miscellaneous Devices. IntLib	CAPC3216L
贴片电容	C1-C4、C6	Cap	Miscellaneous Devices. IntLib	CAPC1608L
贴片电阻	R1-R8	Res2	Miscellaneous Devices. IntLib	RESC1608L
贴片发光二极管	VD1-VD3	LED2	Miscellaneous Devices. IntLib	CD2012-0805
晶振	X1	XTAL	Miscellaneous Devices. IntLib	XTAL12M(自制)
集成块	U1	PL2303HX	自制	SSOP28_L
引脚 3 排针跳线	J1	Header 3	Miscellaneous Connectors. IntLib	HDR1X3
引脚 4 侧排针	P1	Header 4	Miscellaneous Connectors. IntLib	HDR1X4H
USB 接口	USB	1-1470156-1	AMP Serial Bus USB. IntLib	USB(自制)

9.1.3　设计 PCB 时考虑的因素

该电路采用双面板设计,元器件双面贴放,设计时考虑的主要因素如下。

1) PCB 采用矩形双面板,尺寸为 48 mm×17 mm。

2) 在 PCB 的 USB 接口附近放置两个直径为 3.5 mm,孔径为 2 mm 的焊盘作为螺纹孔,并将网络设置为 GND。

3) 将串口连接和 USB 接口分别置于 PCB 的两边,其外围元器件置于顶层。

4) 芯片置于板的中央,晶振靠近连接的 IC 引脚放置,振荡回路就近放置在晶振边上。

5) 发光二极管置于顶层便于观察状态,VD1 的限流电阻就近置于顶层,VD2、VD3 的限流电阻就近置于底层。

6) 电源跳线端 J1 置于板的边缘,便于操作。

7) 电源滤波电容就近放置在芯片电源附近,元器件置于底层。

8) 地线不用单独连接,采用多点接地法,在顶层和底层都铺设接地铺铜。

9) 本电路工作电流较小,线宽可以细一些,电源网络采用 0.381 mm,其余采用 0.254 mm。

10) 为便于连接,在顶层丝网层为串口连接端 P1 的排针和电源跳线端 J1 设置文字说明。

任务 9.2　PCB 双面布局

9.2.1　从原理图加载网络表和元器件到 PCB

微课 9.3
USB 转串口连
接器双面布局

1. 规划 PCB

新建 PCB 工程文件，将其保存为 "USB 转串口连接器 . PrjPcb"；新建
PCB 文件，将其保存为 "USB 转串口连接器 . PcbDoc"；设置单位制为公制；设置 "步进 X"
为 0.5 mm，"精细" 和 "粗糙" 均为 "lines"，"倍增" 为 "10×栅格步进值"。

在 Keep out Layer 上定义 PCB 的电气轮廓，尺寸为 48 mm×17 mm；在板的左侧距板的短
边 10 mm、长边 3 mm 处上下放置两个直径 3.5 mm、孔径 2 mm 的焊盘作为螺纹孔。

2. 从原理图加载网络表和元器件到 PCB

本例的封装在 Miscellaneous Devices. IntLib、Chip Diode-2 Contacts. PcbLib、Miscellaneous
Connectors. IntLib、Maxim Communication Transceiver. IntLib 及自制封装库 PCBLIB1. PCBLIB
中，将它们设置为当前库。

打开设计好的原理图文件 "USB 转串口连接器 . SchDoc"，执行菜单 "设计" →
"Update PCB Document USB 转串口连接器 . PcbDoc" 命令，加载网络表和元器件封装，当无
原则性错误后，单击 "执行变更" 按钮，将元器件封装和网络表添加到 PCB 编辑器中。

将 Room 空间移动到电气边框内，执行菜单 "工具" → "器件摆放" → "按照 Room 排
列" 命令，移动光标至 Room 空间内单击，元器件将自动按类型排列在 Room 空间内，右击
结束操作。

9.2.2　PCB 双面布局

本例中元器件采用双面布局，部分小贴片元器
件放置在底层（Bottom Layer），其余元器件放置在
顶层（Top Layer）。

1. 底层元器件设置

在 Altium Designer 19 中系统默认元器件放置在
顶层，本例中部分元器件放置在底层，需进行相应
的设置。

双击要放置在底层的元器件（如 R5），弹出
"元件属性" 对话框，如图 9-5 所示，单击 "Proper-
ties" 区 "Layer" 后面的下拉列表框，选择 "Bottom
Layer" 选项，关闭对话框完成设置。设置后贴片元
器件的焊盘变换为底层，元器件的丝网自动变换为
底层丝网层（Bottom Overlay）。

本例中将小贴片元器件 R5 ~ R8、C1 ~ C6 设置为
底层放置。

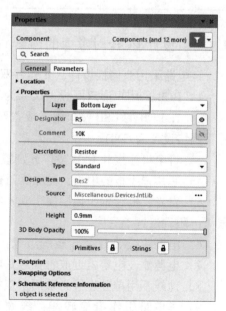

图 9-5　设置底层元器件

2. 设置底层丝网的显示状态

元器件设置为底层放置后若看不见底层的丝网，按快捷键〈L+S〉，弹出"视图配置"对话框，选择"Component Layer Pairs"区的"Bottom Overlay"前的"◉"完成设置，设置后屏幕上将显示底层元器件的丝网。

3. 设置 PCB 形状

选中板上的所有图件，执行菜单"设计"→"板子形状"→"按照选择对象定义"命令，设置 48 mm×17 mm 的长方形 PCB。

4. 元器件布局

参考前述例子，根据设计前考虑的因素进行手工布局，通过移动元器件、旋转元器件等方法合理调整元器件的位置，减少网络飞线的交叉。

经过调整后的 PCB 布局如图 9-6 所示，图中底层丝网与顶层丝网是镜像关系。

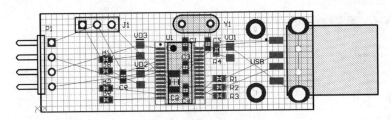

图 9-6　PCB 布局图

5. 3D 显示布局视图

布局调整结束后，执行菜单"视图"→"切换到 3 维模式"命令，显示元器件布局的 3D 视图，观察元器件布局是否合理。手工布局后的 3D 视图如图 9-7 所示。

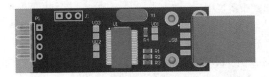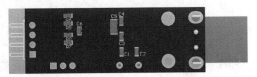

图 9-7　PCB 布局的 3D 图

任务 9.3　PCB 布线

微课 9.4
SMD 元器件布
线规则设置

9.3.1　有关 SMD 元器件的布线规则设置

对于 SMD 元器件布线，除了要进行电气设计规则和布线设计规则设置外，一般还需进行有关 SMD 元器件的布线规则设置。

执行菜单"设计"→"规则"命令，弹出"PCB 规则及约束编辑器"对话框，在其左边的树形列表中列出了 PCB 规则和约束的构成和分支。

1. Fanout Control（扇出式布线规则）

扇出式布线规则是针对元器件在布线时从焊盘引出连线通过过孔到其他层的约束。从布线的角度看，扇出就是把元器件的焊盘通过导线引出来并加上过孔，使其可以在其他层面上

继续布线。

单击"PCB 规则及约束编辑器"的规则列表栏中的"Routing"项，系统展开所有的布线设计规则列表，选中其中的"Fanout Control"（扇出式布线规则），默认状态下包含 5 个子规则，分别针对 BGA 类元器件、LCC 类元器件、SOIC 类元器件、Small 类元器件、Default（默认）扇出的风格和扇出的方向进行设置，如图 9-8 所示，一般选用默认设置。

本例中的元器件属于 Small 类元器件。

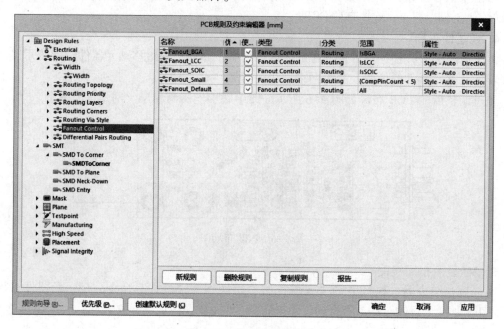

图 9-8　扇出式布线规则

2. SMT 元器件布线设计规则

SMT 元器件布线设计规则是针对贴片元器件布线设置的规则，主要包括 3 个子规则，选中图 9-8 所示的"PCB 规则及约束编辑器"的规则列表栏中的"SMT"项，可以设置 SMT 子规则，系统默认为未设置该类规则。

（1）SMD To Corner（SMD 焊盘与拐角处最小间距限制规则）

此规则用于设置 SMD 焊盘与导线拐角的最小间距值。在"PCB 规则和约束编辑器"对话框中单击"SMT"项打开子规则，右击"SMD To Corner"子规则，弹出一个子菜单，选中"新规则"选项，系统建立"SMD To Corner"子规则，单击该规则名称，编辑区右侧区域将显示该规则的属性设置信息，如图 9-9 所示。

图中的"Where The Object Matches"下拉列表框中可以选择规则适用的范围，"约束"区中的"距离"用于设置 SMD 焊盘到导线拐角的最小间距。

（2）SMD To Plane（SMD 焊盘与电源层过孔间的最小长度规则）

此规则用于设置 SMD 焊盘与电源层中过孔间的最短布线长度。

右击"SMD To Plane"子规则，系统弹出一个子菜单，选中"新规则"，建立"SMD To Plane"子规则，单击该规则名称，编辑区右侧区域将显示该规则的属性设置信息，如图 9-10 所示。在"Where The First Object Matches"区中可以设置规则适用的范围，在"约束"区中的"距离"可以设置最短布线长度。

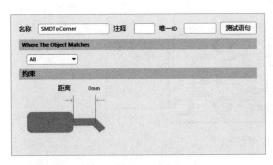

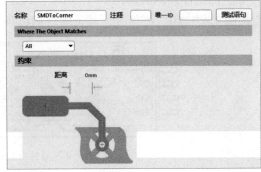

图 9-9 设置 SMD 焊盘与拐角处最小间距   图 9-10 设置 SMD 焊盘与电源层过孔间最短布线长度

（3）SMD Neck-Down Constraint（SMD 焊盘与导线的比例规则）

此规则用于设置 SMD 焊盘在连接导线处的焊盘宽度与导线宽度的比例，可定义一个百分比，如图 9-11 所示。

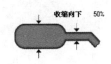

图 9-11 设置比例规则

在"Where The First Object Matches"区中可以设置规则适用的范围，在"约束"区中的"收缩向下"可以设置焊盘宽度与导线宽度的比例，如果导线的宽度太大，超出设置的比例值，视为冲突，不予布线。

所有规则设置完毕，单击下方的"应用"按钮确认规则设置，单击"确定"按钮退出设置状态。

规则设置也可以单击图 9-8 下方的"规则向导"按钮，根据系统提示进行设置。

9.3.2 PCB 布线过程

本例中元器件较少，采用手工方式进行布线。

1. 布线规则设置

执行菜单"设计"→"规则"命令，弹出"PCB 规则及约束编辑器"对话框，进行布线规则设置，具体内容如下。

微课 9.5
USB 转串口连
接器 PCB 布线

安全间距规则设置：全部对象为 0.127 mm；短路约束规则：不允许短路；布线转角规则：45°；导线宽度限制规则：设置 4 个，VCC、VCC5、VCC3.3 网络均为 0.381 mm，全板为 0.254 mm，优先级依次减小；布线层规则：选中 Bottom Layer 和 Top Layer 进行双面布线；过孔类型规则：过孔尺寸为 0.9 mm，过孔直径为 0.6 mm；其他规则选择默认。

2. 对除 GND 以外的网络进行手工布线

本例中采用多点接地法，在顶层和底层都铺设接地铺铜就近接地。

执行菜单"放置"→"走线"命令进行交互式布线，根据网络飞线进行连线，线路连通后，该线上的飞线将消失。

在布线时，如果连线无法准确连接到对应焊盘上，可减少网格尺寸，并可微调元器件位置。

布线过程中按下键盘上的〈＊〉键可以自动放置过孔，并切换工作层。

布线完毕微调元器件丝网至合适的位置。

手工布线后的 PCB 如图 9-12 所示，顶层和底层 3D 布线图如图 9-13 所示，从图中可以看出除了 "GND" 网络外，其余网络均已布线。

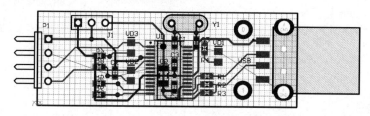

图 9-12　PCB 双面布线图

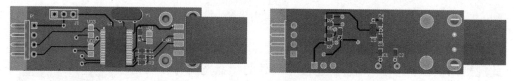

图 9-13　顶层和底层 3D 布线图

3. 设置说明性文字

为了便于 USB 转串口连接器对外连接，需对关键的部位放置说明性文字，放置的方法为在顶层丝网层放置字符串。本例中对串口连接端 P1 的引脚和电源跳线端 J1 和发光二极管设置说明性文字，如图 9-14 所示。

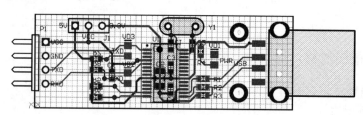

图 9-14　放置说明性文字后的 PCB

4. 接地铺铜设置

放置接地铺铜即可实现就近接地，也可提高抗扰能力。本例中进行双面接地铺铜，在放置铺铜前，将两个螺纹孔焊盘的网络设置为 GND。

执行菜单 "设计" → "规则" 命令，设置铺铜与焊盘之间的连接采用直接连接方式。

执行菜单 "放置" → "铺铜" 命令，弹出 "铺铜设置" 对话框，设置连接网络为 "GND"，设置完毕，单击 "确定" 按钮完成铺铜属性设置，单击依次定义 4 个顶点放置矩形铺铜，放置完毕右击退出。

本例中在顶层和底层都放置接地铺铜，由于安全间距的原因，可能出现个别引脚无法接地的问题，可微调元器件位置和连线，或观察两面接地铺铜的位置，通过过孔连接两层的接地铺铜以完成连线。

铺铜设置完毕的 PCB 如图 9-15 所示。

至此 USB 转串口连接器 PCB 设计完毕。

图 9-15　设置铺铜后的顶层和底层 PCB

经验之谈

1）系统默认贴片元器件的焊盘在顶层，若要将元器件放置在底层，则需将元件属性中的 Layer（层）设置为"Bottom Layer"。

2）顶层和底层的元器件、丝网是镜像的。

3）铺铜设置后若出现死铜，可以将其删除，也可以通过过孔连接到对层上的接地铺铜上。

4）对于大面积实心接地铺铜，可以在其上放置一些过孔来解决散热、排气问题。

任务 9.4　设计规则检查（DRC）

微课 9.6
DRC 检查

PCB 布线工作结束后，用户可以使用设计规则检查功能（DRC）对布好线的 PCB 进行检查，确定布线是否正确、是否符合设定的规则要求，这也是 PCB 设计正确性和完整性的重要保证。

运行 DRC 检查时，并不需要检查所有的规则设置，只需检查用户需要比对的规则即可。常规的检查包括间距、开路及短路等电气性能检查，和布线规则检查等。

执行菜单"工具"→"设计规则检查"命令，弹出"设计规则检查器"对话框，如图 9-16 所示。

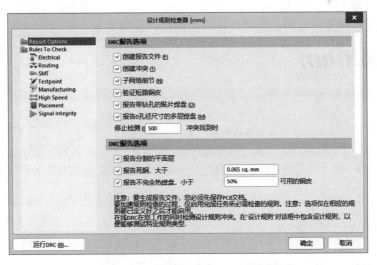

图 9-16　"设计规则检查器"对话框

该对话框主要由两个窗口组成，左边窗口主要由"Report Options"（报告内容设置）和"Rules To Check"（检查规则设置）两项内容组成，选中前者则右边窗口中显示 DRC 报告

的内容，可自行勾选；选中后者则右边窗口显示检查的规则（在进行自动布线时已经进行设置），有"在线"和"批量"两种方式供选，如图9-17所示。

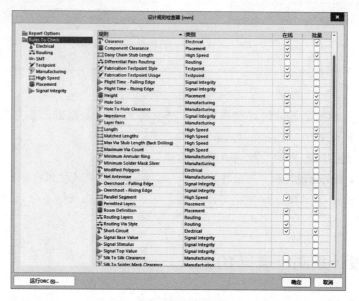

图9-17 检查种类设置

　　若选中"在线"的规则，系统将进行实时检查，在放置和移动对象时，系统自动根据规则进行检查，一旦发现违规将高亮度显示违规内容。

　　各项规则设置完毕，单击"运行DRC"按钮进行检测，系统将弹出"Message"窗口，如果PCB有违反规则的问题，将在窗口中显示错误信息，并在PCB上高亮显示违规的对象，系统同时打开一个页面，显示规则信息，如图9-18所示，如存在违规的问题，用户可以根据违规信息对PCB进行修改。

　　本例中无违规的地方，所以违规报告中的违规数量都为0。

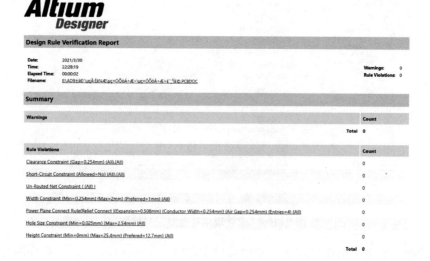

图9-18 违规报告

任务 9.5 印制板图输出

9.5.1 印制板图打印输出

微课 9.7
印制板输出

PCB 设计完成，一般需要输出 PCB 图，以便进行人工检查和校对，同时也可以生成相关文档保存或进行制板。Altium Designer 19 可打印输出一张完整的混合 PCB 图，也可以将各个层面单独打印输出用于制板。

1. 打印页面设置

执行菜单"文件"→"页面设置"命令，弹出图 9-19 所示的打印页面设置对话框。

图 9-19 "打印页面"设置对话框

图中"打印纸"区用于设置纸张尺寸和打印方向；"缩放比例"区用于设置打印比例；在"缩放模式"下拉列表框中选择"Fit Document On Page"按打印纸大小打印，选择"Scaled Print"则可以在"缩放"栏中设置打印比例；"颜色设置"区用于设置输出颜色。

一般打印检查图时，可以设置"缩放模式"为"Fit Document On Page"，"颜色设置"设置为"灰色"，这样可以将 PCB 按图纸大小打印，并便于分辨不同的工作层。

在打印用于 PCB 制板的图纸时，"缩放模式"应选择"Scaled Print"，并将"缩放"设置为"1"，"颜色设置"设置为"单色"，这样打印出来的图纸可以用于热转印制板。

2. 检查图输出

单击图 9-19 中的"高级"按钮，弹出"PCB 打印输出属性"对话框，如图 9-20 所示。

图中系统自动形成一个默认的混合图输出，包括顶层（Top Layer）、底层（Bottom Layer）、顶层丝印层（Top Overlay）、底层丝印层（Bottom Overlay）、禁止布线层（Keep-Out Layer）及焊盘层（Multi Layer）等。

如果不需要输出某层，可将该层删除。右击图 9-20 中的某个工作层，弹出如图 9-21 所示的"打印输出"设置快捷菜单，选中"删除"子菜单，将该工作层删除，删除完毕，单击"确认"按钮完成设置。

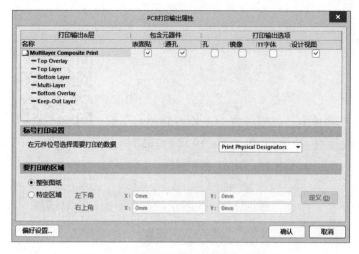

图9-20　"PCB打印输出属性"对话框

图9-21　"打印输出"设置菜单

　　在输出图纸时还可以选择是否显示焊盘和过孔的孔，如果要显示孔，将图9-20中的"打印输出选项"中的"孔"下方的复选框选中即可。

　　如果制板时采用人工钻孔，一般将"孔"设置为选中状态，这样便于钻孔时定位。

　　参数设置完毕，执行菜单"文件"→"打印预览"命令可以预览检查图，执行菜单"文件"→"打印"命令可以输出检查图。

　　图9-22所示为不显示孔的检查图，图9-23所示为显示孔的检查图。

图9-22　不显示孔的检查图

图9-23　显示孔的检查图

3. 单面板制板图输出设置

　　单面板进行制板时只需要输出底层（Bottom Layer），可以通过建立新打印输出图的方式进行。

　　执行菜单"文件"→"页面设置"命令，弹出图9-19所示的"打印页面"设置对话框，单击"高级选项"按钮，弹出"PCB打印输出属性"对话框，在图中右击，弹出图9-21所示的"打印输出"设置菜单，选中其中的"插入打印输出"子菜单建立新的输出层面，系统自动建立一个名为"New Printout 1"的输出层设置，如图9-24所示，默认的输出层为空。

　　右击"New Printout 1"，弹出"打印输出"设置菜单，选中"创建层"，弹出"板层属性"对话框，如图9-25所示，图中选中打印输出"Bottom Layer"（底层）。

　　输出层选择完毕，单击"是"按钮完成设置并退出对话框，此时"New Printout 1"的输出层即设置为Bottom Layer。为了准确定位PCB，一般把"Multi Layer"和"Keep-Out Layer"也设置为输出层。

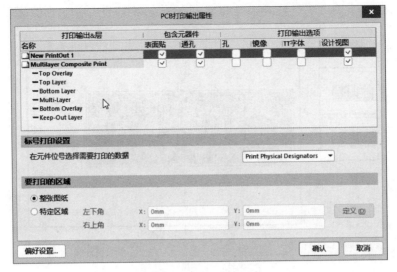

图 9-24 新建打印输出图

参数设置完毕，执行菜单"文件"→"打印预览"命令可以预览底层输出图，执行菜单"文件"→"打印"命令可输出底层图，用于单面板制板。

4. 双面板制板图输出设置

双面制板图的输出与单面板相似，但需要建立两个新的输出层面，一个用于底层输出，与单面板设置相同；另一个用于顶层输出，输出层面为"Top Layer""Multi Layer"和"Keep-Out Layer"，设置方式与前面相同，但"Top Layer"必须选中图 9-24 中"镜像"下方的复选框，输出镜像图纸。

参数设置完毕，执行菜单"文件"→"打印预览"命令预览输出图，执行菜单"文件"→

图 9-25 "板层属性"对话框

"打印"命令，分别输出顶层图和底层图用于双面板制板，注意此时顶层图必须是镜像的。

5. 打印预览及输出

打印预览可以观察输出图纸设置是否正确，执行菜单"文件"→"打印预览"命令，或单击图 9-19 中的"预览"按钮，系统产生一个预览文件，如图 9-26 所示。

图中 PCB 预览窗口中显示输出的 PCB 图，由于前面设置了 3 张输出图，所以预览图中为 3 张输出图。

若对预览效果满意，可以单击图中的"打印"按钮，打印输出预览的 PCB 图。

一般情况下，在 PCB 制作时只需向生产厂家提供设计文档即可，具体的制造文件由制板厂家生成，如有特殊要求，用户必须做好说明。

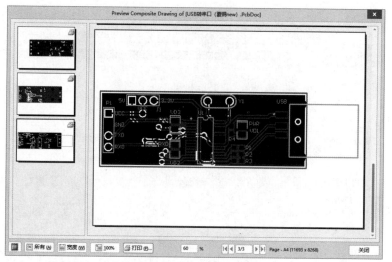

图 9-26　打印效果预览

9.5.2　Gerber（光绘）文件输出

光绘机需要数据文件来驱动，目前常用光绘文件的格式有两种：Gerber 和 ODB++。Gerber 是一种从 PCB CAD 软件输出的数据文件，几乎所有 CAD 系统都将该格式作为其输出数据。这种数据格式可以直接输入绘图机，然后绘制出图（Drawing）或者胶片（File），因此 Gerber 格式成为业界公认的标准，生产厂家拿到 Gerber 文件就可以方便和精确地读取制板的信息。

在 PCB 设计界面中执行菜单"文件"→"制造输出"→"Gerber Files"命令，弹出"Gerber 设定"对话框，如图 9-27 所示，在"单位"区通常选择"英寸"，在"格式"区通常选择"2:4"。

选择图 9-27 中的"层"选项卡，弹出图 9-28 所示的输出层设置对话框，单击"绘制层"下拉列表框，选中"选择使用的"选项，输出所有使用过的层；单击"镜像层"下拉列表框，选中"全部去掉"选项，表示不能镜像输出。

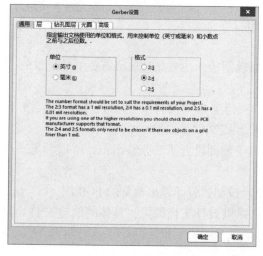

图 9-27　光绘文件设置

图 9-28　输出层设置

选择图 9-28 中的"钻孔图层"标签，弹出图 9-29 所示的钻孔设置对话框，在"钻孔图"区中选中"输出所有使用的钻孔对"复选框；在"钻孔导向图"区中选中"输出所有使用的钻孔对"复选框；单击"配置钻孔符号"按钮，可以设置钻孔符号的参数，一般选择默认值。

图 9-29　钻孔设置

"光圈"选项卡和"高级"选项卡的内容采用系统默认。

所有参数设置完毕，单击"确定"按钮，系统输出 Gerber 文件，如图 9-30 所示。

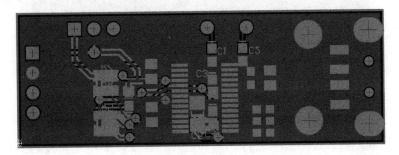

图 9-30　输出 Gerber 文件

9.5.3　钻孔文件输出

设计文件上放置的安装孔和过孔需要通过钻孔文件输出设置进行输出，在 PCB 设计界面中，执行菜单"文件"→"制造输出"→"NC Drill Files"命令，弹出"NC Drill 设置"对话框，如图 9-31 所示，在"单位"区中选择"英寸"，在"格式"区中选择"2:5"，其他默认。

参数设置完毕单击"确定"按钮，弹出"输入钻孔数据"对话框，采用默认设置，直接单击"确定"按钮系统输出 NC 钻孔图形文件，如图 9-32 所示。

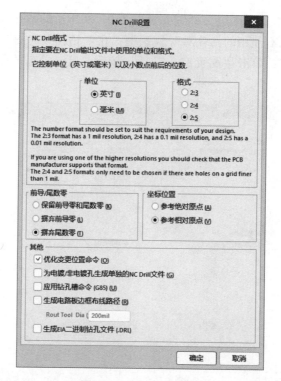

图 9-31　NC 钻孔设置

图 9-32　钻孔图形

9.5.4　贴片坐标文件输出

制板生产完成之后，后期需要进行元器件贴片，这就需要用元器件的坐标图。在 PCB 设计界面中，执行菜单"文件"→"装配输出"→"Generate Pick and Place Files"（生成拾放文件）命令，弹出"拾放文件设置"对话框，如图 9-33 所示，选择"格式"为"文本"，"单位"为"英制"，单击"确定"按钮输出文本格式的坐标文件。

9.5.5　材料清单输出

Altium Designer 19 提供材料清单输出功能，执行菜单"报告"→"Bill of Materials"（材料清单）命令可以输出 XLS 格式的文件，如图 9-34 所示，在材料清单中主要包括元器件的标号、标称值或型号、元器件描述、元器件封装、库元件名称及元器件数量等。

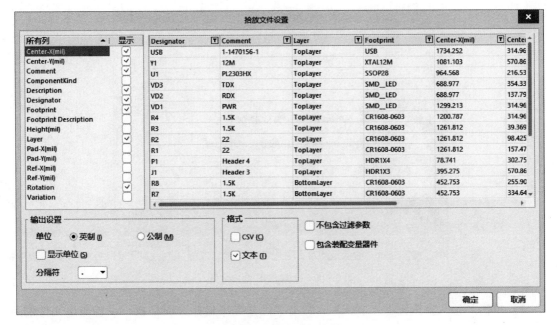

图 9-33　输出坐标文件

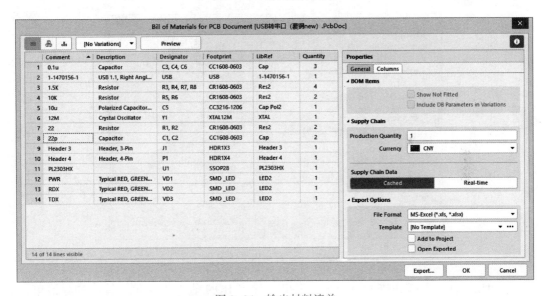

图 9-34　输出材料清单

单击图中的"Export"按钮可以输出相关文件。

9.5.6　智能 PDF 输出

在 PCB 生产调试期间，为了方便查看文件或者查询元器件信息，可以通过智能 PDF 输出的方式将 PCB 设计文件转换成 PDF 文件，具体步骤如下。

1）执行菜单"文件"→"智能 PDF"命令，弹出"智能 PDF"对话框，如图 9-35所示。

图 9-35　智能 PDF 设置向导

2）单击"Next"按钮进入下一步，弹出"选择导出目标"对话框，设置输出文件的名称，如图 9-36 所示。

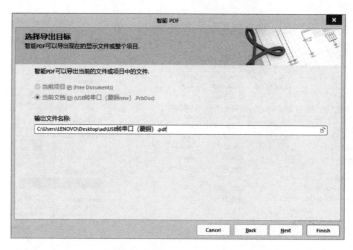

图 9-36　设置输出文件名称

3）单击"Next"按钮进入下一步，弹出"导出 BOM 表"对话框，输出物料清单，如图 9-37 所示。由于 Altium Designer 19 中有专门的输出 BOM 表功能，此处一般不再选中"导出原材料的 BOM 表"复选框。

4）单击"Next"按钮进入下一步，弹出"PCB 打印设置"对话框，如图 9-38 所示，系统默认输出一张混合图，包含目前使用到的层。

本例中分别输出顶层装配图和底层装配图，需重新进行输出设置。在图 9-38 中的"Printouts & Layers"栏右击，弹出一个对话框，选择"Create Assembly Drawing"（创建装配图纸）选项，弹出一个对话框确认是否创建装配图，单击"Yes"按钮确认创建装配图，系统自动创建"Top Layer Assembly Drawing"和"Bottom Layer Assembly Drawing"两张装配图，如图 9-39 所示。

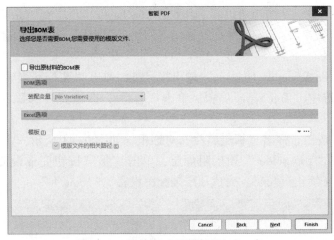

图 9-37　设置导出原材料的 BOM 表

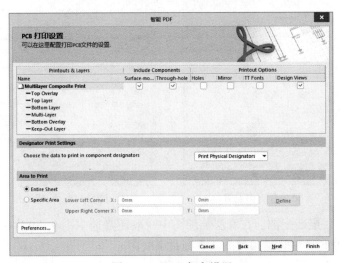

图 9-38　PCB 打印设置

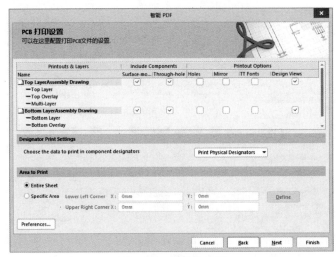

图 9-39　创建装配图

以顶层装配图为例，从图中可以看出其包含 Top Layer（顶层）、Top Overlay（顶层丝网层）和 Multi-Layer（多层），一般装配图输出丝网层、阻焊层、机械层或禁止布线层，故需重新设置。

双击"Top Layer Assembly Drawing"输出栏目条，弹出"装配元素输出属性"对话框，如图 9-40 所示，选中"Top Layer"项，单击"移除"按钮将其移除，同样方法可移除"Multi-Layer"项。

单击"添加"按钮，弹出"板层属性"对话框，如图 9-41 所示，在"打印板层类型"下拉列表框中选中"Top Solder"顶层阻焊层，单击"是"按钮完成设置，同样方法选中"Keep-Out Layer"（禁止布线层）完成顶层装配图设置。

图 9-40 装配元素输出设置

图 9-41 输出板层设置

同样方法设置底层装配图，在底层装配图中一般还要选中图 9-39 中的"Mirror"选项，在输出之后观看 PDF 文件时是顶视图，否则是底视图。

为了显示通孔式元器件的通孔，需要选中图 9-39 中的"Holes"选项，所有设置完毕的装配图设置如图 9-42 所示。

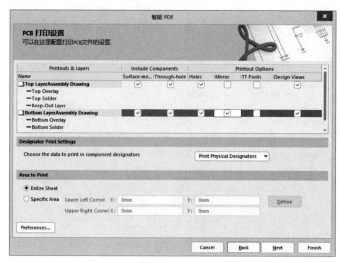

图 9-42 设置完成的装配图信息

5）单击 "Next" 按钮进入下一步，弹出输出设置对话框，如图 9-43 所示，一般只需修改 PCB 颜色模式为 "颜色"，即彩色，其他均选择默认。

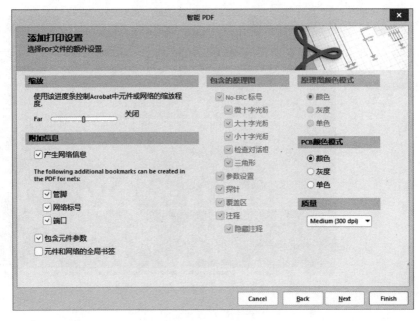

图 9-43　输出设置

6）单击 "Finish" 按钮完成设置，输出 PDF 格式的装配图，如图 9-44 所示，至此装配图智能 PDF 输出完成。

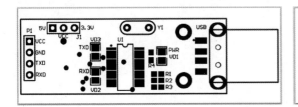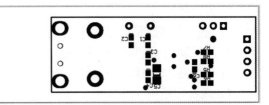

图 9-44　输出的装配图

任务 9.6　生成项目的集成库

在 PCB 设计中，有时想把某个工程中的元器件与 PCB 封装关联起来，以便集中管理，可以使用生成集成库的方法进行，在生成集成库前需要把原理图文件和 PCB 文件放置在同一个工程中，如图 9-45 所示。

微课 9.8
生成集成库

执行菜单 "设计" → "生成集成库" 命令，系统自动生成一个以工程文件命名的集成元器件库，如 "USB 转串口 .IntLib"，并显示在工作区面板的 "Libraries" 文件夹中。在这个集成库中把原理图上的元器件与 PCB 上同标号的元器件封装一一对应，建立集成元器件库。

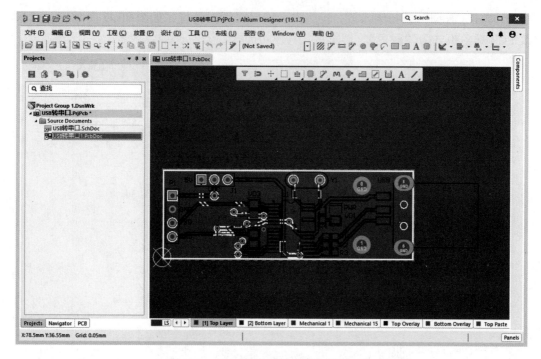

图 9-45　USB 转串口连接器的工程文件

技能实训 11　元器件双面贴放 PCB 设计

1. 实训目的

1）进一步熟悉贴片元器件的使用。

2）掌握贴片元器件的双面贴放方法。

3）掌握 SMD 布线规则设置。

4）掌握印制板输出方法。

2. 实训内容

1）事先准备好图 9-2 所示的"USB 转串口连接器"原理图文件，并熟悉电路原理。

2）进入 PCB 编辑器，新建 PCB "USB 转串口连接器 . PCBDOC"，新建元器件库"PcbLib1. PcBLib"，参考图 9-3 和图 9-4 设计晶振和 USB 接口封装、3D 模型。

3）载入 Miscellaneous Devices. IntLib、Chip Diode – 2 Contacts. PcbLib、Maxim Communication Transceiver. IntLib、Miscellaneous Connectors. IntLib 及自制封装库 PCBLIB1. PCBLIB 元器件库。

4）编辑原理图文件，根据表 9-1 重新设置好元器件的封装。

5）设置单位制为公制；设置"步进 X"为 0.5 mm；设置"精细"和"粗糙"均为"lines"；设置"倍增"为"10×栅格步进值"。

6）规划 PCB，在 Keep out Layer 上定义 PCB 的电气轮廓，尺寸为 48 mm×17 mm；在板的左侧距板的短边 10 mm、长边 3 mm 处上下放置两个直径为 3.5 mm，孔径为 2 mm 的焊盘作为螺纹孔。

7）打开 USB 转串口连接器原理图文件，执行菜单"设计"→"Update PCB Document USB 转串口连接器 PcbDoc"命令加载网络表和元器件封装，根据提示信息修改错误。

8）执行菜单"工具"→"器件摆放"→"按照 Room 排列"命令进行元器件布局。

9）底层元器件设置，修改小贴片元器件 R5～R8、C1～C6 的元器件属性，将"层"设置为 Bottom Layer，即底层放置，设置后贴片元器件的焊盘变换为底层，元器件的丝网变换为底层丝网层。

10）按快捷键〈L+S〉，设置"Bottom Overlay"为显示状态，显示底层元器件的丝网。

11）元器件手工布局调整。根据布局原则参考图 9-6 进行手工布局调整，减少飞线交叉。

12）执行菜单"视图"→"切换到 3 维模式"命令，显示元器件布局的 3D 视图，观察元器件布局是否合理并进行调整。

13）执行菜单"设计"→"规则"命令，设置布线规则为：安全间距规则设置：全部对象为 0.127mm；短路约束规则：不允许短路；布线转角规则：45°；导线宽度限制规则：设置 4 个，VCC、VCC5、VCC3.3 网络均为 0.381mm，全板为 0.254mm，优先级依次减小；布线层规则：选中 Bottom Layer 和 Top Layer 进行双面布线；过孔类型规则：过孔尺寸为 0.9mm，过孔直径为 0.6mm；其他规则为默认。

14）对除 GND 以外的网络进行手工布线。执行菜单"放置"→"走线"命令，参考图 9-12 和图 9-13 进行交互式布线，布线完毕微调元器件丝网至合适的位置。

15）将两个螺纹孔焊盘的网络设置为 GND，执行菜单"放置"→"铺铜"命令，参考图 9-15 在顶层和底层分别放置接地铺铜。

16）参考图 9-14，在顶层丝网层对串口连接端 P1 的引脚、电源跳线端 J1 和发光二极管设置说明性文字。

17）执行菜单"文件"→"智能 PDF"命令，输出装配图。

18）执行菜单"文件"→"制造输出"→"Gerber Files"命令，输出光绘文件。

19）执行菜单"文件"→"制造输出"→"NC Drill Files"命令，输出钻孔文件。

20）执行菜单"文件"→"装配输出"→"Generate Pick and Place Files"命令，输出贴片坐标文件。

21）保存文件的参数设置完成设计。

3. 思考题

1）如何修改底层放置的元器件？

2）如何进行元器件微调？

3）如何在同一种设计规则下设定多个限制规则并定义优先级？

思考与练习

1. 简述印制板自动布线的流程。

2. 如何进行元器件自动布局？

3. 如何设置线宽限制规则？

4. 如何设置有关 SMD 的设计规则？

5. 如何在同一种设计规则下设定多个限制规则？

6. 如何设置底层放置的贴片元器件？

7. 如何打印输出检查图？

8. 如何设置打印输出时显示焊盘孔？

9. 如何打印输出双面 PCB 制板图？

10. 根据图 9-46 设计模拟信号采集电路 PCB。

设计要求：印制板的尺寸设置为 4340 mil×2500 mil；模拟元器件和数字元器件分开布置；注意模地和数地的分离；电源插座 J1 和模拟信号输入端插座 J2 放置在印制板的左侧；电源连线宽度采用 25 mil，地线采用 30 mil，其余线宽采用 15 mil；在印制板的四周设置 3 mm 的螺纹孔；设计完毕添加接地铺铜。

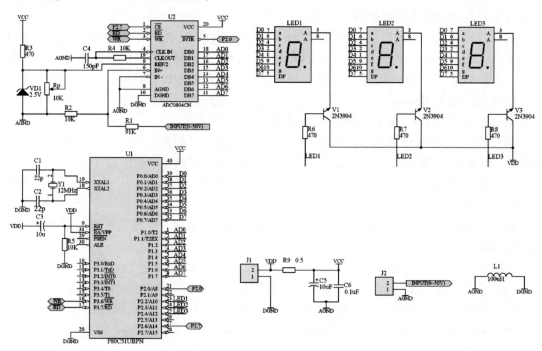

图 9-46　模拟信号采集电路原理图

项目 10　蓝牙音箱产品设计

通过前面的几个实际产品的 PCB 剖析与仿制，用户已经熟悉了 Altium Designer 19 软件的基本操作，掌握了元器件设计的方法，PCB 设计中布局和布线的基本原则，对 PCB 设计有了较全面的理解。

本项目通过一个自主设计的产品——蓝牙音箱的设计与制作，初步掌握电子产品开发的基本方法，进一步熟悉 PCB 设计的方法。本项目给定产品外壳、指定芯片，用户通过查找芯片资料，改进并设计蓝牙音箱电路，规划和设计 PCB，最终完成蓝牙音箱制作与调试。

电子产品开发的基本流程如图 10-1 所示。

图 10-1　电子产品开发基本流程

在电子产品开发中，项目需求主要由客户提出功能需求；方案制定主要是完成技术指标制定、开发进程安排、经费预算、产品成本估算等工作；硬件设计主要是完成电路设计、PCB 设计等工作；软件开发主要是完成相应的应用程序开发工作；样机制作主要是完成 PCB 焊接、程序下载、样机调试等工作；文档提交主要工作完成提交电路原理图、PCB 图、元器件清单、软硬件技术资料等工作。

蓝牙音箱产品设计建议采用分组形式进行，每组 4~6 名学生，分工负责资料查找与电路设计、实施方案制定、产品外观分析、设计规范选择、设计产品 PCB、元器件采购、热转印制板、PCB 焊接、装配与调试等。整个设计过程可以在 3~4 周时间中完成，便于讨论交流。

任务 10.1　产品描述

1. 产品功能

蓝牙音箱是指内置蓝牙芯片，以蓝牙连接取代传统线材连接的音响设备，通过与手机、平板计算机等蓝牙播放设备连接，达到方便快捷的目的。

微课 10.1
蓝牙音箱产品
描述

本项目的蓝牙音箱由蓝牙音频接收、外部音频输入、混音电路、功放电路、音量指示等五个部分组成，其电路组成框图如图 10-2 所示。

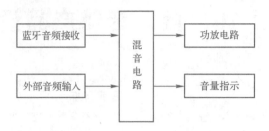

图 10-2　蓝牙音箱电路组成框图

本项目的蓝牙音箱由蓝牙音频模块 PCB 和功放 PCB 组成，可以通过蓝牙或音频线连接手机等音频信号源，通过 LED 灯指示音量的大小，设有音量电位器进行音量调节。

2. 产品实物样图

某产品蓝牙音箱如图 10-3 所示，前面板设有 3 个按键（分别为蓝牙开关、上一首及下一首）和 1 个音量调节旋钮，后背板主要有音频输入插座和电源开关，音量指示灯在侧面。

a)　　　　　　　　　　　　　　b)

图 10-3　蓝牙音箱

a) 实物图　b) 电路板

任务 10.2　设计准备

本阶段主要完成资料收集与提炼、设计规范选择、元器件选择及特殊元器件封装设计，采用小组分工实施的方式进行。

10.2.1　蓝牙音频模块 M18 资料收集

蓝牙音频模块 M18 为低功耗蓝牙设计，支持新蓝牙 4.2 传输，双声道立体声无损播放，模块连接上蓝牙后，便可快速实现蓝牙无线传输，非常便捷。在空旷环境下，蓝牙连接距离可达 20 m。

该模块广泛应用于各种蓝牙音频接收和各种音响 DIY 改装等。

微课 10.2
蓝牙音箱设计
前准备

1. 蓝牙音频模块 M18 外观与引脚说明

蓝牙音频模块 M18 有 6 个输出引脚，引脚功能见表 10-1，模块外观如图 10-4 所示。

表 10-1　蓝牙音频模块 M18 引脚功能

引　脚　号	引　脚　名　称	引　脚　功　能
1	KEY	按键控制端（设置 4 个按键）
2	MUTE	静音控制端（静音时输出高电平 3.3 V，播放时输出低电平）
3	VCC	电源正极 5 V（锂电池 3.7 V 供电需要保护二极管）
4	GND	电源负极
5	L	左声道输出
6	R	右声道输出

2. 典型应用

蓝牙音频模块 M18 的典型应用电路如图 10-5 所示。

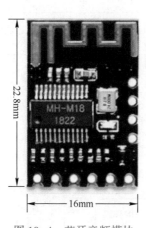

图 10-4　蓝牙音频模块

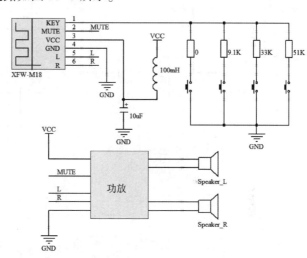

图 10-5　蓝牙模块典型应用电路

蓝牙音频模块 M18 支持双声道输出，"MUTE" 引脚控制功放的工作模式，输出低电平时，进行正常的播放，静音时输出 3.3V 高电平。电阻与按键串联与 "KEY" 引脚连接，可以实现按键控制功能，4 种不同电阻实现 4 种不同按键功能，如表 10-2 所示。

表 10-2　KEY 引脚连接不同电阻实现的按键功能表

序　号	电　阻　值	按　键　功　能
1	0 Ω	开/关机
2	9.1 kΩ	上一首（短按）/音量减小（长按）
3	33 kΩ	下一首（短按）/音量增加（长按）
4	51 kΩ	暂停/播放

10.2.2 音频功放 HT6872 资料收集

1. 音频功放芯片 HT6872 概述

HT6872 是一款低电磁干扰（EMI）、防削顶失真、单声道免滤波的 D 类音频功率放大器。在 6.5 V 电源、10%THD+N、4 Ω 负载条件下，输出功率为 4.7 W，在各类音频终端应用中维持高效率并提供 AB 类放大器的功能。

2. 引脚功能

HT6872 功放引脚排列图如图 10-6 所示，引脚功能如表 10-3 所示。

表 10-3 HT6872 功放引脚功能

引脚号	引脚名	功　　能
1	CTRL	ACF（防削顶）模式和关断模式控制端
2	BYPASS	模拟参考电压
3	IN-	反相输入端（差分-）
4	IN+	同相输入端（差分+）
5	OUT+	同相输出端（BTL+）
6	VDD	电源
7	GND	地
8	OUT-	反相输出端（BTL-）

图 10-6 功放 HT6872 引脚图

3. 典型应用电路

HT6872 功放典型应用电路如图 10-7 所示。

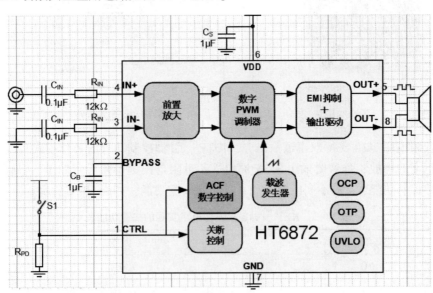

图 10-7 HT6872 功放典型应用电路

HT6872 接收单端音频信号输入，通过内部放大、调制和 EMI 控制后产生 PWM 脉冲输出信号驱动扬声器。单端音频信号通过阻容电路耦合到 IN+端，IN-端通过相同的阻容电路接地。当 S1 闭合后，CTRL 端工作在防削顶模式，当电路检测到输入信号幅度过大而产生输出削顶时，HT6872 自动调整系统增益，控制输出达到一种最大限度的功率无削顶失真的水平，由此大大改善了音质效果。

10. 2. 3　LED 电平指示驱动芯片 KA2284 资料收集

1. LED 电平指示驱动芯片 KA2284 概述

电平指示常常用 LED 点亮的数量来做功放输出或者环境声音大小的指示，即声音越大，点亮的 LED 越多，声音越小，点亮的 LED 越少。

KA2284 是用于 5 点 LED 电平指示的集成电路，内含的交流检波放大器适用于 AC/DC 电平指示。

该电路主要特点有：内含高增益交流检波放大器，当 LED 点亮时有较低的辐射噪声，对数型的 5 点 LED 指示器（−10 dB、−5 dB、0 dB、3 dB、6 dB），具有恒定电流源输出（15 mA），具有较宽的工作电源电压（3.5~16 V），采用单列直插 9 脚塑料封装（SIP9）。

2. 芯片组成框图与引脚功能

KA2284 内部组成框图如图 10-8 所示，引脚功能如表 10-4 所示。

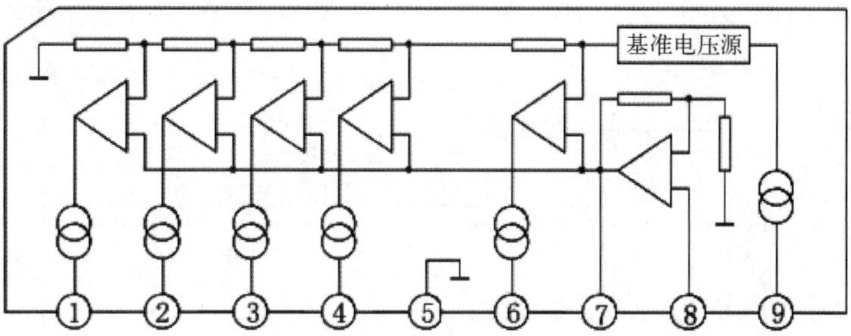

图 10-8　KA2284 内部组成框图

表 10-4　KA2284 引脚功能

引　脚　号	引　脚　名	功　　能	引　脚　号	引　脚　名	功　　能
1	OUT1	−10 dB 输出	6	OUT5	5 dB 输出
2	OUT2	−5 dB 输出	7	OUT	输出端
3	OUT3	0 dB 输出	8	IN	输入端
4	OUT4	3 dB 输出	9	VCC	电源
5	GND	地			

3. 典型应用电路

图 10-9 为 KA2284 的典型应用电路。输入的音频信号经过电容耦合，经过电位器控制后输入到 KA2284 的引脚 8，内部放大后与基准电压进行比较，使得对应的引脚输出低电平，从而点亮对应的 LED。输入信号电平越高，点亮的 LED 越多，从而实现 LED 电平指示的作用。

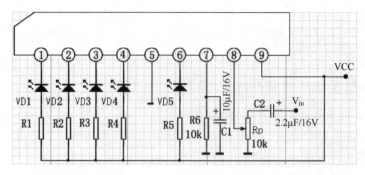

图 10-9　KA2284 典型应用电路

10.2.4　蓝牙音箱电路设计

蓝牙音箱参考电路如图 10-10 所示，P4 为外部 5 V 输入电源，通过 USB 线连接计算机或手机充电插头；K1 为蓝牙开关，开启蓝牙时，蓝牙模块上的指示灯会亮；K2 开关短按为下一首，长按为音量减；K3 开关短按上一首，长按为音量加；S1 为电源开关；RP1 为音量调节旋钮；P1 为音频输入插口；VD1、VD2、VD3、VD4、VD5 为音量指示灯。

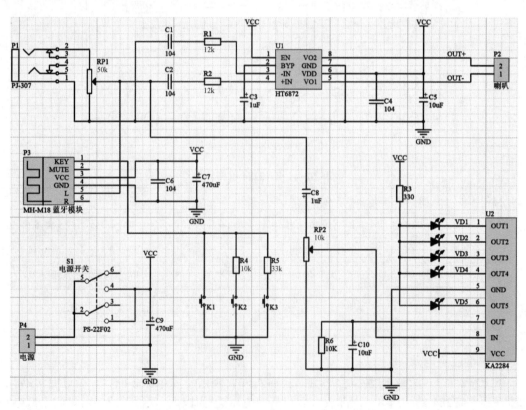

图 10-10　蓝牙音箱参考电路

10.2.5　PCB 定位与规划

由于蓝牙音箱的 PCB 一般置于音箱中，故本产品的 PCB 定位根据蓝牙音箱的实际外壳进行。设计时应根据实际提供的蓝牙音箱外壳进行测量并做好定位，特别是螺纹孔、电源开关、音量调节电位器、音频输入插孔、各种开关应与音箱外壳上的尺寸对应。

PCB 形状尽量选择矩形，板的尺寸自行根据布局布线后的结果调整，在符合电气性能要求的前提下尽量紧凑设计。

10.2.6　元器件选择、封装设计

1. 元器件选择

电阻选用 1/8 W 碳膜电阻，C3、C5、C8、C10 采用耐压 50 V 电解电容，C7、C9 采用耐压 10 V 电解电容，无极性电容采用独石陶瓷电容，电源开关采用自锁开关，RP1 采用拨盘电位器，RP2 采用微调电位器。

2. 封装设计

本项目中电阻用 AXIAL-0.4 封装，功放芯片用 SOP8 封装；其余元器件可自行测量并设计封装，并完善元器件的 3D 模型。

10.2.7　设计规范选择

设计布局、布线应考虑的原则可以上网搜索有关音频电路设计的相关资料，也可在本书中有关布局、布线规则的部分选择适用的规则。

本项目中应重点考虑以下几个方面规范的选择。

1）笨重元器件的处理，如喇叭。

2）大小信号的分离，如大信号的电源供电、音频输出，小信号的音频输入等。

3）可调元器件、接插件的位置问题。

4）地线的处理问题，应注意减小干扰。

5）芯片的地线应在分析芯片内部模块布局的基础上进行布设，合理设置以减小干扰。

任务 10.3　产品设计与调试

微课 10.3
蓝牙音箱设计
与调试

产品设计与调试，采用分工协作的方式进行，培养团队协作精神。具体分解为原理图设计、PCB 设计、音箱加工、元器件采购、PCB 制板与钻孔、电路焊接及调试等。

10.3.1　原理图设计

根据设计好的蓝牙音箱电路图（见图 10-10）采用 Altium Designer 19 软件进行原理图设计，其中蓝牙模块、功放 HT6872、LED 电平驱动芯片 KA2284、电源开关和耳机插孔需要自行进行原理图元器件设计。

设计结束进行编译检查，修改出现的问题。

设计中要注意元器件封装设置必须正确，以保证元器件封装的准确调用。

10.3.2 PCB 设计

　　PCB 设计通过加载网络表的方式调用元器件封装，采用手工布局和交互式布线的方式完成 PCB 设计。

　　电路板采用双面布线，连接电源和喇叭的线可以适当加宽，布线结束后可以进行泪滴处理，合理设置露铜，提高载流能力。

　　设计后的 PCB 布局参考图如图 10-11 所示，3D 效果图如图 10-12 所示。

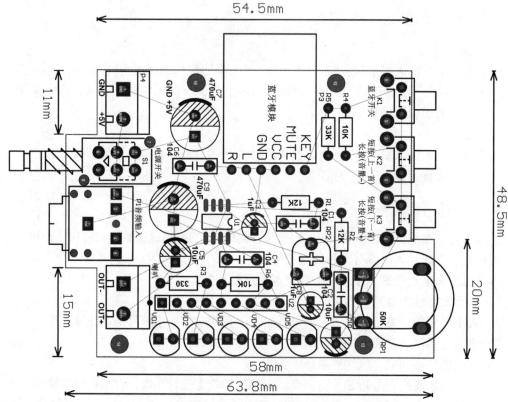

图 10-11　PCB 布局参考图

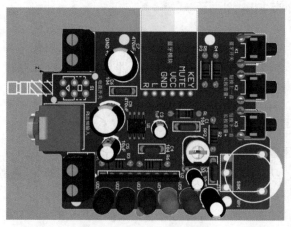

图 10-12　3D 效果参考图

底层布线参考图如图 10-13 所示，参考顶层布线图如图 10-14 所示。

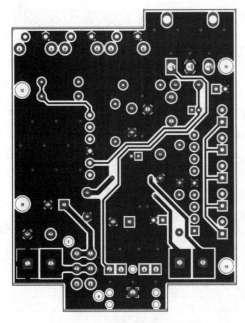 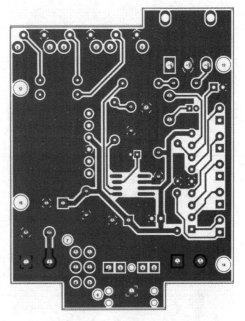

图 10-13　底层布线参考图　　　　　图 10-14　顶层布线参考图

10.3.3　PCB 制板与焊接

PCB 制板可以采用热转印机转印或雕刻机雕刻的方式进行，钻孔采用高速台式电钻进行，针对电源开关、各个按键、电位器、电源连接线、音频连接线钻孔的钻头要大些，具体规格根据实物判断。

PCB 焊接采用手工焊接，贴片元件要注意避免短路。

10.3.4　蓝牙音箱测试

蓝牙音箱测试主要是针对焊接好的 PCB 进行功能模块测试、装调及参数测量，以期达到预定的设计效果。

在本项目的测试中仅做最大不失真输出功率的测试，测试频率点为 1 kHz，直流供电电源为 5 V，扬声器内阻 8 Ω。使用的仪器有稳压电源、低频信号发生器、示波器及电子电压表，测试时负载扬声器用等值的水泥电阻代替。

要求：

1. 绘制出电路测试连接图。

2. 测量输出功率。

3. 接入扬声器和音频信号源，收听蓝牙音箱的输出效果，调节各旋钮观察音质变化，如有问题则进行电路改进。

4. 测试完毕进行整机装配。

附　　录

附录 A　书中非标准符号与国标的对照表

元器件名称	书中符号	国标符号
电解电容		
普通二极管		
稳压二极管		
发光二极管		
线路接地		
非门		
与非门		
与门		
变压器		
电位器		

附录 B　Altium Designer 19 的安装

（1）软件下载。Altium Designer 19 软件可以通过 Altium 公司官方网站下载获得，下载的地址为 https://www.altium.com.cn/products/downloads，在 ALTIUM DESIGNER 区域中选择 19.1.7 版本，如附图 B-1 所示。单击"Download"按钮，在弹出的窗口选择好保存的路径，开始下载 Altium Designer 19.1.7 版本安装程序。

ALTIUM DESIGNER

Altium Designer包含了电子产品设计中所有的设计技术，并且结合了原生3D PCB显示技术和一体化的设计思想，帮您设计出更具创意的电子产品。

来体验一下Altium Designer吧，免费下载试用

附图 B-1　下载界面

（2）下载完成后，双击下载的 AltiumDesignerSetup_19_1_7 文件进行安装，弹出如附图 B-2 所示的初始安装界面。

附图 B-2　安装初始界面

（3）单击"Next"按钮，弹出使用许可界面，如附图 B-3 所示。在"Select language"中选择"Chinese"，进行中文语言选择。勾选"I accept the agreement"（接受授权协议）项，单击"Next"按钮进入下一步。

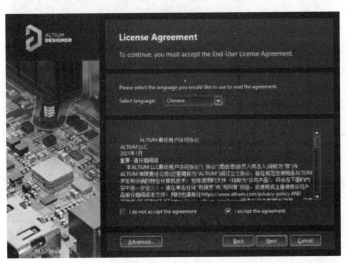

附图 B-3　使用许可界面

（4）单击"Next"按钮后，弹出附图B-4所示的用户信息界面，在"User Name"栏中输入AltiumLive账户名（Altium官方提供），在"Password"栏中输入账户密码。

附图B-4　用户信息

（5）用户信息填写完毕，单击"Login"按钮，弹出如附图B-5所示的选择安装内容的界面，提示用户指定软件的安装内容，包括PCB Design（PCB设计）、Platform Extensions（平台扩展）、Parts Providers（器件选项）、Importers\Exporters（各种软件的接口）、Touch Sensor Support（触感支持），其中PCB Design（PCB设计）为Altium Designer 19进行电路板设计所必需的安装项，其他项根据需要选择。

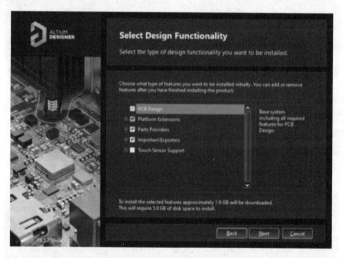

附图B-5　选择安装内容

（6）选择好安装内容后，单击"Next"按钮，弹出选择安装路径界面，如附图B-6所示，提示用户指定软件的安装路径（Program Files）和共享文档路径（Shared Documents），单击"Default"按钮可以设置软件默认安装路径。

（7）路径设置完毕，单击"Next"按钮，弹出附图B-7所示的准备安装软件界面。单击"Next"按钮，系统开始安装，首先下载完整程序，如附图B-8所示。

（8）下载完毕后，系统开始自动安装，如附图B-9所示。系统安装完毕，弹出附图B-10所示的界面，提示安装完毕，勾选"Run Altium Designer"选项，单击"Finish"按钮结束安装，至此软件安装完毕并启动Altium Designer 19软件。

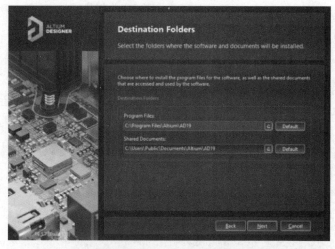

附图 B-6　选择安装路径

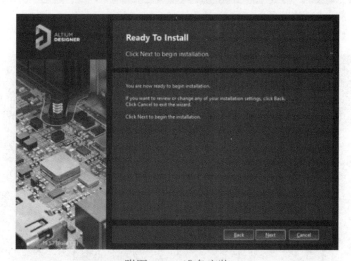

附图 B-7　准备安装

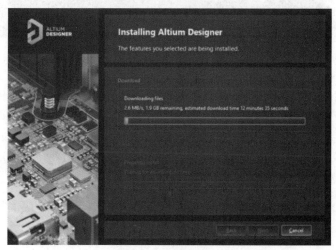

附图 B-8　下载完整程序

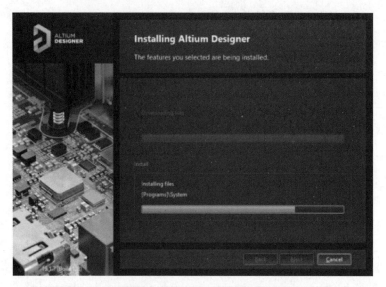

附图 B-9　安装 Altium Designer 19

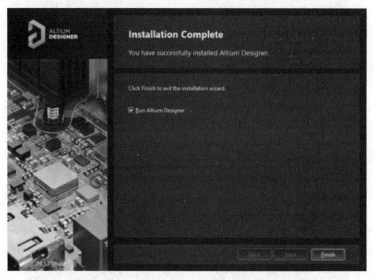

附图 B-10　安装完成

（9）启动软件后，直接进入启动界面，此时安装的 Altium Designer 19 还未激活，无法正常使用。单击"Sign In"选项，在弹出的对话框中输入"用户名"（AltiumLive 账户）和"密码"后单击"登录"按钮，即可登录自己的账户，登录后，所用软件的名称、激活码等参数都显示在"Available License"区域中，选中可用的激活码，右击，选中弹出菜单中的"Activate"选项，该激活码"Activated"选项变成红色的"Used by me"，用户获得许可，软件被激活，可以正常使用。

附录 C　Altium Designer 19 的常用热键

附表 C-1　原理图编辑器与 PCB 通用的快捷键

快 捷 键	相 关 操 作
Y	放置元器件时，上下翻转
X	放置元器件时，左右翻转
Shift+↑（↓、←、→）	在箭头方向以 10 个栅格为增量移动光标
↑、↓、←、→	在箭头方向以 1 个栅格为增量移动光标
Esc	退出当前命令
PageDown 或 Ctrl+鼠标滚轮	以光标为中心缩小画面
PageUp 或 Ctrl+鼠标滚轮	以光标为中心放大画面
鼠标滚轮	上下移动画面
Shift+鼠标滚轮	左右移动画面
Ctrl+Z	撤销上一次操作
Ctrl+Y	重复上一次操作
Ctrl+A	选择全部
Ctrl+S	存储当前文件
Ctrl+C	复制
Ctrl+X	剪切
Ctrl+V	粘贴
Ctrl+R	复制并重复粘贴选中的对象
Delete	删除
V+D	显示整个文档
V+F	显示所有选中
Tab	编辑正在放置的元件属性
Shift+C	取消过滤
Shift+F	查找相似对象
F11	打开或关闭 Properties 面板
F12	打开或关闭 Filter 面板
H	打开 Help 菜单
F1	打开官网的学习界面
W	打开软件的 Window 菜单
R	打开报告菜单
T	打开工具菜单
P	打开放置菜单
D	打开设计菜单
C	打开工程菜单

（续）

快　捷　键	相　关　操　作
Shift+F4	将所有打开的窗口平均平铺在工作区内
Ctrl+Alt+O	选择需要打开的文件
Alt+F5	全屏显示工作区
Ctrl+Home	跳转到绝对坐标原点
Ctrl+End	跳转到当前坐标原点
Ctrl+F4	关闭当前文档
Ctrl+Tab	循环切换所打开的文档
Alt+F4	关闭设计浏览器 DXP

附表 C-2　原理图编辑器快捷键

快　捷　键	相　关　操　作
Spacebar	将正在移动的物体旋转 90°
Shift+Spacebar	在放置导线、总线和多边形填充时，设置放置模式
Backspace	在放置导线、总线和多边形填充时，移除最后一个顶点
Ctrl+F	查询
T+C	查询原理图对应 PCB 元器件位置
P+P	放置元件
P+W	放置导线
P+B	放置总线
P+U	绘制总线分支线
P+N	放置网络标签

附表 C-3　PCB 编辑器快捷键

快　捷　键	相　关　操　作
Ctrl+G	弹出捕获栅格对话框
G	弹出捕获栅格选单
Shift+Spacebar	旋转导线时设置拐角模式
Shift+S	打开或关闭单层模式
O+P	显示或隐藏 Preference 对话框
+	切换工作层面为下一层
-	切换工作层面为上一层
Ctrl+M	测量距离
Shift+Spacebar	旋转移动的物体（顺时针）
Spacebar	旋转移动的物体（逆时针）
Q	单位切换
I	打开器件摆放菜单

（续）

快 捷 键	相 关 操 作
U	打开布线菜单
L	打开 Layers & System Colors 菜单
F2	打开洞察板子菜单
Ctrl+PgUp	将工作区放大 400%
Ctrl+PgDn	适合文件显示
Shift+PgUp	以很小的增量放大整张图纸
Shift+PgDn	以很小的增量缩小整张图纸
S+A	全选
E+O+S	设置参考点
Shift+F	单击器件查询器件信息
选中元器件+L	元器件换层
E+S+N	选择网络线
E+D	删除信号线
V+S	最底层出现
T+C	查询 PCB 元器件对应原理图位置
Ctrl+Tab	打开的各个文件之间的切换
P+L	画线
P+S	放置字符串
P+P	放置圆盘
P+V	放置过孔
P+T	布线
U+I	差分布线
P+G	铺铜
Ctrl+D	配置显示和隐藏
T+E	加泪滴
P+C	放置元器件
M	显示移动菜单
J+L	显示跳转菜单

参 考 文 献

[1] 郭勇. Altium Designer 印制电路板设计教程 [M]. 北京：机械工业出版社，2015.

[2] 郑振宇，黄勇，刘仁福. Altium Designer 19 电子设计速成实战宝典 [M]. 北京：电子工业出版社，2019.

[3] Altium 中国技术支持中心. Altium Designer 19 设计官方指南 [M]. 北京：清华大学出版社，2019.

[4] 许小菊，等. 图解贴片元器件技能、技巧问答 [M]. 北京：机械工业出版社，2009.

[5] 梁瑞林. 贴片式电子元件 [M]. 北京：科学出版社，2008.